生命科学前沿及应用生物技术

好氧颗粒污泥污水处理技术研究与应用

李 军 著

科学出版社

北京

内 容 简 介

本书是基于作者研究团队多年来的研究与实践的总结。本书共 8 章，第一章介绍好氧颗粒污泥的基本概念；第二章介绍几种好氧颗粒污泥培养的方法及其性能；第三章介绍好氧颗粒污泥除磷、吸附重金属、胞外聚合物、富含原生和后生动物、脱水，以及储存的特性；第四章介绍好氧颗粒污泥的加速形成，包括投加污泥微粉、微粉协同丝状菌、污泥干化返投等创新技术；第五章介绍连续流好氧颗粒污泥的培养，包括倒向折流式连续流反应器、合建式可变沉淀区氧化沟和双区沉淀池连续流反应器；第六章介绍好氧颗粒污泥稳定运行的研究成果，包括丝状菌的控制和污泥颗粒大小的控制；第七章介绍了序批式和连续流好氧颗粒污泥的现场中试；第八章介绍两个好氧颗粒污泥实际应用的案例。

本书适于从事污水处理方面工作的研究人员、工程技术人员使用，也可作为相关专业本科生和研究生的参考书。

全书彩图请扫封底二维码

图书在版编目（CIP）数据

好氧颗粒污泥污水处理技术研究与应用 / 李军著. —北京：科学出版社，2021.1
ISBN 978-7-03-063991-2

Ⅰ. ①好⋯ Ⅱ. ①李⋯ Ⅲ. ①污水处理–生物处理–研究 Ⅳ. ①X703.1

中国版本图书馆 CIP 数据核字（2019）第 289845 号

责任编辑：朱 瑾 李 悦 付丽娜 / 责任校对：严 娜
责任印制：赵 博 / 封面设计：刘新新

科学出版社 出版
北京东黄城根北街 16 号
邮政编码：100717
http://www.sciencep.com

北京科印技术咨询服务有限公司数码印刷分部印刷
科学出版社发行 各地新华书店经销
*
2021 年 1 月第 一 版 开本：720×1000 1/16
2025 年 1 月第三次印刷 印张：12 3/4
字数：257 000

定价：138.00 元
（如有印装质量问题，我社负责调换）

前　言

2005 年，我得到国家留学基金委的资助来到德国慕尼黑工业大学水质控制研究所做访问学者，师从 Peter Wilderer 教授和 Harald Horn 教授，学习好氧颗粒污泥技术。在此表示衷心的感谢！

回国后，我先后两次得到国家自然科学基金委的资助，开展好氧颗粒污泥的快速形成和连续流好氧颗粒污泥技术等研究。这对我的研究工作帮助极大！

相比传统絮状活性污泥，好氧颗粒污泥具有沉降性能优异、污泥浓度高、抗冲击负荷能力强、处理效果好等特点，已成为污水生化处理研究的热点。目前，好氧颗粒污泥的形成与降解机制仍然需要探索，好氧颗粒污泥的快速形成和稳定问题亟待解决。

我和我的研究团队从事好氧颗粒污泥研究和工程试验近 15 年，承担了国家级、省级和企业相关课题研究，在 *Water Research*、*Environmental Science and Technology*、*Chemical Engineering Journal* 等中外文期刊上发表相关论文 100 余篇，申请专利 30 余项。

本书是基于我们研究团队多年来的研究与实践的总结。本书共 8 章，第一章介绍好氧颗粒污泥的基本概念；第二章介绍几种好氧颗粒污泥培养的方法及其性能；第三章介绍好氧颗粒污泥除磷、吸附重金属、胞外聚合物、富含原生和后生动物、脱水，以及储存的特性；第四章介绍好氧颗粒污泥的加速形成，包括投加污泥微粉、微粉协同丝状菌、污泥干化返投等创新技术；第五章介绍连续流好氧颗粒污泥的培养，包括倒向折流式连续流反应器、合建式可变沉淀区氧化沟和双区沉淀池连续流反应器；第六章介绍好氧颗粒污泥稳定运行的研究成果，包括丝状菌的控制和污泥颗粒大小的控制；第七章介绍了序批式和连续流好氧颗粒污泥的现场中试；第八章介绍两个好氧颗粒污泥实际应用的案例。

本书既阐述了好氧颗粒污泥污水处理技术的基本概念，还论述了好氧颗粒污泥的特性、形成、稳定运行的研究成果，不仅介绍了好氧颗粒污泥现场中试和工程应用实践，也探索了未来好氧颗粒污泥的研究方向。参加本书编写工作的还有：周延年、张宇坤、倪永炯、韦甦、马骁、周佳恒、饶彤彤、王文燕、王苗、蒋勖欣、刘俊、马龙强、陈涛、王丹君、蔡昂、丁立斌、王晓东、陈超、谢锴、马挺、杨红刚、徐栋、陶亚强、李兴强、潘继杨、赵锡锋、何航天、吴越、严爱兰、邹金特、郭焘、袁树森、刘文龙、冯洪波、潘增锐、盛建龙。感谢以上硕士、博士研究生和博士后在校期间的研究工作！

由于作者才疏学浅，书中难免有不足之处，敬请读者批评指正！

2021 年 1 月 8 日于浙江工业大学

目　录

第一章 污水处理好氧颗粒污泥基本概念

第一节 好氧颗粒污泥的定义

1914 年，英国人 Arden 和 Lockett 发现活性污泥可用于净化污水，经过 100 多年的发展，活性污泥凭借其处理稳定可靠、运行经济等特点，被广泛地应用于各种污水处理工艺中（van Loosdrecht and Brdjanaic，2014）。活性污泥就是以细菌为主体的微生物与水中的悬浮物质、胶体物质一起形成的絮状聚集体。污水生物处理的过程是通过微生物的新陈代谢活动把有机污染物（主要是 C、N、P）转化为新的微生物细胞及无机物，达到去除有机污染物的目的。传统活性污泥系统具有去除效果好、出水水质好等优点，但也存在抗冲击负荷差、脱氮除磷工艺复杂、占地面积大、处理效率有待提高等问题。

20 世纪 80 年代，荷兰人 Lettinga 教授在升流式厌氧污泥床（upflow anaerobic sludge blanket，UASB）中发现颗粒污泥。厌氧颗粒污泥是由产甲烷菌、产乙酸菌和水解发酵菌等构成的自凝聚体，具有良好的沉淀性能和产甲烷活性，有耐冲击负荷、容积负荷高和占地少等优点，在多种废水处理中得到应用。

1991 年，日本人 Mishima 等在好氧升流式污泥床（aerobic upflow sludge blanket，AUSB）中利用纯氧曝气，首次培养出了好氧颗粒污泥（aerobic granular sludge，AGS）。1993 年，Debeer 等通过流化床成功培养出了硝化颗粒污泥。1997 年，Morgenroth 等对序批式反应器（sequencing batch reactor，SBR）中好氧颗粒污泥的培养和特性进行了研究，为好氧颗粒污泥的发展奠定了基础。随后，SBR 运行方式在大多数好氧颗粒污泥研究中广泛应用，研究者从微观机制和宏观运行两方面对好氧颗粒污泥的培养进行研究。1998 年，Heijnen 和 Loosdrecht 最早申请了好氧颗粒污泥专利。

2004 年，在德国慕尼黑工业大学召开了有关好氧颗粒污泥的第一次国际研讨会，对其概念做了统一规定。好氧颗粒污泥是指在一定水力剪切力的作用下，微生物自身固定化形成的聚集体，是一种无需载体的特殊生物膜，具有良好的沉降性能，泥水分离速度快。2006 年，在荷兰代尔夫特理工大学举行的第二次好氧颗粒污泥研讨会上，大会又对其定义做了进一步的补充说明，主要涉及微生物聚集体、沉降特性、水力剪切力、最小尺寸和培养方法等方面内容。

好氧颗粒污泥是活性污泥在好氧条件下通过微生物的自我凝聚，形成结构紧密、外形规则的生物聚合体。好氧颗粒污泥可以具体规定为：①有一定尺寸的颗粒，90%以上污泥的直径 $d \geqslant 0.2$mm；②有较快的沉淀速率，颗粒自由沉速 $v \geqslant 20$m/h；③有较低的污泥容积指数，污泥容积指数（sludge volume index，SVI 或 SVI_{30}）$\leqslant 50$mL/g；④无明显压实沉淀，$SVI_{30}/SVI_5 \geqslant 0.9$（$SVI_{30}$ 为混合液 30min 静沉后相应的 1g 干污泥所占的容积；SVI_5 即混合液 5min 静沉后相应的 1g 干污泥所占的容积）。好氧颗粒污泥与普通活性污泥在形态上具有很大差别，如图 1.1 所示。

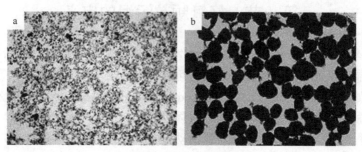

图 1.1　污泥形态图
a. 普通活性污泥；b. 好氧颗粒污泥

第二节　好氧颗粒污泥的特性

相比普通活性污泥，好氧颗粒污泥具有以下基本特性：①沉降性能好，减少沉淀时间，节省占地；②污泥浓度高，增加污染物处理负荷；③生物附着生长，能生长世代长的生物；④分层结构，抗冲击负荷或毒性物质能力强，有利于形成好氧、缺氧和厌氧协同反应。

很多学者对好氧颗粒污泥的各种特性进行了大量的研究，主要特性总结如下。

一、结构形态

好氧颗粒污泥是一种具有特殊形态结构的生物聚集体，同时也有别于其他生物膜。好氧污泥颗粒化过程无需载体，是细胞之间通过生物、物理、化学过程在外界环境条件的共同作用下，形成有良好的沉降性能、较高的微生物量、抗冲击负荷能力强和外形规则的微生物聚集体。颗粒污泥表面和内部有较多孔隙及通道，这不仅能够保证营养物质及所需溶解氧的输送，还有利于代谢过程中产物的排出。好氧颗粒污泥常见的颜色有橙黄色、黄红色、白色和褐红色等，这主要取决于菌群组成及其培养基质组分。

Arrojo 等（2004）认为，相对于普通活性污泥，一般好氧颗粒污泥混合液悬浮固体浓度（mixed liquor suspended solid，MLSS）和 SVI 分别为 4～12g/L、20～50mL/g，粒径一般为 0.2～8.0mm，沉速明显优于普通活性污泥。Toh 等（2003）提出，好氧颗粒污泥粒径的大小会直接影响其性能发挥。如果颗粒粒径过大，颗粒内部的传质阻力也会增大，这就会阻碍颗粒内部细胞对基质的获取和代谢产物的排出，进而影响内部菌群的结构和新陈代谢，同时颗粒内部会形成空洞，承受水力冲击能力下降，最终导致颗粒解体。研究表明，当颗粒粒径大于 4.0mm 时，其沉降性能变差，密度和强度也会减小。当颗粒粒径过小时，其密度和强度较小，容易被洗刷出反应器，从而会影响污水的处理效果。因此，Zhang 等（2015）建议好氧颗粒污泥的粒径应控制在 1.6mm 左右。好氧颗粒污泥与普通活性污泥特性比较参见表 1.1。

表 1.1 好氧颗粒污泥与普通活性污泥特性比较

理化性质	好氧颗粒污泥	普通活性污泥
MLSS（g/L）	4～12	2～4
SVI（mL/g）	20～50	100～300
平均粒径（mm）	0.2～8.0	<0.1
有机负荷[kg/（m³·d）]	2.5～15	0.5～2.5
沉降速率（m/h）	30～75	<10
密度（g/cm³）	1.004～1.065	1.002～1.006
含水率（%）	96～97	≥99
孔隙度（%）	68～92	>95

二、微生物组成及分布

由于好氧颗粒污泥是由多种微生物相互聚集构成的团体，因此好氧颗粒污泥中的微生物具有多样性和较强的适应性，主要由细菌、丝状真菌等微生物及其产生的胞外聚合物（extracellular polymeric substance，EPS）等相互嵌合构成。近年来，经过荧光原位杂交（fluorescence *in situ* hybridization，FISH）、变性梯度凝胶电泳（denaturing gradient gel electrophoresis，DGGE）、实时荧光定量 PCR 及 16S rDNA 等分子生物学技术鉴定，发现在不同培养条件下，好氧颗粒污泥中存在不同的菌群，如聚磷菌（polyphosphate accumulating organism，PAO）、氨氧化细菌（ammonia-oxidizing bacteria，AOB）、亚硝酸盐氧化菌（nitrite-oxidizing bacteria，NOB）、反硝化细菌等。同时，采用实际生活污水培养的好氧颗粒污泥的表面和周围存在大量的原生动物、后生动物，如钟虫、轮虫等。钟虫凭借其长柄根植于颗粒内部，轮虫用趾吸附在颗粒表面，并不停地吞食细菌和固体食物颗粒，有利于颗粒污泥的稳定和出水水质的稳定。

相对于普通活性污泥，好氧颗粒污泥的粒径要大得多，颗粒内部的传质和传氧会受到一定的限制，这就使得好氧颗粒污泥从表面到内部呈现层状分布，可分为好氧层、缺氧层、厌氧层，也造成微生物有类似的结构分布。Peng 等（1999）发现颗粒污泥结构可分为三层：第一层 0.5～5µm 厚，主要包括活细胞、溶解的细胞、细胞残骸及进水中的一些固体颗粒物；第二层5～50μm厚，主要是由一些细菌聚集体镶嵌在多聚物结构中形成的球形菌体；第三层则主要是胞外聚合物层，其中有很多小颗粒和菌群。周延年等（2009）对以乙酸钠为碳源培养出来的好氧颗粒污泥的内部构造进行了研究，发现第一层即颗粒污泥表面层，主要由异养生物组成，厚度为220～340μm；中间层主要由自养生物组成，厚度为380～550μm；最内层为颗粒污泥核心，微生物量较少，主要由无机成分组成，并存在明显的空腔，其厚度由颗粒污泥的粒径决定。然而，Tay等（2002）发现以葡萄糖为基质培养形成的颗粒污泥的结构可分为 4 层：第一层为好氧菌，以氨氧化细菌 *Nitrosomonas* spp.为主，该层厚 70～100μm；第二层为多糖层，位于颗粒表面以下400μm处；第三层是在颗粒表面以下800～900μm的厌氧层，以专性厌氧菌 *Bacteroides* spp.为主；第四层为最内层，距颗粒表面 800～1000μm，主要由一些死亡的微生物构成。由此可见，基质成分和粒径大小对微生物的分布具有重要作用。

三、细胞表面疏水性及胞外聚合物

细胞表面疏水性（cell surface hydrophobicity）有利于促进细胞之间相互黏附和聚集。尽管目前对于细胞表面疏水性在好氧污泥颗粒化中的作用并不十分明确，但 Liu 等（2004）认为提高细胞表面疏水性可以促进微生物聚集。Tay 等（2001）认为水力剪切力或选择压的增大都有助于提高细胞表面疏水性，但基质浓度或负荷的变化对细胞表面疏水性并未有显著的影响。

胞外聚合物（EPS）是微生物生理活动所分泌的黏性物质。EPS 主要由多糖（polysaccharide，PS）、蛋白质（protein，PN）、核酸、腐殖酸及脂类等物质组成。研究表明，EPS 有利于细胞之间的聚合和黏结，对颗粒的形成和维持微生物群落整体结构的稳定具有重要作用，并且颗粒污泥的 EPS 含量要远高于活性污泥，但对于好氧颗粒污泥 EPS 成分比例及不同成分在颗粒化中的作用尚未有统一的结论。Pan 等（2004）发现好氧颗粒污泥 EPS 中的多糖和蛋白质的比例主要受反应器水力剪切力大小的影响，即较高的剪切力有利于更多胞外多糖的产生，这将有助于形成结构紧凑和致密的颗粒污泥，进而对好氧颗粒污泥系统的稳定起到维护作用。Zhang 等（2007）的研究表明在污泥颗粒化过程中多糖与蛋白质的比例显著增加，由此认为多糖可增强细胞间的絮凝，有利于自絮凝颗粒结构的稳定性。王浩宇等（2012）和 Liang 等（2012）的研究表明好氧颗粒污泥 EPS 中蛋白质含量高于多糖，并且蛋白质对降低污泥表面电位和促进污泥聚集及好氧颗粒污泥的形成、稳定具有重要作用，同时 PN/PS 的变化与细胞表面的疏水性有着密切的联系。

综上所述，相对于普通活性污泥，好氧颗粒污泥具有无比优越的特性，如外形规则、密实且有一定的强度、较高的生物量、多菌种共代谢等。然而好氧颗粒污泥的形成和稳定受到诸多因素的影响，目前并未形成统一的认识。

第三节 影响好氧颗粒污泥形成的因素

一、选择压

选择压是目前培养颗粒污泥比较盛行的一种培养方法。在好氧颗粒污泥培养过程中，利用选择压的原理，将沉降性能较差的絮体污泥排出，而沉降性能好的污泥留在反应器中。SBR系统选择压是通过控制沉淀时间和沉降高度来调整。只有在规定沉淀时间和沉降高度内完全沉淀下来的污泥才会留在反应器内，否则将会随着出水一起排出反应器。当选择压较低时，大量质轻而分散的悬浮絮体会保留在反应器中而摄取、争夺营养物质，污泥颗粒化难以实现。而在运行初期，选择压过高容易造成污泥流失，使得微生物无法停留、聚集在反应器中。由此可见，选择压的大小对好氧颗粒污泥的形成至关重要。Adav等（2008）和Qin等（2004）的研究表明适当增大选择压有利于好氧颗粒污泥的形成，并指出在5~10min的沉淀时间内，较容易实现污泥颗粒化。在连续流反应器（continuous flow reactor，CFR）中，选择压的大小取决于水力停留时间（hydraulic retention time，HRT）的长短。Pan等（2004）认为HRT过短，反应器中微生物因繁殖生长不足以补充被排出的污泥，从而导致反应器中出现严重的污泥流失现象，难以实现污泥颗粒化；若HRT过长则可能导致选择压过低，反应器中的絮状、较质轻的污泥不易排出，不利于颗粒污泥的形成。因此，适合的选择压对于颗粒污泥的培养显得尤为重要。

二、培养基质类型和有机负荷

根据王建龙等（2009）的综述，目前好氧颗粒污泥已在不同基质中成功培养，如葡萄糖、蛋白胨、乙酸钠、淀粉、硝基苯、乙醇、苯酚及实际生活污水等。颗粒污泥中生物的种类、多样性及结构形状等特性都与碳源基质种类有密切关系。例如，以葡萄糖为碳源的基质培养出的好氧颗粒污泥中丝状菌为优势菌种，且形成的颗粒污泥结构较为蓬松；以乙酸钠为碳源的基质培养出的好氧颗粒污泥中杆菌和球菌为优势菌种，颗粒污泥较为密实；而以苯酚为碳源的基质所培养出的颗粒中菌种有明显的分层现象。此外，Jang等（2003）研究认为，培养基质中C/N也是影响颗粒污泥形成和稳定运行的又一重要因素，这是由于颗粒自身具有特殊结构，即在不同区域具有功能不同的各类菌种，而适当增加基质C/N有利于不同菌种的生长。同时，Cassidy等（2005）、Wang等（2007）和Rosman等（2013）采用不同实际废水，如屠宰废水、养殖废水、橡胶废水和啤酒废水等也成功培养出好氧颗粒污泥。

Liu等（2003）的研究表明好氧颗粒污泥可在较大有机负荷（organic loading rate，OLR）范围2.5~15kg COD/（m³·d）内形成，逐步提高进水负荷，颗粒污泥可承受的最高负荷为 41kg COD/（$m^3 \cdot d$）。这说明好氧颗粒污泥能在一定 OLR 范围内生长，其特性和稳定性与 OLR 紧密相关。较高的 OLR 有助于克服传质阻力，对好氧污泥颗粒化具有促进作用；而过低的 OLR 易引起丝状菌大量生长，不利于污泥沉淀并最终导致反应器不稳定和污染物去除效果恶化。Liu 等（2015）和 Yang 等（2014）研究发现进水负荷对颗粒化时间有显著影响，当 OLR＜2.0kg COD/（$m^3 \cdot d$）时，颗粒污泥形成时间较长；而当 OLR 为 2.5～15kg COD/（$m^3 \cdot d$）时，特别是 OLR 在 8～12kg COD/（$m^3 \cdot d$）条件下，颗粒化时间显著减少。这主要是因为较高的 OLR 刺激微生物分泌较多的 EPS，促进污泥絮凝、聚集，最终加快好氧污泥颗粒化。Tay 等（2004a）和 Wang 等（2009）认为，较低的 OLR 降低絮团表面疏水性、微生物生长速率和 EPS 分泌量，进而抑制微生物间的絮凝效果，导致松散且易解体的絮体大量产生，进而排泥过量而造成系统崩溃。

三、水力剪切力

在颗粒污泥反应器中，曝气量的大小不仅影响反应器内的溶解氧的浓度，还影响水力剪切力的效能。水力剪切力对颗粒污泥的形成和稳定具有关键作用。在序批式柱状升流式反应器中，污泥受到的剪切力主要来自上升气体与污泥、水流与污泥之间的摩擦及污泥之间的碰撞。水力剪切力通常采用表面气体流速（superficial gas velocity，SGV，表面气速）来表示；上升表面气速越大，水力剪切力就越大；反之亦然。

Tay 等（2001）发现在柱状 SBR 中 SGV 在 1.2～2cm/s 时有助于好氧颗粒污泥的形成。剪切力的大小对于微生物的结构和新陈代谢都有重要意义，较大的剪切力能够促使微生物分泌更多的 EPS 和提高细胞疏水性能，从而提高颗粒污泥的稳定性。在有机负荷不变的条件下，较大的水力剪切力有助于粒径较小的好氧颗粒污泥的形成，而较小的水力剪切力有利于粒径较大的好氧颗粒污泥的形成。这说明在一定范围内适当提高剪切力有利于形成沉降性能更好的颗粒污泥。Tay 等（2004b）认为过大的水力剪切力不利于好氧颗粒污泥的形成和稳定。因此，在好氧污泥颗粒化过程中应适当调节表面气速，为颗粒形成提供一个适当的水力剪切力。

四、反应器构型

反应器构型不同，在运行过程中微生物的聚集和溶液流态等存在显著区别。近几年来，好氧颗粒污泥的成功培养大多数都是在柱状的升流式反应器中进行的，在完全混合推流式反应器中成功培养颗粒污泥的案例较少。这是因为不同反应器的结构及尺寸、其液体的流动形式及微生物的聚合形态有显著区别。研究表明，反应器内流体运动模式对水流和细胞之间的作用产生一定影响，进而对好氧污泥颗粒化的形成至关重要。颗粒污泥在反应器内的运动方式主要有环向运动和不规则的随机运动，根据热力学原理，环向运动有利于形成较规则的球状颗粒，使得颗粒具有最小的表面自由能，对颗粒污泥的稳定起积极作用；而处于随机运动中的颗粒污泥处于水流及其他颗粒的不断任意碰撞中，较难形成较为规则的颗粒污泥。全混式曝气池（completely mixed tank reactor，CMTR）和柱状升流式反应器（cylindrical lift reactor，CLR）的流体流动方式主要呈现自由的随机运动方式和环状周期运动方式，因此在典型的完全混合式曝气反应器中形成颗粒化污泥的报道极为少见，而大部分颗粒污泥的报道是在柱状升流式反应器中完成的。

五、接种污泥

一般来说，培养好氧颗粒污泥的接种污泥主要包括活性污泥、厌氧颗粒污泥及成熟好氧颗粒污泥。目前，大多数好氧颗粒污泥的培养都是以取自城市污水处理厂的普通活性污泥作为接种污泥，尽管污泥的性状有所差异，但培养出的好氧颗粒污泥的性质基本类似。Liu 和 Tay（2004）的研究发现活性污泥中的微生物种类是影响颗粒化进程的重要因素。根据对水的亲疏程度，可将活性污泥中的细菌分为疏水性细菌和亲水性细菌，疏水性细菌容易附着到污泥絮体上，而亲水性细菌则相反。Zita 和 Hermansson（1997）发现疏水性细菌越多，越容易实现颗粒化，颗粒污泥的沉降性能也越好。尽管厌氧颗粒污泥技术已发展得较为成熟，一些研究人员开始尝试利用厌氧颗粒污泥来培养好氧颗粒污泥，然而厌氧颗粒污泥的培养条件比较苛刻，以厌氧颗粒污泥作为好氧颗粒污泥培养的接种污泥在实际操作中比较困难。目前有关好氧颗粒污泥作为接种污泥培养好氧颗粒污泥的报道也不多。然而普通活性污泥比较容易获得，因此大多数研究通过接种普通活性污泥来培养好氧颗粒污泥。

六、金属离子

研究表明，Fe^{2+}、Fe^{3+}、Ca^{2+}、Mg^{2+}、Mn^{2+}、Al^{3+}等金属离子不但在微生物生长代谢过程中起着重要作用，而且对好氧颗粒污泥的形成及稳定过程具有一定的影响，其作用机制备受关注。Yu 等（2000）研究发现，投加 Fe^{2+} 可以强化反应器中的污泥颗粒化，而 Yilmaz 等（2017）发现投加 Fe^{2+}/Fe^{3+} 有助于维持颗粒污泥的稳定性和增加颗粒的粒径，但不能缩短污泥颗粒化时间。Mg^{2+} 会促进污泥中各种微生物的生长，改变优势菌群，从而有利于颗粒污泥的形成（Li et al.，2009）。Jiang等（2003）发现加入 Ca^{2+} 时不但可以大幅度缩短颗粒污泥的形成时间，而且加入

Ca^{2+}所形成的颗粒污泥沉降性能更好、强度更高、多糖含量更大。Liu 等（2010）发现加入的 Ca^{2+}能够中和细菌表面和 EPS 上的负电荷，对颗粒的形成起到了吸附架桥的作用。Liu 等（2016）认为在好氧颗粒污泥培养初始阶段聚合氯化铝（poly aluminum chloride，PAC）的投加对颗粒污泥形成具有重要作用，其余时间投加 PAC 对于污泥颗粒化无意义。Hao 等（2016）研究 Ca^{2+}、Mg^{2+}、Cu^{2+}、Fe^{2+}、Zn^{2+} 和 K^+ 等金属离子对污泥颗粒化的作用，发现适量的 Ca^{2+}、Mg^{2+} 和 K^+ 有助于增强微生物聚集的能力，而较低浓度的 Cu^{2+}、Fe^{2+} 和 Zn^{2+} 对好氧颗粒污泥中微生物吸附具有显著的抑制作用。提高进水中的 Mn^{2+} 浓度不仅有助于强化好氧污泥颗粒化，还对微生物结构具有重要作用（Huang et al.，2014）。颗粒污泥中的微生物数量与种类随着进水中金属离子浓度的增加而丰富，但并不是添加越多的金属离子对颗粒系统越好，过量的金属离子会沉积在颗粒污泥中增加无机成分，影响其生物活性。

与此同时，当反应器中存在颗粒物时，微生物会附着在其表面而形成初始生物膜，并由此逐渐形成颗粒污泥。微小颗粒物可以来自原水，也可以人为投加，它们充当了载体或诱导核的角色。Li 等（2011）研究发现投加颗粒活性炭（granular activated carbon，GAC）后，污泥颗粒化进程明显加快。

除此以外，碱度、温度、pH 和溶解氧等因素对颗粒污泥的形成过程同样有着不同程度的影响。

第四节　好氧颗粒污泥的形成机制

颗粒污泥的形成是一个涉及物理、化学、生物作用的复杂过程，这个过程被认为是在外部环境作用下，微生物自固定形成生物聚集体的现象。由于许多研究基于各自试验提出适合自己试验结果的理论模型和机制，因此至今尚未有较为完善的理论阐明好氧颗粒污泥形成的机制。目前，颗粒污泥形成机制主要包括胞外聚合物假说、丝状菌假说、自凝聚假说和晶核假说。

胞外聚合物假说：胞外聚合物主要是胞外多糖、蛋白质等物质，这些多聚物有利于细胞的相互聚集和维持颗粒完整性。Ross（1984）研究提出细胞通过胞外聚合物的架桥作用黏结在一起，进而促使颗粒的形成。

丝状菌假说：该假说最先由 Beun 等（1999）提出，他认为接种污泥中的真菌（丝状菌）是反应器中的优势菌种。在水力剪切力的作用下丝状菌缠绕、包埋细菌和小颗粒，并形成类骨架体系，微生物不断在骨架上沉积并繁殖生长，最终形成颗粒污泥。

自凝聚假说：自凝聚现象是微生物在适当的环境条件下，自发地凝聚在一起，形成一种密度较大、活性和传质条件都较好的微生物聚集体，相当于微生物的自我固定化——自凝聚原理。Tay 等（2001）认为好氧颗粒污泥的形成是微生物在水力剪切力和静电斥力作用下自凝聚的结果。在水力剪切力作用下，微生物间发生碰撞、黏附、固定并最终形成聚集体。虽然这个过程是自发现象，但运行条件比较苛刻。

晶核假说：该理论类似于物质的结晶过程，Lettinga 等（1980）认为好氧颗粒污泥的形成是以晶核为核心，微生物在晶核上逐渐聚集和生长，经过一段时间的培养形成颗粒污泥。这个晶核可以是进水中质量较大的颗粒物、接种的厌氧或好氧颗粒污泥，也可以是反应器壁上形成的生物膜，甚至可以是接种污泥或混合液中较大的丝状菌。

尽管颗粒污泥形成机制并未得到统一认识，但大部分学者认为颗粒污泥的形成可分为 4 个步骤：①细胞与细胞之间或者细胞与固体颗粒之间通过物理作用如水流作用力、扩散作用力、重力、热动力和细胞运动形成初始生物聚合体；②通过物理、生物作用使得细菌与细菌之间或者细菌与固体颗粒之间发生有效碰撞，并维持其连接的稳定性，进一步吸附和凝聚；③胞外聚合物的产生、细胞群落自身的生长、代谢途径的变化及环境条件诱发的基因效应等进一步促进了微生物聚集体的形成并逐渐成熟；④在水力剪切力的作用下形成好氧颗粒污泥。

参 考 文 献

王浩宇, 苏本生, 黄丹, 等. 2012. 好氧污泥颗粒化过程中 Zeta 电位与 EPS 的变化特性. 环境科学, 33(5): 1614-1620.

王建龙, 张子健, 吴伟伟. 2009. 好氧颗粒污泥的研究进展. 环境科学学报, 29(3): 449-473.

周延年, 李军, 何梅, 等. 2009. 一种好氧颗粒污泥的内部构造分析. 浙江工业大学学报, 37(1): 49-52, 63.

Adav S S, Lee D J, Tay J H. 2008. Extracellular polymeric substances and structural stability of aerobic granule. Water Research, 42(6-7): 1644-1650.

Arrojo B, Mosquera-Corral A, Garrido J M, et al. 2004. Aerobic granulation with industrial wastewater in sequencing batch reactors. Water Research, 38(14-15): 3389-3399.

Beun J J, Hendriks A, van Loosdrecht M C M, et al. 1999. Aerobic granulation in a sequencing batch reactor. Water Research, 33(10): 2283-2290.

Cassidy D P, Belia E. 2005. Nitrogen and phosphorus removal from abattoir wastewater in an SBR with aerobic granular sludge. Water Research, 39(19): 4817-4823.

Hao W, Li Y C, Lv J P, et al. 2016. The biological effect of metal ions on the granulation of aerobic granular activated sludge. Journal of Environmental Sciences, 44: 252-259.

Heijnen J J, van Loosdrecht M C M. 1998. Method for acquiring grain-shaped growth of a microorganism in a reactor: European patent, EP0826639.

Huang L, Yang T, Wang W, et al. 2014. Effect of Mn^{2+} augmentation on reinforcing aerobic sludge granulation in a sequencing batch reactor. Applied Microbiology & Biotechnology, 93: 2615-2623.

Jang A, Yoon Y H, Kim S, et al. 2003. Characterization and evaluation of aerobic granule in sequencing batch reactor. Journal of Biotechnology, 105(1-2): 71-82.

Jiang H L, Tay J H, Liu Y, et al. 2003. Ca^{2+} augmentation for enhancement of aerobically grown microbial granules in sludge blanket reactors. Biotechnology Letters, 25(2): 95-99.

Lettinga G, van Velsen A F M, Hobma S W. 1980. Use of the upflow sludge blanket (USB) reactor concept for biological wastewater treatment especially for anaerobic treatment. Biotechnology & Bioengineering, 22(4): 699-734.

Li A J, Li X Y, Yu H Q. 2011. Granular activated carbon for aerobic sludge granulation in a bioreactor with a low-strength wastewater influent. Separation & Purification Technology, 80: 276-283.

Li X M, Liu Q Q, Yang Q, et al. 2009. Enhanced aerobic sludge granulation in sequencing batch reactor by Mg^{2+} augmentation. Bioresource Technology, 100: 64-67.

Liang Z, Lv M L, Xin D, et al. 2012. Role and significance of extracellular polymeric substances on the property of aerobic granule. Bioresource Technology, 107: 46-54.

Liu Q S, Tay J H, Liu Y. 2003. Substrate concentration-independent aerobic granulation in sequential aerobic sludge blanket reactor. Environmental Technology, 24(10): 1235-1242.

Liu Y, Gao D W, Zhang M, et al. 2010. Comparison of Ca^{2+} and Mg^{2+} enhancing aerobic granulation in SBR. Journal of Hazardous Materials, 181(1-3): 382-387.

Liu Y, Tay J H. 2004. State of the art of biogranulation technology for wastewater treatment. Biotechnology Advances, 22: 533-563.

Liu Y, Yang S F, Tay J H, et al. 2004. Cell hydrophobicity is a triggering force of biogranulation. Enzyme & Microbial Technology, 34(5): 371-379.

Liu Y Q, Kong Y H, Tay J H, et al. 2011. Enhancement of start-up of pilot-scale granular SBR fed with real wastewater. Separation and Purification Technology, 82(27): 190-196.

Liu Z, Liu Y Q, Kuschk P, et al. 2016. Poly aluminum chloride (PAC) enhanced formation of aerobic granules: Coupling process between physicochemical-biochemical effects. Chemical Engineering Journal, 284: 1127-1135.

Mishima K, Nakamura M. 1991. Self-immobilization of aerobic activated sludge—A pilot study of the aerobic upflow sludge blanket process in municipal sewage treatment. Water Science and Technology, 23(4): 981-990.

Morgenroth E, Sherden T, van Loosdrecht M C M, et al. 1997. Aerobic granular sludge in a sequencing batch reactor. Water Research, 31(12): 3191-3194.

Pan S, Tay J H, He Y X, et al. 2004. The effect of hydraulic retention time on the stability of aerobically grown microbial granules. Letters in Applied Microbiology, 38: 158-163.

Peng D C, Bernet N, Delgenes J P, et al. 1999. Aerobic granular— a case report. Water Research, 33(3): 890-895.

Qin L, Liu Y, Tay J H. 2004. Effect of settling time on aerobic granulation in sequencing batch reactor. Biochemical Engineering Journal, 21(1): 47-52.

Rosman N H, Anuar A N, Othman I, et al. 2013. Cultivation of aerobic granular sludge for rubber wastewater treatment. Bioresource Technology, 129(2): 620-623.

Ross W. 1984. The phenomenon of sludge pellitisation in the anaerobic treatment of a maize processing plant. Water SA, 10(4): 197-204.

Tay J H, Ivanov V, Pan S, et al. 2002. Specific layers in aerobically grown microbial granules. Letters in Applied Microbiology, 34(4): 254-257.

Tay J H, Liu Q S, Liu Y. 2001. The effects of shear force on the formation, structure and metabolism of aerobic granules. Applied Microbiology & Biotechnology, 57(122): 227-233.

Tay J H, Liu Q S, Liu Y. 2004b. The effect of upflow air velocity on the structure of aerobic granules cultivated in a sequencing batch reactor. Water Science & Technology, 49(11): 35-40.

Tay J, Pan S, He Y, et al. 2004a. Effect of organic loading rate on aerobic granulation. II: characteristics of aerobic granules. Journal of Environmental Engineering, 130(10): 1102-1109.

Toh S K, Tay J H, Moy B Y P, et al. 2003. Size-effect on the physical characteristics of the aerobic granule in a SBR. Applied Microbiology & Biotechnology, 60(6): 687-695.

van Loosdrecht M C M, Brdjanovic D. 2014. Anticipating the next century of wastewater treatment—Advances in activated sludge sewage treatment can improve its energy use and resource recovery. Science, 344: 1452-1453.

Wang S G, Gai L H, Zhao L J, et al. 2009. Aerobic granules for low-strength wastewater treatment: formation, structure, and microbial community. Journal of Chemical Technology & Biotechnology, 84: 1015-1020.

Wang S G, Liu X W, Gong W X, et al. 2007. Aerobic granulation with brewery wastewater in a sequencing batch reactor. Bioresource Technology, 98(11): 2142-2147.

Yang Y C, Liu X, Wan C L, et al. 2014. Accelerated aerobic granulation using alternating feed loadings: alginate-like exopolysaccharides. Bioresource Technology, 171: 360-366.

Yilmaz G, Bozkurt U, Magden K A. 2017. Effect of iron ions (Fe^{2+}, Fe^{3+}) on the formation and structure of aerobic granular sludge. Biodegradation, 28: 53-68.

Yu H Q, Fang H H P, Tay J H. 2000. Effect of Fe^{2+} on sludge granulation in upflow anaerobic sludge blanket reactor. Water Science and Technology, 41(12): 199-205.

Zhang C, Zhang H, Yang F. 2015. Diameter control and stability maintenance of aerobic granular sludge in an SBR. Separation & Purification Technology, 149: 362-369.

Zhang L L, Chen X, Chen J M, et al. 2007. Role mechanism of extracellular polymeric substances in the formation of aerobic granular sludge. Environmental Science, 8(4): 795-799.

Zita A, Hermansson M. 1997. Determination of bacterial cell surface hydrophobicity of single cells in cultures and in wastewater *in situ*. FEMS Microbiology Letters, 18: 299-306.

第二章 好氧颗粒污泥培养试验

第一节 无基质匮乏条件下培养好氧颗粒污泥

一、引言

有关好氧颗粒污泥形成的机制中基质丰富-匮乏（feast-famine）对好氧污泥颗粒化的影响受到重视。早在 1985 年 Chiesa 等就发现周期性基质丰富-匮乏可以提高污泥的沉降性能；Tay 等（2001）认为基质匮乏（或生物饥饿）有助于微生物之间的黏附和聚集；McSwain 等（2004）的试验表明要形成致密的颗粒污泥需要创造基质丰富-匮乏环境。但是，Liu 等（2007）采用人工配制污水，在无基质匮乏的环境下也培养出了好氧颗粒污泥。因此本研究同时采用人工配制污水和实际生活污水进行试验，以期考察基质丰富-匮乏是否为好氧污泥颗粒化的必要条件（周延年等，2010）。

二、材料与方法

（一）试验系统

试验采用两套相同的 SBR，R1 采用以乙酸钠为碳源的人工配制污水，R2 采用某化粪池的实际生活污水。反应器内径 D=90mm，高度 H=1000mm，有效容积为 6L。两个反应器出水体积均为有效容积的 50%，表面上升气速为 3.50cm/s。

（二）运行方式

传统 SBR 的运行方式决定了在反应初期微生物总是处于基质丰富状态。Liu 等（2006）认为基质匮乏指外碳源耗尽，微生物处于饥饿并逐渐消耗内碳源的状态。为考察基质丰富-匮乏是否为好氧污泥颗粒化的必要条件，首先 R1 和 R2 反应器均在非基质匮乏（保证一定量的外碳源）条件下运行，结果发现两个反应器均能形成颗粒污泥。由于 R1 的颗粒质量不好，30 天后转变为基质丰富-匮乏方式；R2 一直保持在非基质匮乏条件下运行。具体的操作方式如下。

R1 采用易生物降解的碳源，为此采用高 COD 浓度和较短曝气时间的运行方式，确保能造成非基质丰富-匮乏环境，其运行参数为：进水 10min、曝气 60min、沉淀 2min、出水 10min、闲置 78min，周期总长为 160min；进水浓度控制为：COD 1600mg/L、氨氮（NH_4^+-N）30mg/L、总磷（TP）10mg/L 左右。运行 30 天后，将反应器调整为基质丰富-匮乏条件下运行，即将曝气时间延长为 120min，进水 COD 浓度降低为 800mg/L 左右，其他条件不变。

R2 进水 COD 为 417~1197mg/L，NH_4^+-N 为 150~280mg/L，TP 为 15~38mg/L。为保证 R2 在非基质匮乏条件下运行，其运行参数设定为：进水 10min、好氧曝气 210min、沉淀 5min、出水 10min、闲置 5min，周期总长为 240min。

（三）分析项目及方法

试验中 MLSS、SVI 均采用《水和废水监测分析方法》（国家环境保护总局《水和废水监测分析方法》编委会，2002）。COD 采用快速消解-分光光度法（DR/890，HACH）测定，NH_4^+-N 采用纳氏试剂分光光度法，五日生化需氧量（BOD_5）采用压力法测定（OxiTop IS12，WTW）。颗粒污泥的粒径分布、圆度采用 Motic 生物显微镜拍照后，通过专业的图形软件 Image-Pro Plus 进行分析。

三、结果与讨论

（一）R1 反应器的运行效果

R1 反应器进水采用乙酸钠为碳源的人工配制污水，在前 30 天的运行中，进水 COD 浓度为 1400~1700mg/L，出水 COD 浓度基本大于 150mg/L，其出水 BOD_5 为 130mg/L 左右，这意味着在第 1 阶段（前 30 天）的运行过程中反应器中的微生物处于无基质匮乏环境。图 2.1 显示出在第 1 阶段有颗粒污泥形成，但颗粒质轻、表面呈羽状结构，SVI 随时间逐渐上升。由于颗粒表面羽状结构的存在，污泥经过 30min 的沉淀后，颗粒与颗粒之间沉积不密实，第 30 天的 SVI 高达 130mL/g。经测试，此阶段颗粒化程度最高为 50%左右，颗粒粒径主要为 0.3~0.5mm。

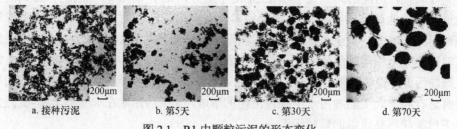

a. 接种污泥　　　　b. 第5天　　　　c. 第30天　　　　d. 第70天

图 2.1　R1 中颗粒污泥的形态变化

第 2 阶段（第 31 天开始），为使 R1 在周期性基质丰富-匮乏环境中运行，将进水 COD 浓度降低为 800mg/L 左右，同时将曝气时间延长为 120min，形成基质匮乏时间约 40min。调整后 R1 的出水 COD 浓度为 50mg/L 左右（BOD_5 接近零）。此阶段颗粒污泥的性能逐渐变好，运行至第 70 天时，颗粒结构密实，污泥的 SVI

降低为 38mL/g，颗粒化程度达 80%以上，颗粒粒径主要为 0.4～0.7mm。

（二）R2 反应器的运行效果

R2 反应器的进水采用实际生活污水，COD 浓度为 417～1197mg/L，COD 浓度波动较大，出水 COD 浓度均高于 165mg/L，相应 BOD_5 大于 70mg/L，另外检测数据证明硝化程度很小，这意味着反应器在整个运行过程中不存在基质匮乏环境。图 2.2 显示出形成的颗粒污泥质量好，SVI 随培养时间逐渐降低，最后基本保持在 30mL/g。30 天时反应器中的颗粒化程度达到 75%，70 天后颗粒化程度可达 90%以上，颗粒密实，圆度为 1～2.2。

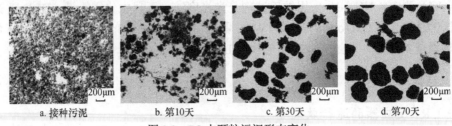

图 2.2   R2 中颗粒污泥形态变化

R2 与 R1 不同，在无周期性基质匮乏环境中形成好氧颗粒污泥相对滞后，但没有出现颗粒污泥沉淀性能变差的现象。

（三）讨论

Liu 等（2003）认为，在基质匮乏时微生物为抵抗饥饿而趋向于集聚在一起；基质匮乏会使好氧污泥的 EPS 和疏水性增加，造成表面剩余吉布斯自由能减少，细胞自絮凝能力增强，絮体污泥趋向于形成致密结构。而在现有的文献报道中，有关好氧颗粒污泥的研究几乎都在 SBR 中进行，由于 SBR 特殊的运行方式恰好能形成周期性基质丰富-匮乏，因此很多学者认为创造基质丰富-匮乏有利于好氧颗粒污泥的形成，甚至是好氧颗粒污泥形成的必要条件。R1 和 R2 的试验结果却反映出不完全相同的结论：①在没有基质匮乏的情况下，两种污水均能培养出好氧颗粒污泥，说明周期性基质丰富-匮乏并不是好氧污泥颗粒化的必要条件；②基质匮乏有利于人工配制污水中颗粒污泥的形成；③生活污水在非基质丰富-匮乏情况下也能获得高质量的颗粒污泥。

R1 和 R2 试验结果的不同，显示出在无基质匮乏情况下采用不同原水水质形成颗粒污泥特性的巨大差别。出现这种结果的原因有很多，但其最主要的原因可能是以乙酸盐为碳源的人工配制污水极易被微生物降解，而生活污水属于降解相对缓慢的基质。

生物膜的致密程度和强度很大程度上取决于生物膜表面受到的剪切力和剪切作用时间，这个观点在很多试验中得到了证实。现有好氧颗粒污泥研究的试验多数采用易生物降解的配制污水，并采用高负荷运行（与 R1 情况基本相同）。微生物的生长速率快，加上选择压、高气速和序批式运行机制，颗粒污泥很快形成。在无基质匮乏情况下，保证了微生物不进入饥饿状态，使得颗粒污泥表面的微生物快速增长的同时也削弱了颗粒污泥表面剪切力和剪切时间的作用，颗粒污泥变得质轻、不密实。运行方式变化为基质匮乏后，产生了微生物饥饿（降低微生物生长速率）和增加了颗粒污泥剪切作用时间，颗粒污泥质量明显变好。这也是多数学者提出好氧污泥颗粒化需要基质丰富-匮乏环境的原因。当采用相对缓慢降解的生活污水作为基质时，情况大为不同，颗粒表面的微生物生长速率较缓慢，而曝气时间较长，颗粒污泥表面有足够的剪切力和剪切时间，可以形成致密、强度高的颗粒污泥。

四、结论

（1）人工配制污水（以乙酸钠为碳源）和实际生活污水在无基质匮乏条件下均实现了好氧污泥的颗粒化。人工配制污水反应器中的颗粒污泥质轻，SVI 高达 130mL/g；而实际生活污水反应器中的颗粒污泥密实，SVI 基本保持在 30mL/g 左右。人工配制污水反应器转变为基质丰富-匮乏的运行方式后，SVI 降至 35mL/g 左右。试验证明了基质丰富-匮乏并不是好氧污泥颗粒化的必要条件，但基质丰富-匮乏有利于配制污水好氧颗粒的形成，而生活污水在非基质丰富-匮乏情况下能获得高质量的颗粒污泥。

（2）在无基质匮乏条件下，易生物降解的基质由于微生物的生长速率快，其作用强于颗粒污泥表面的剪切力和剪切时间的作用，形成相对质轻、表面羽状的颗粒污泥。而缓慢降解的生活污水产生的颗粒污泥表面微生物生长速率较缓慢，具备足够的剪切力和剪切作用时间，形成沉降性能好的颗粒污泥。

第二节 反硝化除磷颗粒污泥

一、引言

反硝化聚磷菌（denitrifying polyphosphate accumulating organism，DPAO）以硝酸盐氮作为电子受体，以细胞内聚羟基烷酸酯（polyhydroxyalkanoate，PHA）为电子供体，使除磷和反硝化在同一个环境下完成，避免了反硝化菌与聚磷菌对碳源的争夺，很好地实现了碳源的节省和剩余污泥的减量。颗粒污泥的形成是微生物体的一种自凝聚现象，与絮体污泥相比，颗粒污泥具有生物量大、沉降速度快、抗冲击负荷等优点。把反硝化除磷和颗粒污泥工艺结合起来，在培养颗粒污泥的同时富集反硝化聚磷菌，考察其除磷效果（Li et al.，2012）。

二、材料与方法

（一）原水配制与接种污泥

试验采用人工配制污水，主要成分是 CH_3COONa、NH_4Cl、$KH_2PO_4 \cdot 3H_2O$，COD 浓度为 250mg/L，NH_4^+-N 浓度为 20mg/L，磷酸盐（PO_4^{3-}-P）浓度为 9mg/L 左右。试验接种的污泥来源于某污水处理厂二沉池排放的剩余污泥。

（二）试验装置及运行方式

试验反应器高 70cm，直径 20cm，有效容积 11L，总容积为 14L。由顶部进水，每周期出水 6.5L。采用计量泵定时在缺氧段投加一定量的 $NaNO_3$。系统采用时间程序控制器控制进水、搅拌、加药、曝气、沉淀、出水、闲置等过程。系统的运行方式为厌氧/缺氧/好氧（Anaerobic/Anoxic/Oxic，A/A/O），各操作时间为：进水 10min，厌氧搅拌 90min，缺氧搅拌 90min，曝气 120min，沉淀 20min（培养阶段）或 13min（调整阶段），出水 20min，闲置 10min（培养阶段）或 17min（调整阶段）。容积负荷为 0.59kg COD/（$m^3 \cdot d$），表面气速为 0.98cm/s。

试验分为培养阶段、调整阶段 I、调整阶段 II 三部分。在培养阶段（0～40 天）不排泥，缺氧段 $NaNO_3$ 的投加使得反应器混合液中 NO_3^--N 浓度在 0～10 天为 10mg/L，在 11～20 天为 20mg/L，在 21～40 天为 30mg/L，目的是初步培养并强化污泥的反硝化除磷能力。调整阶段 I（41～70 天）将沉淀时间由 20min 降为 13min，目的是使污泥 SVI 进一步降低及排出部分含磷污泥。调整阶段 II（71～98 天）将缺氧段 NO_3^--N 投量由 30mg/L 降为 20mg/L，目的是在降低 SVI 的同时减弱过高的出水 NO_3^--N 对反硝化除磷的抑制作用。

（三）分析项目及方法

COD 采用快速消解-分光光度法（DR/890，HACH）测定，NH_4^+-N、PO_4^{3-}-P、NO_2^--N、NO_3^--N、MLSS、SVI 均采用《水和废水监测分析方法》检测（国家环境保护总局《水和废水监测分析方法》编委会，2002）。污泥中的 TP 测定采用过硫酸钾消解后测定正磷酸盐的方法。颗粒污泥的直径、粒径分布采用 Motic 生物显微镜拍照，通过专业图形分析软件 Image-Pro Plus 进行分析。

三、结果与分析

（一）颗粒污泥的形态变化

系统运行过程中污泥形态的变化如图 2.3 所示。接种污泥 SVI 为 117mL/g，结构松散，呈褐色。

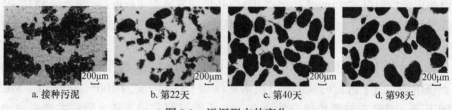

| a. 接种污泥 | b. 第22天 | c. 第40天 | d. 第98天 |

图2.3　污泥形态的变化

通过一段时间的培养，污泥颜色逐渐转为黄褐色，在运行 22 天后反应器内发现细小颗粒污泥，粒径小于 0.3mm，颗粒较为松散，不光滑。在运行 40 天后，发现形态完整、表面光滑、结构致密的颗粒污泥，平均粒径为 201μm，但形状不规则，均一性较差，平均圆度为 1.83。在系统运行 70 天后，污泥形态变化较小，进入稳定期。颗粒污泥外观呈淡黄色，为近似球形或椭球形（图 2.4），结构紧密，平均粒径为

图2.4　反硝化除磷颗粒污泥

331μm，平均圆度为 1.57。40 天后，颗粒污泥粒径基本达到平衡，粒径分布主要集中在 223～1000μm，约占总量的 53%。

培养阶段反应器内 MLSS 稳定增长，SVI 值逐步下降，污泥颗粒化趋势明显，培养阶段末期 MLSS 约为 5500mg/L，SVI 平均为 59mL/g。第 40 天将沉淀时间由 20min 缩短为 13min，进入调整阶段Ⅰ。调整过后第一周 MLSS 降低，导致污泥负荷增大，SVI 略微升高。之后 MLSS 逐渐增大，SVI 逐渐降低，调整阶段Ⅰ末 MLSS 约为 3200mg/L，SVI 平均为 55mL/g。在调整阶段Ⅱ末，MLSS 达到 4000mg/L 左右，SVI 降为 47mL/g。

（二）各阶段水质参数变化

反硝化除磷颗粒污泥运行 98 天，出水 COD 平均浓度为 31mg/L，平均去除率达 87.6%。在培养期污泥硝化功能逐渐增强，在末期出水 NH_4^+-N 为 1.3mg/L，去除率达到 93.5%。研究发现在末期硝态氮以 NO_3^--N 为主。随着缺氧段 NO_3^--N 投量的逐渐增大，污泥对磷的去除能力逐步增强，0～20 天出水 PO_4^{3-}-P 浓度逐渐降低，在 20 天时出水 PO_4^{3-}-P 浓度达 1.5mg/L，由于没有排过泥，20～38 天出水 PO_4^{3-}-P 浓度有所升高。缺氧段末 NO_2^--N、NO_3^--N 基本为零，缺氧段投放 30mg/L 的 NO_3^--N

没有剩余，进水 PO_4^{3-}-P 平均浓度为 9.0mg/L，厌氧段结束平均浓度为 48.7mg/L，缺氧段结束平均浓度为 15mg/L，出水 PO_4^{3-}-P 平均浓度为 4.1mg/L，缺氧段 PO_4^{3-}-P 的吸收量达 33.7mg/L，PO_4^{3-}-P 的平均去除率达到 56%，意味着缺氧段反硝化吸磷效果很好。

调整阶段 I 出水 NH_4^+-N 平均浓度为 0.88mg/L，NH_4^+-N 平均去除率达到 96%。在调整阶段，由于沉淀时间缩短，出水悬浮物（SS）浓度为 100～200mg/L，MLSS 急剧下降，导致在缺氧段部分的 NO_3^--N 不能得到利用，随之累积并造成出水硝态氮增加。缺氧段末的 NO_3^--N 浓度由初期的 0mg/L 逐渐增大到 20mg/L，好氧段末的 NO_3^--N 由初期的 15mg/L 逐渐增大到 30mg/L。由于 MLSS 的降低和出水硝态氮的升高，系统污泥厌氧释磷总量和吸磷总量总体上逐步降低，但由于大量含磷污泥的排出，磷的总去除率仍然可以达到 63%，反硝化吸磷速率为 1.8mg/（g·h）。

鉴于 MLSS 下降使得缺氧段 NO_3^--N 消耗量降低，将缺氧段 NO_3^--N 投量由 30mg/L 降为 20mg/L，对系统进行第二次调整。由于 NO_3^--N 浓度的减少，在厌氧段污泥释磷总量得到快速提高，相应的缺氧吸磷量明显增加。经过调整阶段 II 的 15 天运行，出水悬浮物浓度稳定在 54～103mg/L，出水 PO_4^{3-}-P 平均浓度为 0.7mg/L，平均去除率达到 92%，反硝化吸磷速率为 2.9mg/（g·h）。

（三）一个循环反应周期内水质的变化

在厌氧段，COD 被快速利用，PO_4^{3-}-P 被快速释放，30min 后 COD 降到 100mg/L 以下，PO_4^{3-}-P 浓度达到最高。缺氧段开始前集中投加硝酸钠，使反应器内 NO_3^--N 含量为 20mg/L，可以看到在缺氧段前 30min，PO_4^{3-}-P 大量被吸收，NO_3^--N 也逐步被消耗，NO_2^--N 逐渐升高，这说明一部分 NO_3^--N 首先转化成为 NO_2^--N，但不能被反硝化聚磷菌很快地利用，所以产生了部分积累。但值得注意的是随着 NO_3^--N 被消耗完全，NO_2^--N 浓度也逐渐减少，PO_4^{3-}-P 浓度继续降低，这说明在颗粒污泥系统中，少量的 NO_2^--N 不会对反硝化吸磷产生抑制，相反可以作为电子受体，进行反硝化聚磷。在好氧段，磷酸盐含量逐步降低，NH_4^+-N 被氧化，转化为 NO_3^--N，好氧段结束 NO_2^--N 没有积累。出水 PO_4^{3-}-P 浓度为 0.7mg/L，去除率可达 89%，反硝化吸磷速率为 3.1mg/（g·h）。

（四）工艺特性分析

（1）在缺氧段采用投加硝酸盐氮的方式培养具有反硝化除磷功能的污泥是可行的，同时在曝气剪切力和设置一定选择压（沉淀时间）的条件下促成颗粒污泥的初步形成。通过后续减少沉淀时间和调整硝酸盐氮的投量，进一步促进了颗粒污泥的形成并稳定了反硝化除磷的效果。因此采用本方法可以培养出有效的反硝化除磷颗粒污泥。

（2）试验运行各阶段反映出厌氧释磷量主要受到排泥量和出水硝酸盐氮的影响，减少沉淀时间除造成沉降性能差的污泥排出反应器外，同时也减少了系统中TP的含量。出水后残留高浓度的硝酸盐会造成在下周期厌氧时消耗大量碳源，造成厌氧释磷受到抑制。缺氧反硝化吸磷量基本与厌氧释磷量呈正相关关系。反硝化吸磷量占总吸磷量的比例在各阶段为72%～95%。好氧阶段的主要作用是硝化、吸收小部分剩余磷及提供促进颗粒污泥形成的曝气剪切力。

（3）由于反硝化除磷污泥实现了颗粒化，其所需沉淀时间将大大减少。但一定的选择压就必定造成出水 SS 较高，这必然影响出水中磷的含量。为控制稳定运行的出水 SS，采用较低的有机负荷和相对长的沉淀时间，以控制反应器中稳定的污泥浓度。

（4）具有反硝化除磷功能的颗粒污泥除磷机制与普通活性污泥除磷机制有所不同。根据测得污泥中的 TP 含量和出水 SS 均值，对稳定运行后的系统磷量进行物料衡算，磷的去向分析见图 2.5，其中沉淀作用带走的磷为总进磷量与各部分测得出磷量之差，可以看出：出水（滤后水）磷量很低；选择压造成出水 SS 相对于活性污泥要高（50～100mg/L），由此排出的磷量占的比例最大；由于颗粒污泥的原因，污水中钙、镁、铁等金属元素容易和磷产生磷酸盐沉淀，这部分磷量约占14%。

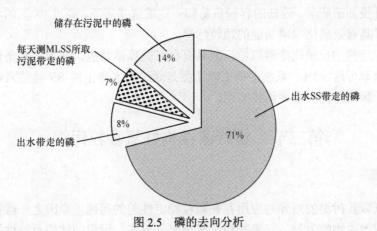

图 2.5 磷的去向分析

采用 Uhlmann 等（1990）提出的污泥中金属元素与磷结合物的检测方法，对厌氧段末污泥进行测试，结果如图 2.6 所示，可以看到其中钙或镁磷结合物、铁磷结合物含量居多。再对污泥进行 X 射线衍射（X-ray diffraction，XRD）检测，结果显示污泥主要成分有 $Ca_3(PO_4)_2$、$FePO_4$（按可能性从大到小排序）。从以上分析可以看出，磷除了通过生物作用固定在颗粒污泥中，也通过化学沉淀作用积聚在颗粒污泥中。由于原水中存在钙、镁、铁等金属的离子及污泥的颗粒化，化学除磷尤为显著。

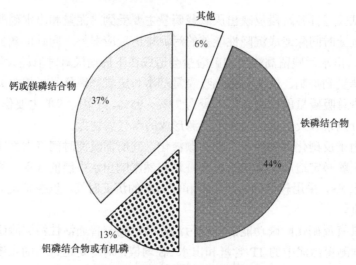

图 2.6 厌氧段末污泥中磷的组成

四、结论

（1）在 SBR 中采用厌氧/缺氧/好氧的运行方式，以普通活性污泥为接种污泥，在缺氧时投加硝酸盐、较低的容积负荷和一定的选择压下，经过 98 天的培养与调整获得了具有反硝化除磷功能的颗粒污泥。

（2）培养的反硝化除磷颗粒污泥具有良好的除磷功能，在本试验条件下，对磷的去除率可达 90%。系统的磷去除主要是通过出水带出的 SS 排放及磷酸盐沉淀固化于颗粒污泥内两种途径实现。

第三节 丝状菌结构好氧颗粒污泥

一、引言

好氧颗粒污泥的培养与应用存在颗粒稳定性差的问题，原因之一就是颗粒污泥中丝状微生物的生长。好氧颗粒污泥在培养模式、污泥的结构及特性等方面都与普通活性污泥有较大差别，使得颗粒污泥中丝状微生物的生长有别于普通活性污泥中丝状菌的生长，因而控制丝状菌生长的措施可能不同。对于丝状菌颗粒污泥的形成机制，有学者提出"丝状菌骨架假说"，即丝状菌可以在颗粒污泥的形成过程中提供其他游离细菌的栖息场所，对颗粒污泥具有促进作用。然而好氧颗粒污泥的不稳定性限制了其培养和应用，主要表现为颗粒污泥的瓦解和丝状菌的过度生长。丝状菌膨胀是造成颗粒污泥系统失稳的因素之一。在活性污泥法工艺中，长期饥饿是丝状菌膨胀的主要原因之一，但颗粒污泥结构及去除底物机制比活性污泥更为复杂。为确定基质匮乏时间对颗粒污泥产生丝状菌的影响，本试验建立一套 SBR 系统，控制基质匮乏时间，以厌氧/好氧（A/O）运行方式培养丝状菌结构的好氧颗粒污泥，设计批次试验，以基质和溶解氧（dissolved oxygen，DO）两个因素进行双因素双水平试验，从不同角度验证基质匮乏时间对好氧颗粒污泥丝状菌产生的影响，同时考察丝状菌结构好氧颗粒污泥的一些特性。

二、材料与方法

（一）试验装置及运行方式

试验采用 SBR，高 50cm，直径 20cm，有效容积 11L。SBR 由有机玻璃材料制成，上部为柱状，底部泥斗为圆锥状。反应器以黏砂块作为微孔曝气器，采用鼓风曝气、转子流量计调节曝气量。反应器由顶部进水，每周期出水 6.5L，容积交换率 60%。进水由液位计控制，出水采用电磁阀并依靠重力出水。反应器每天运行 4 个周期，每个周期 $T=6h$。运行初期，每个周期包括进水 10min，厌氧搅拌 60min，曝气 240min，沉淀 10min，出水 15min，闲置 25min，表面气速 1.0cm/s；当运行至第 25 天时，沉淀时间调整为 5min，表面气速增大为 1.2cm/s；运行至第 42 天，表面气速增加到 1.5cm/s 以加大基质匮乏时间。在整个培养过程中没有主动排泥措施。为控制丝状菌的膨胀及考察后期出现丝状菌，以 A/O 方式交替运行，厌氧搅拌是为了使泥水混合，搅拌转速控制在 120~150r/min。

（二）批次试验

试验具体操作如下：采用规格为 0.6~0.8mm 的筛网在反应器的泥水混合液中筛选出粒径为 0.6~0.8mm 的颗粒污泥，颗粒来源于运行至第 58 天的反应器内，确认所选取的颗粒污泥表面在显微镜下观察均无丝状菌后，在 4 个 1L 的烧杯中分别投加 10 颗左右的污泥，以确保长时间运行下烧杯内 COD 浓度不会发生较大浮动，溶液成分及初始浓度均与反应器进水相同。

试验属于双水平双因素试验。试验条件分为：①基质与氧均充沛；②基质匮乏氧充沛；③基质充沛氧匮乏；④基质与氧均匮乏。其中，基质充沛条件即保持原水 COD 浓度为 1000mg/L 左右，基质匮乏条件即将原水稀释至 COD 浓度为 5~20mg/L；氧充沛条件为 DO 大于 6mg/L，氧匮乏为 DO 小于 1.2mg/L。试验①和③的运行方式保持不变，而试验②和④在原水浓度下运行 8h 后，将浓度稀释后运行 16h。其中，DO 由曝气量控制，以 DO 仪作为校验。

（三）试验废水及接种污泥

试验用水采用人工配制的模拟污水，以 CH_3COONa 为碳源，NH_4Cl 为氮源，

KH_2PO_4 为磷源，其中 COD 约为 1000mg/L，NH_4^+-N 为 20～35mg/L，TP 约为 8mg/L，同时向其中投加适量的 Ca、Mg、Fe 等，以及微生物生长所必需的其他微量元素。接种污泥为某城市污水处理厂二沉池排放的剩余污泥，污泥浓度为 1600mg/L，SVI 为 128mL/g。

（四）检验分析项目

MLSS、SVI、SS、COD、NH_4^+-N、TP 等指标均采用《水和废水监测分析方法》（国家环境保护总局《水和废水监测分析方法》编委会，2002）检测；颗粒污泥形态用数码相机和 OLYMPUS CX31 光学显微镜进行生物相分析；利用 Image-Pro Plus 软件进行粒度分布分析。

三、结果与讨论

（一）好氧颗粒污泥的形成及变化

图 2.7 显示了从接种污泥到颗粒化然后再到颗粒污泥解体的整个过程。其中图 2.7a～c 为颗粒化过程，在此过程中没有观察到明显的丝状菌，其颗粒化机制可能是微生物在基质丰富-匮乏条件下产生的自凝聚作用；图 2.7d～f 显示了从颗粒污泥表面产生丝状菌到最终颗粒破碎时的现象，其中颗粒破碎时，大量丝状菌呈爆炸状散开。由此推测污泥颗粒化过程中丝状菌确实起到了骨架的作用。图 2.8 显示了运行 85 天后丝状菌结构好氧颗粒污泥的形态，可见颗粒轮廓清楚、结构密实，颗粒粒径可达 7mm。由上可以看出，丝状菌颗粒污泥最终因为粒径的不断增加而

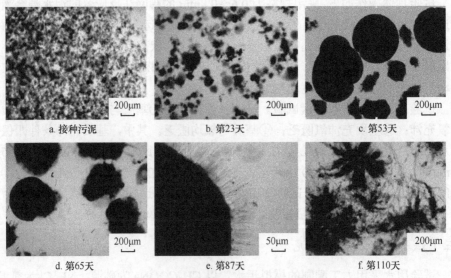

a. 接种污泥　　　　　　　b. 第23天　　　　　　　c. 第53天

d. 第65天　　　　　　　e. 第87天　　　　　　　f. 第110天

图 2.7　好氧颗粒污泥形态的变化

破裂，但大量生长的丝状菌结构使得颗粒破碎后仍然形成不同大小的碎片结合体，这不利于颗粒污泥的再次形成。

（二）污泥颗粒化效果分析

SBR 系统在运行到约 50 天，颗粒化程度达到 66%，颗粒化已较为明显，颗粒结构基本形成。颗粒污泥的沉降性不是很好，SVI 约为 80mL/g，颗粒污泥沉降 30min 后颗粒之间有很大空隙，没有压实。

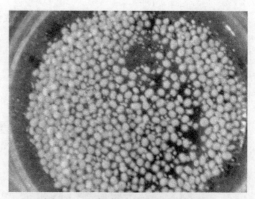

图 2.8　丝状菌结构好氧颗粒污泥

运行到第 70 天，颗粒化程度达到 75%，随后颗粒化程度越来越好，SVI 随着颗粒化程度的增加而减小。在污泥颗粒化阶段，颗粒表面未出现明显丝状菌，沉降性能表现良好。培养初期至颗粒化阶段，反应器内出水 SS 和 SVI 呈负相关。运行到 70 天后，出水 SS 从 220mg/L 突跃至 600mg/L，主要原因是颗粒污泥 MLSS 自颗粒化后增大速率明显，导致出水 SS 变高。

（三）常规指标及基质匮乏时间分析

自污泥颗粒化初始阶段到第 42 天将表面气速增加到 1.5cm/s 后，污泥颗粒化程度基本保持在 60%～80%，MLSS 开始增加，出水 COD 基本为 10～50mg/L。从培养开始的第 3 天起，出水 COD 基本维持在很低，几乎每个周期都存在饥饿阶段。由于曝气时间长及污泥浓度基本都保持在 1000mg/L 以上，整个反应器对 NH_4^+-N 都具有较高的去除率，出水 NH_4^+-N 为 0～2mg/L，去除率均为 90% 以上。

从不同时间一个周期内 COD 浓度的变化情况来看，颗粒化后系统基质匮乏时间从不到 30min 增长到 3h 以上。由此可推测出基质匮乏时间积累到一定程度，丝状菌现象在颗粒污泥中越来越明显，即基质匮乏时间加长是导致丝状菌现象明显的重要原因。

（四）好氧颗粒污泥丝状菌产生因素分析

溶解氧对于好氧颗粒污泥内丝状菌生长的影响已有报道，然而根据本试验中丝状菌现象随着基质匮乏效应因时间的积累在颗粒污泥的培养过程中由不明显到明显，而溶解氧在此过程中并未低于 1.2mg/L，因此，基质匮乏效应可能是丝状菌现象明显的原因。由于反应器内含有大量颗粒污泥，相互影响较大，对于单个颗粒污泥个体在成长过程中产生丝状菌的原因缺乏说服力。为证明基质匮乏与颗粒污泥个体丝状菌现象的联系，设置批次试验来验证，试验运行 5 天后的形态结果如图 2.9 所示。

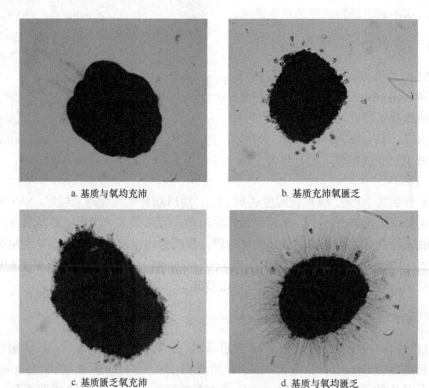

图 2.9　批次试验中 5 天后的颗粒形态

基质条件与 DO 条件是制约丝状菌在颗粒表面繁殖的影响因素。以上各个结果比较如下：①组颗粒表面几乎没有丝状菌；②组颗粒外表面几乎也没有丝状菌，其颗粒表面生长着大量钟虫；③组颗粒表面有少量丝状菌；④组颗粒外表面被大量丝状菌和钟虫覆盖。通过以上对照试验可以得出，基质匮乏是促进丝状菌在颗粒表面生长、繁殖的诱因，氧的缺乏可以加速丝状菌在颗粒表面的生长、繁殖。本试验中基质匮乏时间只有120h，因此③组丝状菌现象没有④组明显。

（五）丝状菌结构好氧颗粒污泥的特性

本试验中培养出的丝状菌结构好氧颗粒污泥具有以下特性：①良好的沉降性，当颗粒污泥表面丝状菌没有引起污泥膨胀时，丝状菌颗粒污泥的沉降性变化很小；②生物量大，随着颗粒污泥不断形成，污泥沉降性逐渐变好，SVI 可降至43mL/g，污泥浓度最高可达 6000mg/L；③粒径较大，丝状菌结构好氧颗粒污泥由于丝状菌的构架和缠绕作用，形成的颗粒污泥结构稳定，其粒径可以很大，本试验中最大能有 7mm；④破碎后呈丝状结构非常明显，丝状菌构架造成碎块污泥并有"藕断丝连"现象。

四、结论

（1）在 SBR 反应器中，通过 A/O 的运行方式和加长颗粒污泥系统的基质匮乏时间，培养出具有明显丝状菌结构的好氧颗粒污泥。

（2）在基质匮乏时间较长的情况下，厌氧阶段不能抑制颗粒污泥丝状菌现象的产生，基质匮乏时间长是导致颗粒污泥丝状菌现象的原因之一。

（3）以 A/O 方式培养出的成熟丝状菌结构好氧颗粒污泥具有沉淀性好、粒径大、生物量大和破碎之后呈网状结构的特点。

第四节　不同接种污泥形成的好氧颗粒污泥

一、引言

有关接种污泥对好氧颗粒污泥形成的影响的报道较少，且局限于颗粒污泥与普通活性污泥的区别。试验通过采用不同来源、不同特性的活性污泥作为接种污泥，探索不同接种污泥对于好氧颗粒污泥形成的影响（马骁等，2010）。

二、材料与方法

（一）试验装置

试验采用接种不同活性污泥的 R1、R2、R3 三个 SBR 装置，高 100cm，直径 9cm，有效容积为 4L。三个反应器采用相同运行方式，每天运行 8 个周期，每个周期 3h，其中进水时间为 10min，曝气时间为 120min，沉淀时间第 1～9 天为 30min，第 10～16 天为 20min，第 17～25 天为 10min，第 26～42 天为 5min，出水时间为 15min，其余时间闲置。每周期出水 2L。试验进行 50 天，共运行 400 个周期。进水均采用人工配制污水，主要成分为 CH_3COONa、NH_4Cl 和 KH_2PO_4，其中进水 COD 为 1000mg/L，NH_4^+-N 约为 35mg/L，PO_4^{3-}-P 约为 10mg/L。

（二）接种污泥

R1 中的接种污泥取自某工业园区废水处理厂，主要处理印染、化工、纺织、饮料等企业排出的废水及部分生活污水，污泥中无机质成分较高，沉降性能较好；R2 中的接种污泥取自某城市污水处理厂，主要处理生活污水，有机化程度较 R1 中的接种污泥高，污泥中无机杂质较少；R3 中的接种污泥取自实验室一个好氧颗粒污泥反应器中排出的沉降性能较差的絮体污泥。三个反应器的接种量为

1800mg/L 左右，三种接种污泥的一些性质可见表 2.1。

表 2.1　三种接种污泥的性质比较

反应器	来源	颜色	MLVSS/MLSS	SVI（mL/g）
R1	工业园区废水处理厂	红褐色	0.54	86
R2	城市污水处理厂	棕黄色	0.69	151
R3	实验室	浅黄色	0.88	223

（三）分析项目及方法

试验中 MLSS、混合液挥发性悬浮固体（mixed liquid volatile suspended solid，MLVSS）、SVI、NH_4^+-N 均采用国家标准方法测定，COD 采用快速消解法测定，颗粒污泥的粒径分布采用 Motic 生物显微镜拍照后，通过专业的图形软件 Image-Pro Plus 进行分析，污泥经戊二醛-锇酸双固定、乙醇梯度脱水、乙酸异戊酯置换、临界点干燥、离子溅射喷金处理后，使用荷兰 Philips 公司生产的 XL-30 ESEM 型扫描电子显微镜（scanning electron microscope，SEM）进行观察。

三、结果与讨论

（一）污泥形态变化

对三个反应器中的污泥形态随时间的变化进行分析，接种污泥及颗粒污泥的形态变化如图 2.10 所示。第 50 天时，三个反应器内的颗粒污泥平均粒径分别为 0.43mm、0.42mm、0.40mm。

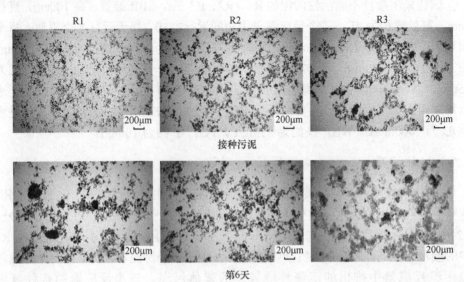

接种污泥

第6天

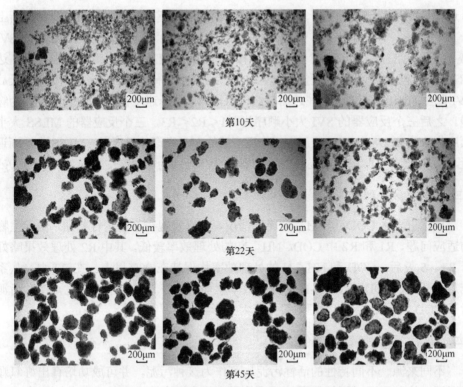

第10天

第22天

第45天

图 2.10　不同接种污泥反应器中污泥的形态变化

R1 中的接种污泥细碎，存在较多的细微颗粒，在系统运行第 6 天时形成明显的小颗粒，颗粒出现时间最早。随后颗粒粒径迅速增大，第 13 天时，可以看到粒径差异较大的颗粒同时存在。第 22 天时，反应器中的成熟颗粒粒径相对大于 R2 和 R3。R2 中的接种污泥以菌胶团为主，系统运行的第 10 天开始形成一定数量的稀薄细小的颗粒污泥，颗粒出现时间介于 R1 和 R3 之间。随后粒径逐渐变大，数量逐渐增多。R3 中的接种污泥含有大量絮块和一些细小颗粒，反应器启动后，颗粒逐渐消失，颗粒重新生成的时间较晚，直到 22 天基本形成颗粒污泥，但粒径和密实度不如 R1、R2。

三种接种污泥中的丝状菌都很少。R2 和 R3 的接种污泥存在大量的球菌、杆菌，R2 的菌胶团结构中存在丝状菌骨架结构。R1 接种污泥中存在较多类似无机成分的物质。三个反应器新生成的颗粒污泥表面和内部结构基本相同，以球菌和杆菌为主，均未发现丝状菌的存在，但可以看到孔隙和一些密实微粒结构。R1 中的一些颗粒内部密实微粒现象较为明显。

（二）MLSS 和 SVI 变化

三个反应器中的 MLSS 和 SVI 变化相似，在系统运行初期，SVI 经历一段上升过程，此时 MLSS 均处于较低水平，在 SVI 逐渐下降后，MLSS 均开始逐渐上升。其中，R1 中的 SVI 第 6 天就开始持续下降，开始下降时间最早，R2 中的 SVI 第 10 天开始持续下降，R3 中的污泥接种时 SVI 较高且发生污泥膨胀，最高达 387mL/g，随后 SVI 开始缓慢降低，12 天后，SVI 降至 200mL/g 以下，22 天后 SVI 降至 80mL/g 左右，并在之后持续降低，SVI 下降速度在所有反应器中最为缓慢。之后三个反应器的 SVI 大小顺序为 R1＜R2＜R3，三个反应器的 MLSS 大小顺序为 R1＞R2＞R3。30 天后，三个反应器的 SVI 逐渐趋于接近，MLSS 也逐渐逼近。第 50 天时，R1、R2、R3 这三个反应器的 SVI 分别为 43mL/g、48mL/g 和 46mL/g。

（三）污染物处理效果

根据进出水 COD 及 NH_4^+-N 降解情况，可以发现在系统运行初期，由于生物的适应问题，R1 和 R2 中 COD、NH_4^+-N 的处理效率较低，其中 R2 处理效果略好于 R1。5 天后，COD 和 NH_4^+-N 的处理效率均保持在 90% 以上。在 R3 中，从系统启动开始，COD 和 NH_4^+-N 的处理效率就均保持在 90% 以上。可见，接种污泥对于 COD 及 NH_4^+-N 的处理效果并无太大影响。

（四）接种污泥对颗粒化的影响

不同来源、不同特性的活性污泥均可作为接种污泥，并可成功培育出好氧颗粒污泥，接种污泥对于好氧颗粒污泥的形成确实存在影响，接种工业园区废水处理厂污泥的 R1 颗粒化进程最快，而接种实验室好氧颗粒污泥系统中絮体污泥的 R3，其颗粒化进程最慢。但是，接种污泥影响程度有限，本实验中，30 天后，三个反应器的颗粒化程度基本趋于相同。因此，作为培养好氧颗粒污泥的接种污泥，只要具备一定的生物量，并在之后的培养过程中采取适当的选择压、较高的高径比、较高的曝气量等特定的有利条件，均可成功培养出好氧颗粒污泥。

（五）微粒物质对颗粒化的促进作用

接种工业园区废水处理厂污泥的 R1，其 SVI 下降最快，MLSS 增长也明显快于其他两个反应器，在颗粒形态变化方面，R1 中的颗粒出现时间明显早于 R2 和 R3，且 22 天时反应器内大部分污泥已经颗粒化，絮体成分较少，颗粒已经具备较为规则的形状外观，颗粒化进程明显快于 R2 和 R3。

R1 中颗粒化进程最快的原因可能在于：接种污泥为工业园区废水处理厂的污泥，MLVSS/MLSS 仅为 0.54，远低于其他两个反应器，无机微粒物质含量较高。研究表明，在废水中存在无机质的情况下，其可与微生物发生碰撞，吸附微生物细胞，并形成初始生物膜，这些无机质充当了颗粒污泥的内核，为颗粒污泥的形成提供了载体。针对这些无机杂质的作用，Lettinga 等（1980）在早期提出"晶核假说"。该假说认为颗粒污泥的形成类似于结晶过程，在晶核的基础上，颗粒污泥不断发育，最终形成了成熟的颗粒污泥。该原理所指的晶核一般为接种污泥中的惰性载体或无机杂质等微粒物质。因此，R1 中最早出现明显的小颗粒，出现时间早于 R2 与 R3，随后大颗粒逐渐破碎又成为胚胎颗粒污泥，作为颗粒污泥形成的母核，这种小核具有很强的吸附能力，吸附的物质包括活的微生物和死亡的微生物细胞、悬浮物质、胶体物质和有机物等。这种小核的作用原理可以用二次核学说来解释：在适宜的条件下，细菌在已有的颗粒上不断生长，粒径增大，内部的微生物因为营养不足而死亡，致使颗粒污泥的强度减弱，这样在水力剪切力的作用下颗粒将破裂，破裂后的污泥碎片可作为新的二次核，重新形成颗粒污泥，之后又不断长大成熟，形状逐渐规则。

　　R3 的接种污泥中存在的小微粒有别于 R1，是以生物自凝聚为主形成的颗粒污泥初体，由于数量少，混在大量的轻质絮体中，未起到晶核作用。即使这种结构松散、沉降性能差、容易引发污泥膨胀的接种污泥，经过一段时间的培养后，也完成了污泥的颗粒化。

（六）丝状菌在污泥颗粒化过程中的作用

　　就好氧颗粒污泥的形成机制方面，Beun 等（1999）提出一个较为经典的丝状菌骨架假说：在较短的污泥沉降时间、较高的水力剪切力和有机负荷等多重选择压下，首先由丝状菌缠绕成初始框架，在普通絮体污泥中占主导地位的真菌附着于丝状菌框架上，形成结构较为松散的菌团；之后球菌、杆菌等微生物在丝状菌框架上不断繁殖、生长、聚集，形成以丝状菌为骨架、结构致密、沉降性能好的好氧颗粒污泥。

　　本试验结果发现，无论接种污泥是否存在丝状菌，在颗粒污泥生成过程中，颗粒内部和外部均未发现丝状菌，生物组成均以球菌和杆菌为主。在颗粒污泥形成过程中不存在经典的丝状菌骨架假说，说明丝状菌并不是好氧污泥颗粒化的必要条件，颗粒污泥的形成机制还有待进一步研究。

四、结论

　　（1）采用来自工业园区废水处理厂、城市污水处理厂和实验室的污泥进行接种，最后都完成了好氧污泥的颗粒化。相比较，接种工业园区废水处理厂污泥的反应器颗粒化进程最快，城市污水处理厂污泥次之，而实验室污泥进程最慢。

　　（2）接种污泥中存在大量稀薄颗粒、无机杂质或惰性载体，则可加速好氧颗粒污泥形成。

　　（3）在好氧颗粒污泥形成过程中，没有出现经典的丝状菌骨架假说现象，丝状菌是否作为颗粒污泥形成的骨架还有待进一步研究。

第五节　不同流态下培养好氧颗粒污泥

一、引言

一些学者认为反应器结构及尺寸对于反应器的液体流动形式及微生物的聚合形态有重要的影响，但是有关流态对好氧污泥颗粒化的影响还鲜见报道。本研究采用不同形状的反应器来培养好氧颗粒污泥，旨在初步考察反应器形状是否为好氧污泥颗粒化的必要条件及分析形成颗粒污泥的质量。同时研究不同流态下，不同水力剪切力对好氧污泥颗粒化的影响（饶彤彤等，2011）。

二、材料与方法

（一）试验装置

本试验采用三个不同形状（圆柱形、球形、方柱形）的反应器，平底圆柱容器的 $D×H$=6cm×8cm；球形反应器的半径为 4cm；方柱形容器尺寸为 $W×L×H$=6cm×6cm×10cm，各反应器的有效容积为 120mL。

（二）运行方式

反应器放在 THZ-C 恒温振荡器中，温度为 25℃，振荡频率为 130r/min。反应器的运行采用序批式操作：进水、振荡（220min）、沉淀（5min）、出水，运行周期为 240min，白天运行三个周期，晚上不运行。反应器内 DO>2mg/L。

试验所用接种污泥来源于某城市污水处理厂二沉池回流污泥，活性污泥的 SVI 为 80mL/g。试验进水采用人工配制污水，COD 约为 1800mg/L，以 CH_3COONa 为碳源，NH_4Cl 为氮源，KH_2PO_4 为磷源。同时，为保证所培养的微生物生长、繁殖需要，每升配水中加入 1mL 微量元素作为补充。

（三）分析项目及方法

COD 采用快速消解-分光光度法（DR/890，HACH）测定，NH_4^+-N、PO_4^{3-}-P 采用国标方法测定。颗粒污泥的直径、粒径分布、圆度采用 Motic 生物显微镜拍照后，通过专业的图形软件 Image-Pro Plus 进行分析。由于反应器体积较小，本试验不对 SS、SV、SVI、MLSS、MLVSS 进行测量。流场采用三维粒子图像测速（3D particle image velocimetry，3D-PIV）系统。

三、结果与讨论

（一）颗粒污泥特性

如图 2.11、图 2.12 和表 2.2 所示，球形反应器内污泥颗粒化的时间最早，在球形和圆柱形反应器内形成了相对大而松散的颗粒污泥，方柱形反应器的颗粒污泥粒径较小、最圆，且相对密实稳定。三个反应器内的污泥对 COD、NH_4^+-N 和 PO_4^{3-}-P 的去除效果差不多。

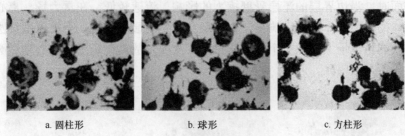

a. 圆柱形　　　　　　　b. 球形　　　　　　　c. 方柱形

图 2.11　成熟颗粒污泥图像

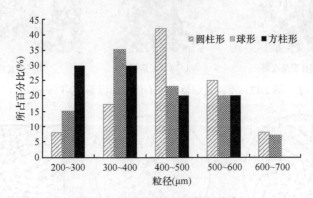

图 2.12　好氧颗粒污泥粒径分布

表 2.2　不同形状反应器中颗粒污泥性状分析表

项目	圆柱形	球形	方柱形
颗粒形成的时间	第 5 天	第 3 天	第 5 天
成熟颗粒平均粒径（μm）	400～500	370～470	330～430
成熟颗粒平均圆度	2.3～3.3	2.0～3.0	1.5～2.5
成熟颗粒密实性	较松散，易破裂	较密实	密实
颗粒数量	较少	较少	较多
COD 去除率（%）	88～93	89～93	90～94
NH_4^+-N 去除率（%）	73～86	77～89	77～86
PO_4^{3-}-P 去除率（%）	30～60	40～63	39～55

（二）不同流态对污泥颗粒化的影响

图 2.13 为 3D-PIV 拍摄的各反应器摇晃下的中心纵截面流场图。图 2.14 为采用 Flow-3D 软件模拟三个反应器中心横截面的简化流场图。从图 2.14 可以看出，

圆柱形反应器和球形反应器中黏性流体的主流场是围绕着摇床旋转轴的圆周运动。这两个反应器中离中心轴较远的部分的流场矢量以垂直于纵截面为主，故在图 2.14 上的矢量方向上基本没有。由于方柱形反应器形状特殊，流层在触碰其不规则壁面时，沿边界层的流层受摩擦力的影响，流速较低，在重力场、离心力场和机械能的转换等作用的影响下，该流层会产生明显的偏转，会在以围绕圆形底部中心轴的主流场上叠加一个与之垂直的二次流，故其流场围绕中心轴做圆周运动的效果不是很明显。

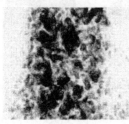 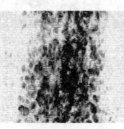 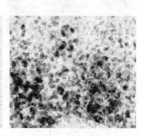

a. 圆柱形反应器   b. 球形反应器   c. 方柱形反应器

图 2.13   不同反应器内中心纵截面流场 3D-PIV 图

 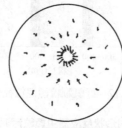 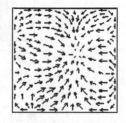

a. 圆柱形反应器   b. 球形反应器   c. 方柱形反应器

图 2.14   不同反应器内中心横截面的简化流场图

从图中不难看出，球形反应器中的流场紊动强度较小，且其内流场围绕着旋转轴做较稳定的同向流动，使得污泥得到类似"滚雪球"的水力效应，这可能是导致球形反应器中颗粒最早形成的原因。虽然圆柱形反应器内的流场同样存在较明显的圆周运动，但是该反应器底部和壁面成直角，使得该反应器内流场紊动程度较大，易打碎初期形成的不稳定的颗粒污泥，使得颗粒出现的时间比球形反应器晚。由于球形和圆柱形反应器内大部分是同向流，其内形成的颗粒粒径相对较大、不够密实，且数量较少。方柱形反应器由于其二次流的广泛存在，流体紊动程度最大，并形成更小的旋流，有利于颗粒的碰撞、搬运和集聚效果，受到的剪切作用也更为强烈，使得颗粒均匀、数量相对多，更加致密。

在同一个摇床的三个反应器被输入了相同的机械能，其他条件基本相同的情况下，反应器形状的不同而产生的流态不同，会造成颗粒污泥特性有所不同。可以推测，在污水处理曝气池实际运行中，为有利于污泥颗粒化，应在池内尽可能形成具有旋流特性的二次紊流，在一定程度上减小颗粒污泥的粒径，加大颗粒污泥的密实性和强度。

四、结论

（1）不同流场所产生的剪切力是污泥颗粒化的一个重要因素，在不同形状的反应器内，假如我们能布置好曝气系统，使反应器内产生均匀的二次流，提供稳定和一定强度的水力剪切力，不同高径比的反应器内都能培养出颗粒污泥。

（2）球形反应器培养历经周期最短，在培养 10 天后，就出现了稳定的好氧颗粒污泥；方形反应器在培养的第 15 天也出现了稳定的好氧颗粒污泥，且颗粒较均匀；圆柱形反应器虽然在第 15 天时也出现了好氧颗粒污泥，但其不够稳定，且絮体较多，颗粒很少。

（3）方形反应器中的好氧颗粒污泥粒径均匀，圆度值最接近 1。

（4）在水流摩擦作用强、二次流和涡流广泛均匀分布、流场内颗粒碰撞概率大、搬运效果明显的反应器内，更有利于好氧活性污泥形成密实、稳定、圆形的颗粒。

第六节　处理养殖废水的好氧颗粒污泥

一、引言

畜禽养殖废水具有有机物浓度高，N、P 含量高且含有大量病原微生物的特点。同时，养殖废水的 BOD_5/COD（B/C）较低，可生化性较差，必须要先设置厌氧生物处理来降低有机物浓度，提高该废水的可生化性，继而与 A/A/O 工艺联用进行同步脱氮除磷。但是厌氧生物处理的进程比较慢，周期较长且对污染物的降解效率较低，对某些残留药物和有毒物质比较敏感，对温度、碱度及其他一些调控运行技术的要求也比较高，这些缺点加之养殖场废水产出量较高，使得养殖场自带污水处理设施的处理出水无法达到排放标准，所以希望能将好氧颗粒污泥应用到该废水的处理当中，提高该废水的处理效果。

二、材料与方法

（一）处理养殖废水的好氧污泥颗粒化初步试验

由于在 SBR 中培养好氧颗粒污泥的周期较长，所需原水水量较大，且对于在养殖废水中培养好氧颗粒污泥的反应器运行工况设计又鲜见报道，直接进行试验很容易导致失败，故使用 HY-5A 型回旋式振荡器建立预试验系统，利用实际生活污水对养殖废水进行稀释配制成 7 个不同比例的水样分别进行好氧颗粒污泥的培养。在颗粒化过程中对不同水样中的颗粒化进程、污泥的形态变化、污染物的去除效果进行对比分析，以探索在养殖废水中好氧污泥颗粒化的可行性及难易性（Liu et al.，2017）。

本实验采用 HY-5A 型回旋式振荡器作为反应器装置提供曝气量和剪切力。试验以 250mL 锥形瓶为反应容器，进水分为 7 类，分别为：①生活污水；②5%养殖废水+95%生活污水；③10%养殖废水+90%生活污水；④20%养殖废水+80%生活污水；⑤50%养殖废水+50%生活污水；⑥80%养殖废水+20%生活污水；⑦养殖废水。实验过程中不添加任何其他物质。配制污水的组成见表 2.3。

表 2.3　配制污水的组成

水样	进水量（mL）	进水 COD（mg/L）
生活污水	100	500~800
5%养殖废水+95%生活污水	100	700~860
10%养殖废水+90%生活污水	100	700~900
20%养殖废水+80%生活污水	100	860~950
50%养殖废水+50%生活污水	100	950~1200
80%养殖废水+20%生活污水	100	1300~1400
养殖废水	100	1500~1600

实验在 HY-5A 型回旋式振荡器中进行，设置旋转转速为 260~280r/min，在旋转过程中为水样提供溶解氧及一定的剪切力。考虑到原水水质有机负荷较高，故将反应周期设置为 12h，根据需求人工设定进水、旋转曝气、沉淀、出水及静置 5 个步骤。其中旋转曝气持续时间为 11h，沉淀时间从 5min 逐渐减少，具体变化情况将根据实验中污泥的沉降性能变化而定，其余时间为人工出水、进水及静置时间，静置时间接近 1h，以提供相对厌氧环境，防止丝状菌过度生长。

接种污泥取自某城市污水处理厂二沉池回流污泥，该污泥的混合液悬浮固体浓度约为 5000mg/L，污泥容积指数约为 56mL/g。7 个试样中的接种污泥量相等。

（二）处理养殖废水 SBR 的好氧颗粒污泥培养

经过在 HY-5A 型回旋式振荡器中进行的预试验，可以确定只要给予合适的运行工况（剪切力和选择压），在养殖废水中就可以成功培养出性状优良的成熟好氧颗粒污泥。另外，养殖废水所具备的高有机负荷的特点有益于抑制丝状菌的膨胀，也增强了好氧颗粒污泥的沉降性能，有利于好氧颗粒污泥的形成。本试验将建立 SBR 系统，采用实际生活污水和养殖废水对普通接种污泥进行培养。在颗粒化过程中对不同水样中的颗粒化进程、污泥的形态变化、进出水的 COD 和 NH_4^+-N 指标进行对比分析。

采用三个完全相同的圆柱形 SBR 装置，SBR 装置由有机玻璃制作而成，内径为 9cm，高 1m，有效容积 4L。

由于本试验养殖废水中的 NH_4^+-N 值很高，过大的曝气量会使得 NH_4^+-N 吹脱现象严重，产生较多的泡沫以致带走污泥，故控制曝气量在 0.2～0.3m^3/h；排水系统采用蠕动泵；控制系统中每一根反应柱都由 3 个微电脑根据时间自动控制反应器的进水、曝气、沉降、出水及静置过程。根据前述预试验的经验及该试验的实际需求，设定进水、曝气、沉降、出水及静置的过程时长分别为 5min、23h、5min、7min 和 43min，一个循环周期为 24h，其中沉降时间将根据试验的进行及具体培养情况变化和污泥的沉降性能变化进行调整，以提供合适的选择压促进好氧颗粒污泥的形成。采用三种不同水样，SBR1 柱为生活污水（COD 为 190～270mg/L，NH_4^+-N 为 240～300mg/L，不加其他任何物质），SBR2 柱为 50%生活污水+50%养殖废水（COD 为 500～800mg/L，NH_4^+-N 为 450～530mg/L，不加其他任何物质），SBR3 为养殖废水（COD 为 900～1200mg/L，NH_4^+-N 为 700～800mg/L，不加其他任何物质），以探究以养殖废水为培养基质是否能在 SBR 中成功培养出好氧颗粒污泥。

本试验所采用的接种污泥来自某污水处理厂二沉池回流污泥，该污泥的混合液悬浮固体浓度为 5650mg/L，污泥容积指数为 62.1mL/g。

在三个 SBR 反应柱中各接种 500mL 未经压缩过的接种污泥，加入 3L 原水进行闷曝，曝气量为 0.2～0.3m^3/h，每天闷曝 23h，静置沉降 1h，排出 1/3（1L）的废水，然后加入 1L 废水继续闷曝。按照这样的工况对接种污泥进行驯化培养 7天，使得污泥适应各自的原水水质特点，有利于后期好氧颗粒污泥的培养。

好氧颗粒污泥形态特征变化的分析采用数码照片及 Motic 公司的 OLYMPUS CX31 型光学显微镜观察；污泥指标如 MLSS、SVI 均采用美国水和废水监测标准方法测定（APHA，1998）。污水水质指标：COD 采用重铬酸钾回流法测定；NH_4^+-N 采用纳氏试剂分光光度法测定。

三、结果与讨论

（一）初步试验结果

在保证接种污泥量相同、运行工况相同的情况下在同一个 HY-5A 型回旋式振荡器中进行 7 种不同基质的好氧颗粒污泥培养。由于 7 种培养基质的有机负荷都相对较高，因此分别对接种活性污泥进行 5 天的驯化（出水时降低选择压以保证污泥生物量）。

在生活污水中刚接入活性污泥时，污泥主要以絮状的形式存在，运行 7 天后，锥形瓶中出现了大量细小颗粒，有了好氧颗粒污泥的基本轮廓但还是存在大量絮体，使得污泥的沉降性能并没有很大的改善。为了加快好氧颗粒污泥的形成，逐渐改变工况，保持进水周期不变，增加旋转转速以提供更大的剪切力并减小沉降时间，由5min减至4min使得选择压增大，留下沉降性能相对优越的污泥。在新的工况下运行至14天时，活性污泥基本实现了颗粒化，但所形成的颗粒形状不规则，结构不完整，粒径分布不均匀且依然存在少量絮体。继续该工况运行至20天时，反应器中絮体量大幅减少，颗粒占了主导优势且形状也较规则，平均粒径为400μm；至30天时，好氧污泥完全颗粒化，絮体量极少，颗粒形状规则，呈圆或椭圆状，结构独立完整，粒径均匀，平均粒径约为500μm，沉降性能优良；继续培养至45天，反应器中出现了粒径较大的颗粒污泥且形状规则，结构完整密实，平均粒径为600μm，且从显微镜观察中可以发现颗粒表面出现了一定量的钟虫，这表明了该颗粒污泥具有较好的生物活性和丰富的生物种群。

在5%养殖废水+95%生活污水的培养基质中好氧颗粒污泥的形成过程及形成进度与生活污水相差不多，工况变化与生活污水相同。在培养至30天时好氧污泥完全颗粒化，所形成颗粒形状圆润规则，结构独立完整，粒径分布均匀且较大，平均粒径为700μm，生物种群量丰富，活性较高。

在10%养殖废水+90%生活污水的培养基质中可以成功培养出好氧颗粒污泥，工况变化与生活污水相同，所形成颗粒形状规则，结构密实完整，粒径分布均匀，平均粒径为600μm，且从显微镜观察中可以发现颗粒表面出现了一定量的钟虫，这表明了该颗粒污泥具有较好的生物活性和丰富的生物种群。

在20%养殖废水+80%生活污水的培养基质中是可以成功培养出好氧颗粒污泥的，工况变化与生活污水相同，所形成颗粒形状规则，结构密实完整，絮体少，粒径分布均匀，平均粒径为800μm。

在50%养殖废水+50%生活污水的培养基质中是可以成功培养出好氧颗粒污泥的，工况变化与生活污水相同，所形成颗粒形状规则，结构密实完整，絮体少，颗粒粒径普遍较大，粒径分布均匀，平均粒径为800μm。

在80%养殖废水+20%生活污水的培养基质中是可以成功培养出好氧颗粒污泥的，工况变化与生活污水相同，在培养至20天时就已经基本实现颗粒化，所形成颗粒形状圆润规则，结构密实完整，絮体少，颗粒粒径较大，粒径分布均匀，平均粒径为600μm。

在养殖废水的培养基质中是可以成功培养出好氧颗粒污泥的，工况变化与生活污水相同，在培养至14天时就已经全部实现颗粒化，所形成颗粒形状圆润规则，结构密实完整，絮体少，稳定性高，颗粒粒径较大，粒径分布均匀，平均粒径为600μm，生物种群量丰富，活性较高。

各试样中的好氧颗粒污泥培养成熟后的稳定性不同，在尽可能给予试样最合适的运行工况的情况下，在培养至第 45 天时用显微镜观察得到如图 2.15f 所示的好氧颗粒污泥形状。

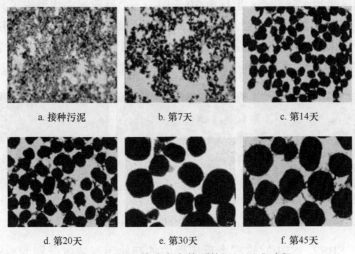

a. 接种污泥　　　　b. 第7天　　　　c. 第14天

d. 第20天　　　　e. 第30天　　　　f. 第45天

图 2.15　处理养殖废水的颗粒污泥形成过程

如图 2.16 所示，在相同的运行工况下，培养基质中养殖废水所占比例越大，好氧颗粒污泥的形成进程越快，所形成的好氧颗粒污泥的稳定性越高，粒径相对越大，形状越圆润规则，颗粒结构也相对越密实，颗粒表面絮体越少，粒径分布越均匀，丝状菌的生长也控制得越好。

图 2.16　成熟的养殖废水好氧颗粒污泥

（二）SBR 系统试验结果

接种污泥刚加入后与普通絮状活性污泥一样主要以絮状的形态存在于 3 个反应柱中。对反应器进行闷曝 7 天后，污泥逐渐适应了进水水质。虽然在这 7 天中减少了进水量，也不施加选择压，但是其中存在的高有机负荷和剪切力仍然使得活性污泥进入了好氧污泥的颗粒化进程，促进了活性污泥胞外聚合物的形成。SBR 柱中出现了少量的细小颗粒，污泥开始有抱团聚集的趋势，但是依旧存在大量的絮体，颗粒形状也不规则，结构很松散。继续保持工况不变进行培养至第 20 天时，反应器中好氧污泥形成形状不规则的菌胶团，开始出现好氧颗粒污泥的形状且边界清晰，絮体量也大幅减小。运行至 30 天时，三个反应器中均形成了具有圆润形状及边界轮廓清晰的好氧颗粒污泥，基本实现了颗粒化，SBR1 中颗粒平均粒径为 200μm，SBR2 中颗粒平均粒径为 300μm，SBR3 中颗粒平均粒径为 200μm，至此，成功在三种不同的培养基质中培养出了好氧颗粒污泥（图 2.17）。

SBR1 (生活污水)　　　SBR2 (生活污水+养殖废水)　　　SBR3 (养殖废水)

图 2.17　SBR 中培养的好氧颗粒污泥

SBR1、SBR2、SBR3 这三个反应器中的初始污泥浓度分别为 2808mg/L、2824mg/L、3720mg/L。在整个运行过程中，污泥浓度 MLSS 随着时间的推移逐渐减小，这是因为三个反应器的进水中 NH_4^+-N 浓度都很高，在曝气阶段的初期，NH_4^+-N 主要以吹脱的作用进行去除，而这些吹脱出来的气体会在水样表面产生大量微小气泡，这些气泡并不洁净，所以不能通过自动降低表面自由能而使气泡合并最终破裂，这些气泡会堆积起来，将气泡中因表面张力而吸附的污泥通过不断堆积排出反应器造成跑泥现象。在减小曝气量从而减小培养过程中的剪切力以解决气泡堆积跑泥问题和保持曝气量大小不变进而保证一定的剪切力以促进好氧颗粒污泥的形成这两个方案中选择了后者，并采用一切办法保住反应器中的污泥。虽然污泥浓度变得很小，但是三个反应器中的好氧污泥颗粒化进程没有被影响，经过 7 天的闷曝后，接种污泥的 SVI 就成功从 62.1mL/g 分别降低到了 42.7mL/g、33.9mL/g、34.9mL/g，随着运行时间的推移，三个反应器中污泥的 SVI 始终保持在 30mL/g 左右，拥有较好的沉降性能。在形成的好氧颗粒污泥表面观察到了数量不等的钟虫，说明了该好氧颗粒污泥有着优良的生物活性和生物多样性，可以看出，养殖废水培养的颗粒污泥和生活污水培养的颗粒污泥形态上接近，易于颗粒化。

从运行 12 天开始，在污泥量逐渐减少的情况下，进水 COD 波动不大，使得反应器进水有机负荷增大，而出水 COD、NH_4^+-N 值保持与前期处理出水相持平，表明了随着运行时间的推移，好氧颗粒污泥的形成使得对污染物的处理效率有所提高，也正是进水的高有机物浓度促进了好氧颗粒污泥的形成并成功控制了丝状菌的膨胀。

四、结论

（1）在 HY-5A 型回旋式振荡器中对 7 个含不同比例生活污水和养殖废水的培养基质进行好氧颗粒污泥的培养，结果发现，在每一个基质中均成功培养出了形状规则、结构密实、粒径分布均匀的好氧颗粒污泥。

（2）在三个 SBR 中分别以生活污水、50%生活污水+50%养殖废水、养殖废水为培养基质进行试验，成功地在三个反应器中培养出了形状规则、结构紧实、沉降性能优良、平均粒径为 200μm 的好氧颗粒污泥。实验表明，在养殖废水中培养好氧颗粒污泥是简单易行的，其对运行工况的要求不是很高，而且在进水前不需要用生活污水将其稀释。

第七节　处理制膜工业废水的好氧颗粒污泥

一、引言

为了实现难降解废水的有效处理，通常会采用一些预处理技术，降低有毒废水的毒性，提高废水的可生化性，为生化处理创造条件并最终实现废水的达标排放。在众多预处理技术中，铁碳微电解技术已被广泛用于工业废水的预处理中。当铁碳填料与废水（电解质溶液）接触时，会形成许多微观的原电池，在此过程中产生的游离氢 [H] 和 O· 具有很强的化学活性，可以破坏许多有机污染物的碳链，并提高难降解废水的生物降解性，一些有机污染物也可以通过由 Fe^{2+} 形成的 $Fe(OH)_2$、$Fe(OH)_3$ 的吸附和共沉淀去除。而在这一过程中也会带来一些有利于好氧颗粒污泥形成的副产物，包括铁离子、亚铁离子和铁矿物质。而在以往研究中发现，Fe^{3+} 和 Fe^{2+} 作为金属阳离子能够促进污泥的团聚，产生微小颗粒，成为颗粒污泥生长的"起点"，从而促进颗粒污泥的形成（Ren et al.，2018）。因此，研究提出，将铁碳微电解预处理与好氧颗粒污泥技术组合用于处理难降解工业废水，在常规工艺的基础上通过进一步强化好氧颗粒污泥的形成机制，促进颗粒污泥的形成，提高废水处理效率（郭焘等，2020）。

二、材料与方法

（一）试验系统

试验将铁碳微电解反应器与 SBR 串联，建立一套耦合系统，采用制膜工业废水对普通接种污泥进行培养。另使用一套单一 SBR 作为对照组直接采用制膜工业废水对普通接种污泥进行培养。铁碳微电解反应器高度 H=500mm，有效容积为 1L。SBR 高度 H=300mm，有效容积为 2L，两个反应器出水体积均为有效容积的 50%。

（二）运行方式

铁碳微电解反应器为底部连续进水，水力停留时间为 2h，通过设置在反应器底部的曝气管进行曝气，出水储存在中间水箱中。两个 SBR 的运行周期均为 24h，分为两个运行阶段：阶段 I 为进水 16min，曝气 23h，沉降 5min，出水 2min，闲置 37min，每个周期进水量为 0.5L（换水比：1/3）；阶段 II 为进水 32min，曝气 23h，沉降 2min，出水 4min，闲置 22min，每个周期的进水量为 1L（换水比：1/2），通过设置在反应器底部的曝气管进行曝气（曝气量：0.15m³/h）。

实验用水取自某环保公司膜生产车间废水，废水中含有一定量的二甲基甲酰胺（DMF）、二甲基乙酰胺（DMAC）和少量高分子聚合物，如聚偏氟乙烯（PVDF）。具体水质指标如下：COD 为（3000±400）mg/L，TN 为（100±20）mg/L，NH_4^+-N 为（10±2）mg/L 和 BOD_5/COD 为 0.22±0.02。该环保公司废水处理设施膜生物反应器（membrane bio-reactor，MBR）中获得的活性污泥被用作接种污泥，接种后反应器内初始污泥浓度约为 6000mg/L。

（三）分析项目及方法

试验中 MLSS、SVI 均采用《水和废水监测分析方法》（国家环境保护总局《水和废水监测分析方法》编委会，2002）测定。COD 采用快速消解-分光光度法（DR/890，HACH）测定，NH_4^+-N 采用纳氏试剂分光光度法，BOD_5 采用压力法测定（OxiTop IS12，WTW）。污泥的粒度分布采用激光衍射粒度分析仪（Mastersizer 3000，Malvern，UK）分析。污泥的形态观察使用光学显微镜（ECLIPSE Ni，Nikon，Japan）。XRD 分析使用 X'Pert PRO（荷兰 PNAlytical）进行。X 射线荧光分析（X-ray fluorescence analysis，XRF）使用 ARL ADVANT'X IntelliPower™ 4200（美国 ThermoFisher）进行。

三、结果与讨论

（一）两组系统的运行效果

在耦合系统中，铁碳微电解预处理有效提高了废水的可生化性，出水 BOD_5 与 COD 之比相较原水的平均值（0.22）有较大提升（提升至 0.32）。而在前 12 天的运行中，由于阶段 I 初期 SBR 内生物量的急剧减少，系统的处理效果并不佳，SBR 出水中的 COD、TN 和 NH_4^+-N 浓度分别高达 405.3mg/L、57.7mg/L 和 37.7mg/L。随着系统的继续运行，处理效果逐步提升。在阶段 I 末期，耦合系统内污泥颜色变为棕黄色，MLSS 增加至 7205mg/L，SVI 下降至 50.0mL/g。同样，耦合系统的 MLSS 在阶段 II 开始的 15 天内迅速下降，然后增加到 7016mg/L，SVI则在运行过程中持续下降，在实验结束时耦合系统的 SVI 稳定在 26.9mL/g，并且在第 120 天污泥平均粒径达到 316μm。在第 110 天至第 120 天好氧颗粒污泥在耦合系统中形成后，出水中的 COD、TN 和 NH_4^+-N 平均浓度分别为 130.1mg/L、23.7mg/L 和 6.6mg/L。

在对照组中，由于没有预处理的缓冲，在前 12 天的运行中，SBR 内生物量的减少更为急剧，系统的处理效果同样不佳，SBR 出水中的 COD、TN 和 NH_4^+-N浓度分别高达 699.3mg/L、68.0mg/L 和 32.1mg/L。随着系统的继续运行，处理效果逐步提升。在阶段 I 末期，对照组内污泥颜色变为灰褐色，MLSS 增加至5420mg/L，SVI 下降至 56.9mL/g。同样，对照组的 MLSS 在阶段 II 开始的 15 天内迅速下降，然后增加到 5202mg/L，SVI 则在运行过程中持续下降，在实验结束时对照组的 SVI 稳定在 42.7mL/g，而在第 120 天，污泥平均粒径为 179μm，远小于耦合系统中的污泥粒径。在第 110 天至第 120 天，对照组出水中的 COD、TN和 NH_4^+-N 平均浓度分别为 288.7mg/L、52.6mg/L 和 23.6mg/L。

（二）讨论

在耦合系统中，运行 29 天后首次出现微小颗粒，并且在第 62 天观察到大量细小颗粒（图 2.18b）。但在对照组中，微小颗粒首次出现在运行 43 天后，较耦合系统晚 14 天（图 2.18d），并且在运行期间均未观察到大量细小颗粒。与接种污泥相比，耦合系统和对照组中的污泥粒径均有提升，而耦合系统中污泥粒径的提升速度明显快于对照组，在第 120 天，耦合系统中的污泥平均粒径达到 316μm，远超过对照组中的平均粒径（179μm）。上述结果表明，在耦合系统中能更为快速地形成好氧颗粒污泥。

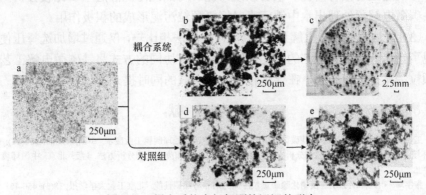

图 2.18　耦合系统中好氧颗粒污泥的形态
a. 接种污泥；b，c. 第 62 天和 120 天耦合系统中的污泥；d，e. 第 43 天和 120 天在对照组中的污泥

同时，颗粒化后耦合系统出水中的 COD 明显低于颗粒化之前和对照组，表

明颗粒污泥比絮凝污泥具有更好的 COD 去除性能，这可能是由于生物量高和好氧颗粒污泥对有毒化合物的耐受性。耦合系统中颗粒化完成后，出水中总氮（TN）和 NH_4^+-N 也得到了显著改善，这表明好氧颗粒污泥具有出色的脱氮性能，这是由于其特殊的颗粒结构形成了氧浓度梯度，从而能够在运行过程中同步进行硝化和反硝化得以增强脱氮。

XRD 和 XRF 测试结果显示了污泥粉末中矿质元素的组成。多个衍射峰的存在表明污泥粉末中有以晶体形式存在的物质，其中 SiO_2 在三组污泥粉末中均检出，特别是在耦合系统的污泥粉末中检出以针铁矿形式存在的铁。在接种污泥样品中，Fe、Si 和 Ca 的含量较高，其次是 S、Al、Na 和 Zn。随着反应器的运行，在第 120 天，耦合系统中的污泥粉末中 Fe 含量增至 32.4%；而在对照组的污泥粉末中，Fe 的含量为 5.8%。众所周知，金属离子可以通过静电中和与带负电荷的微生物细胞结合，然后促进微生物聚集体的形成（Ren et al.，2008）。耦合系统中的污泥粉末元素组成发生了显著变化，在第 120 天，污泥粉末中最丰富的矿质元素是 Fe，含量已增加至 32.4%。与对照组相比，耦合系统的污泥中积累了更多的铁，并且经测试，出水铁的浓度为 0～0.5mg/L，没有影响出水质量，证实了铁在颗粒化过程中的积极作用。

四、结论

（1）研究证明了应用铁碳微电解/好氧颗粒污泥耦合工艺进行制膜工业废水处理的可行性，经过 110 天成功培育了具有优异沉降性能的好氧颗粒污泥（SVI 为 26.9mL/g），运行 120 天后，污泥的平均粒径达到 316μm，远超过对照组中的平均粒径（179μm）。

（2）通过对接种污泥、耦合系统污泥、对照组污泥的进一步比较分析，确定了铁碳微电解预处理出水中铁元素对好氧颗粒污泥形成的积极作用。

（3）与常规铁碳微电解预处理+活性污泥法相比较，仅通过增加选择压便成功实现了好氧颗粒污泥工艺的启动，以一种耦合协同的方式将铁碳微电解工艺与好氧颗粒污泥技术相结合，在促进颗粒污泥形成的同时提升了处理效果。

参 考 文 献

郭燕, 王长智, 梅荣武, 等. 2020. 铁碳微电解耦合好氧颗粒污泥处理制膜工业废水. 中国给水排水, 36(13): 14-19.

国家环境保护总局《水和废水监测分析方法》编委会. 2002. 水和废水监测分析方法. 4 版. 北京: 中国环境科学出版社.

李军, 张宇坤, 韦甦, 等. 2012. 反硝化除磷颗粒污泥的培养与除磷性能. 北京工业大学学报, 38(3): 456-461.

马骁, 李军, 韦甦. 2010. 不同接种污泥对好氧污泥颗粒化的影响. 中国给水排水, 26(21): 34, 37, 42.

饶彤彤, 王立, 李军, 等. 2011. 不同流态对好氧污泥颗粒化的影响. 中国给水排水, 27(15): 88-90.

周延年, 李军, 韦甦, 等. 2010. 无基质匮乏条件下好氧污泥颗粒化的研究. 中国给水排水, 26(9): 97-99, 103.

APHA. 1998. Standard Methods for the Examination of Water and Wastewater. 20th ed. Washington DC: American Public Health Association.

Beun J J, Hendriks A, van Loosdrecht M C M, et al. 1999. Aerobic granulation in a sequencing batch reactor. Water Research, 33(10): 2283-2290.

Chiesa S C, Irvine R L, Manning J F Jr. 1985. Feast/famine growth environments and activated sludge population selection. Biotechnology and Bioengineering, 27(5): 562-569.

Lettinga G, Van Velsen A F M, Hobma S W, et al. 1980. Use of the upflow sludge blanket (USB) reactor concept for biological wastewater treatment, especially for anaerobic treatment. Biotechnology and Bioengineering, 22(4): 699-734.

Liu J, Li J, Wang X D, et al. 2017. Rapid aerobic granulation in an SBR treating piggery wastewater by seeding sludge from a municipal WWTP. Journal of Environmental Sciences, 51: 332-341.

Liu Y, Yang S F, Liu Q S, et al. 2003. The role of cell hydrophobicity in the formation of aerobic granules. Current Microbiology, 46(4): 270-274.

Liu Y Q, Tay J H. 2006. Variable aeration in sequencing batch reactor with aerobic granular sludge. Journal of Biotechnology, 124(2): 338-346.

Liu Y Q, Wu W W, Tay J H, et al. 2007. Starvation is not a prerequisite for the formation of aerobic granules. Applied Microbiology and Biotechnology, 76(1): 211-216.

McSwain B S, Irvine R L, Wilderer P A. 2004. The effect of intermittent feeding on aerobic granule structure. Water Science and Technology, 49(11-12): 19-25.

Ren T T, Liu L, Sheng G P, et al. 2008. Calcium spatial distribution in aerobic granules and its effects in granule structure, strength and bioactivity. Water Research, 42(13): 3343-3352.

Ren X M, Chen Y, Guo L, et al. 2018. The influence of Fe^{2+}, Fe^{3+} and magnet powder (Fe_3O_4) on aerobic granulation and their mechanisms. Ecotoxicology and Environmental Safety, 164(30): 1-11.

Tay J H, Liu Q S, Liu Y. 2001. Microscopic observation of aerobic granulation in sequential aerobic sludge blanket reactor. Journal of Applied Microbiology, 91(1): 168-175.

Uhlmann D, Roske I, Hupfer M, et al. 1990. A simple method to distinguish between polyphosphate and other phosphate fractions of activated sludge. Water Research, 24(11): 1355-1360.

第三章 好氧颗粒污泥特性

第一节 好氧颗粒污泥的除磷机制

一、引言

近年来学者对颗粒污泥的除磷特性开展了一些研究，Dulekgurgen 等（2003）经过十周培养出的除磷颗粒污泥 SVI 可达 40mL/g 以下；You 等（2008）经两个月的培养，获得了高效除磷好氧颗粒污泥；Kreuk 等（2005）在低氧饱和浓度（20%）条件下培养出同时具有脱氮除磷效果的颗粒污泥。以上研究主要通过厌氧-好氧和污泥颗粒化等方式获得具有除磷特性的颗粒污泥，但对颗粒污泥除磷的机制的讨论不多，本研究结合强化生物除磷（enhanced biological phosphorus removal，EBPR）系统与污泥颗粒化技术，在培养颗粒污泥的同时富集聚磷菌，通过各阶段操作方式及运行结果对颗粒污泥的除磷特性和颗粒污泥中磷的去除途径进行分析（张宇坤等，2010）。

二、材料与方法

（一）原水配制与接种污泥

试验用水采用人工配制污水（Li et al., 2007），主要成分是 CH_3COONa、NH_4Cl、$KH_2PO_4 \cdot 3H_2O$，COD 浓度为 750mg/L，NH_4^+-N 浓度为 20mg/L，PO_4^{3-}-P 浓度为 9mg/L 左右。试验接种的污泥来源于某污水处理厂二沉池排放的剩余污泥。

（二）试验装置及运行方式

试验反应器高 70cm，直径 20cm，有效容积为 11L，总容积为 14L，由顶部进水，每周期出水 6.5L。系统采用时间程序控制器控制进水、搅拌、曝气、沉淀、出水和闲置等过程。系统的运行方式为厌氧/好氧（A/O），各操作时间为：进水 10min，厌氧搅拌 60min，曝气 250min，沉淀 5min（第一阶段）或 15min（其他阶段），出水 20min，闲置 15min（第一阶段）或 5min（其他阶段）。容积负荷为 1.77kg COD/（$m^3 \cdot d$），表面气速为 2.74cm/s。

（三）试验方案

本试验共运行 146 天，根据不同时期磷的去除情况和操作条件可分为 4 个阶段：第一阶段（0～62 天），主要目的是培养具有除磷功能的颗粒污泥，除随出水带出 SS（选择压的需要）外，系统不专门排泥。第二阶段（63～96 天），第 63 天将反应器中沉速慢、沉淀效果差的絮体污泥洗出，并将沉淀时间延长为 15min，目的是降低出水 SS 并进一步降低污泥 SVI，不专门排泥。第三阶段（97～128 天），工况与第二阶段相同，但由于长期不排泥，系统对磷的去除效果恶化后，进入第四阶段。第四阶段（129～146 天），开始排泥，控制一定的污泥龄，使系统对磷的去除效果好转，并稳定运行。

（四）分析项目及方法

COD 采用快速消解-分光光度法（DR/890，HACH）测定，NH_4^+-N、PO_4^{3-}-P、NO_2^--N、NO_3^--N、MLSS、SVI 依据《水和废水监测分析方法》（国家环境保护总局《水和废水监测分析方法》编委会，2002）测定。所有水样通过快速滤纸过滤后进行测定。污泥中磷的测定采用过硫酸钾消解后测定正磷酸盐的方法。颗粒污泥的粒径采用 Motic 生物显微镜拍照。对污泥进行 XRD、XRF 分析检测以确定污泥元素组成及化合物组成。先对污泥预处理：用坩埚盛取适量厌氧段末污泥放入烘箱（100℃加热 7h），取出后放入马弗炉（600℃加热 1h），然后对污泥灰分进行 XRD、XRF 检测。

三、结果与讨论

（一）颗粒污泥的形态和特性变化

系统运行过程中污泥形态的变化如图 3.1 所示。接种污泥结构松散，呈褐色，SVI 为 132mL/g。在运行 27 天后可明显观察到颗粒污泥已初步形成，但表面不光滑，表面附着少量原生动物。在运行 59 天后，发现形态完整、表面光滑、结构致

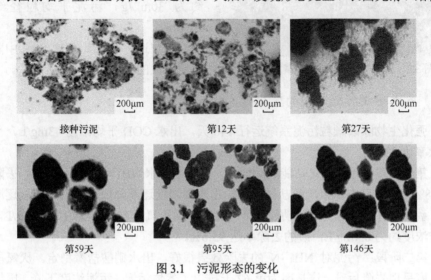

图 3.1　污泥形态的变化

密的颗粒污泥，平均粒径为410μm。在运行95天后，污泥大部分呈白色，少部分呈淡黄色，形态变化不大，颗粒污泥粒径略有增长，平均粒径为546μm。

第一阶段MLSS逐渐增加，出水SS在这一阶段末期逐渐增大，这是由于部分沉淀性能较差的絮体污泥随出水排出。SVI逐步降低，污泥颗粒化趋势明显，污泥粒径显著增大。第一阶段末期MLSS约为5520mg/L，出水SS约为150mg/L，SVI约为46mL/g，污泥平均粒径约为410μm。

第二阶段初洗出了絮体污泥，延长了沉淀时间，此阶段MLSS快速增加，出水SS减少，在阶段末期出水SS略有增大，这是由于此时污泥浓度很高，部分污泥被水带出。此阶段SVI明显降低，污泥平均粒径略有增大。第二阶段末期MLSS约为14 520mg/L，出水SS约为70mg/L，SVI约为27mL/g，污泥平均粒径约为546μm。

第三阶段初期MLSS达到峰值，部分污泥随出水流走，出水SS快速增大，此后MLSS略有下降，SVI保持平稳，污泥平均粒径变化不大，第三阶段末期MLSS约为11 610mg/L，出水SS约为160mg/L，SVI约为28mL/g，污泥平均粒径约为582μm。

图3.2　厌氧/好氧SBR中除磷颗粒污泥

第四阶段由于每日定期排泥，污泥龄控制在22天左右，系统MLSS逐渐下降，并达到新的平衡，出水SS大幅减少，SVI变化不大，污泥平均粒径增幅较小。第四阶段末期MLSS约为7560mg/L，出水SS约为67mg/L，SVI约为30mL/g，污泥平均粒径约为603μm。

稳定运行的厌氧/好氧SBR中除磷颗粒污泥的形态如图3.2所示。

（二）各水质指标随时间的变化

强化生物除磷颗粒污泥系统运行146天，出水COD平均浓度43mg/L，平均去除率达93.4%。

第一阶段：污泥硝化功能逐渐增强，在末期出水NH_4^+-N为0.4mg/L，去除率达98%，出水硝态氮以硝酸盐氮为主。出水磷浓度逐渐降低，厌氧释磷量逐渐增大，系统具有了一定的除磷功能，第一阶段末期厌氧段末磷浓度约为38mg/L，出水磷浓度约为0.4mg/L，磷的去除率达95.6%。

第二阶段：污泥对NH_4^+-N的去除效果很好，出水硝酸盐氮稳定。厌氧段末磷浓度呈现先降后升，这是因为第62天排出了絮体污泥，污泥浓度下降，厌氧放磷量也随之降低。此后污泥浓度逐渐增大，厌氧段末磷浓度也有一定程度增加。第二阶段末期厌氧段末磷浓度约为 42mg/L，出水磷浓度约为 0.5mg/L，磷的去除率达 94%。

第三阶段：NH_4^+-N 去除效果变化不大，出水硝酸盐氮略有上升。系统生物除磷效果恶化，厌氧段末磷浓度大幅增加，最高达 62mg/L，而出水磷浓度也大幅增加，最高达 5.9mg/L，两者保持了较好的同步性。分析其原因，是第二阶段系统即使没有排泥，磷也仍然保持了很高的去除效率，这部分磷的去除主要是随污泥浓度的增长富集在污泥系统内而获得的。当运行到第三阶段，污泥浓度达到峰值，系统磷含量达到饱和，因此在第三阶段系统对磷的去除效果变差。第三阶段末期厌氧段末磷浓度约为 55.7mg/L，出水磷浓度约为 3.4mg/L，磷的去除率为 62%。

第四阶段：NH_4^+-N 去除率稳定在 90%以上，出水硝酸盐氮略有下降。厌氧放磷量变化不大，出水磷浓度逐渐降低，这是由于定期排泥，系统内磷总量下降，污泥龄缩短，磷代谢循环得到加强，因此系统除磷效果明显好转。第四阶段末期厌氧段末磷浓度约为 51.3mg/L，出水磷浓度约为 0.6mg/L，磷的去除率可达 93%。

（三）磷的去向及磷的去除

分析各阶段磷的去向（表 3.1），有如下特点。

表 3.1　各阶段典型周期内磷的去向

培养阶段	取样时间/天	每周期进水中的磷（mg）	周期末泥和水中的磷含量（mg）				
			出水带走	出水 SS 带走	排剩余污泥带走	留在反应器水中	留在反应器污泥中
第一阶段	19	56.6	11.1	10.0	0.0	7.7	1073.0
	55	58.5	4.6	35.5	0.0	3.7	2110.0
第二阶段	69	56.6	2.6	31.3	0.0	1.8	2258.0
	87	51.4	1.4	14.0	0.0	1.0	5851.0
第三阶段	102	54.6	20.2	58.0	0.03	14.0	6952.0
	124	58.5	22.8	36.0	0.0	15.8	5236.0
第四阶段	134	46.8	7.8	20.0	33.0	5.4	3631.0
	142	58.5	5.2	17.0	31.0	3.6	3410.0

第一阶段：①出水带走磷量逐渐减少，出水磷浓度降低。②由于不专门排泥，出水 SS 增大，出水 SS 带走磷量逐渐升高。③污泥浓度逐渐增大，单位质量污泥含磷量增大，系统中污泥磷含量逐渐增大。将部分磷储存在反应器污泥中，是磷的一条去除途径。由于沉淀时间短（选择压），出水 SS 带走的磷量逐渐增高。

第二阶段：①出水带走磷量继续减少，出水磷浓度保持较低。②由于增加了沉淀时间，出水 SS 有所降低，出水 SS 带走磷量逐渐减少。③由于不专门排泥，污泥浓度逐渐增大，单位质量污泥含磷量增大，颗粒污泥内 TP 含量很高，污泥中积聚的 TP 含量持续增大。

第三阶段：①出水磷浓度很高，除磷效果恶化。②由于不专门排泥，初期污泥浓度很高，造成高出水 SS，又致使污泥浓度降低。③本阶段初期大量磷积聚在污泥中，但后期出水 SS 带走大量的磷而使在反应器污泥中的磷有所减少。

第四阶段：①出水磷浓度较低，出水带走磷量逐渐减少。②由于开始专门排泥，出水 SS 大幅下降，出水 SS 带走磷量减少。③随着污泥的定期排出，反应器中污泥量变化不大，积聚在污泥中的磷也趋于稳定。

由以上分析可知，磷的去除途径有：通过将系统内污泥排出（出水 SS 和专门排泥）带走磷和将磷储存在污泥内部。其中污泥积磷作用在污泥浓度增高或单位质量污泥磷含量增高时尤为显著。颗粒污泥系统中污泥积磷作用除了生物的超量聚磷将磷富集在污泥中，还可能存在其他途径。

因此取第 115 天厌氧段末（生物放磷结束）污泥进行 XRF 检测，结果如图3.3 所示。可以推测，污泥中存在金属元素与磷的结合物，此结合物在污泥中以无机盐形式存在。采用 Uhlmann 等（1990）提出的污泥中金属元素与磷结合物检测方法对同一污泥进行测试，结果如图 3.4 所示，可以看到其中钙或镁磷结合物、铁磷结合物含量居多。再对污泥进行 XRD 检测，结果显示污泥主要成分有：$CaCO_3$、$K_2CaP_2O_7$、$Ca_{18}Na_3Fe(PO_4)_{14}$、K_3P（按可能性从大到小排序）。从以上分析可以看出磷在通过生物聚磷得到去除外，还存在通过化学沉淀作用积聚在颗粒

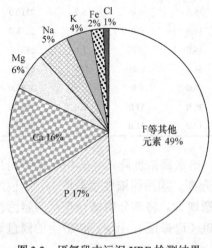

图 3.3　厌氧段末污泥 XRF 检测结果

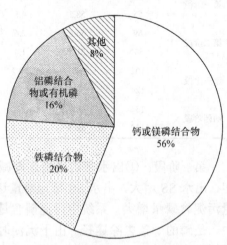

图 3.4　厌氧段末污泥中磷组成

污泥中。由于原水中存在钙、镁、铁等金属的离子及污泥的颗粒化，形成的磷酸化合物沉积在颗粒污泥上，随着颗粒粒径的增长，一部分磷酸盐将固化在颗粒内部，化学除磷尤为显著。

四、结论

在厌氧/好氧 SBR 颗粒污泥系统中磷的去向有：出水中、出水 SS 中、留在反应器水中、留在反应器污泥中、专门排出污泥中。磷主要通过系统排泥（出水 SS 和排出剩余污泥）和污泥积磷的途径去除。在不进行剩余污泥排出的情况下，通过污泥积磷，磷的去除率可以达到 95%左右，分析结果表明化学沉淀应该是本系统污泥积磷的重要方式。由于污泥积磷能力有限，系统通过排出剩余污泥方式可以获得更稳定的除磷效果，磷的去除率可达 93%。

第二节　好氧颗粒污泥对重金属的吸附

一、引言

微生物作为重金属吸附剂，具有成本低廉、吸附量大等优点（Al-Qodah，2006；周东琴和魏德洲，2006；Liu et al.，2002），日益受到重视。传统活性污泥处理技术虽然对重金属有去除作用，但在最后的泥水分离中，却由于活性污泥沉降性问题而遇到较大难题。好氧颗粒污泥具有多孔、致密的结构和优良的沉降性能，因此可以选择好氧颗粒污泥作为去除废水中重金属的生物吸附剂。目前，国内外已开始了对好氧颗粒污泥应用于吸附重金属的研究（姚磊等，2007；Zheng et al.，2005；王琳和李煜，2009），但培养出的好氧颗粒污泥粒径有很大的差异。本研究试图通过分析不同粒径的颗粒对重金属的吸附效果，揭示粒径对好氧颗粒吸附的影响，并以活性污泥作对比参照（周佳恒等，2011）。

二、材料与方法

（一）试验材料

好氧颗粒污泥选用 SBR 中培养的稳定运行阶段颗粒（图 3.5），SBR 进水采用人工配制原水。颗粒粒径为 0.8～8mm，颗粒表面具有丝状菌构架的多孔结构，有较大的比表面积，SVI 为 25～38mL/g。将取出的颗粒用超纯水洗涤 3 次以去除表面可溶性离子的干扰。洗涤后的颗粒分别用 8 目、10 目、18 目筛网在水中逐次筛滤，定义 18 目（0.88mm）以下为絮体，10～18 目（0.88～1.7mm）为小颗粒，8～10 目（1.7～2.36mm）为中颗粒，8 目（2.36mm）以上的为大颗粒。对照组采用城市污水处理厂曝气池的活性污泥。

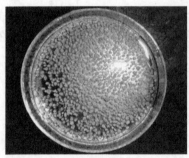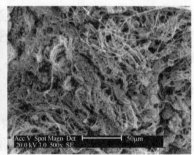

a. 培养皿中照片   b. 颗粒表面SEM照片

图 3.5 试验用好氧颗粒污泥形态

（二）检测方法

采用恒温摇床（HYG-Ⅱ）进行各种吸附和脱附反应，Zn^{2+} 测定采用岛津（AA-6300）原子吸收分光光度计，采用分析纯 $ZnSO_4 \cdot 7H_2O$ 配制试验用水。

三、结果与讨论

（一）吸附时间和吸附量

分别称取若干份污泥浓度为 0.2g/L 和 2.5g/L 的不同粒径的颗粒污泥及活性污泥，分别放入 250mL 的锥形瓶中，各加入 Zn^{2+} 浓度为 100mg/L 的溶液 60mL，定容至 150mL，得到 Zn^{2+} 浓度为 40mg/L，在 25℃、150r/min 的恒温摇床中振荡，一定时间后，移液，静置 1h。上清液用 0.45μm 微孔滤膜过滤，分析滤液 Zn^{2+} 浓度。

图 3.6a 和图 3.6b 分别表示当初始 Zn^{2+} 浓度（C_0）为 40mg/L、控制污泥浓度为 0.2g/L 和 2.5g/L 条件下，投加不同粒径颗粒、絮体和活性污泥的吸附时间曲线，

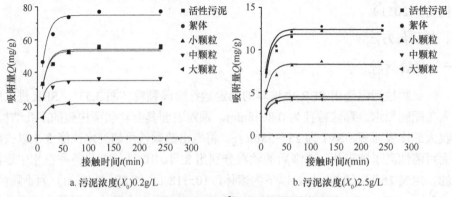

a. 污泥浓度(X_0)0.2g/L   b. 污泥浓度(X_0)2.5g/L

图 3.6 污泥粒径对 Zn^{2+} 吸附时间曲线的影响

可见 5 种不同污泥的吸附量随时间递增，均在 60min 内达到平衡。当污泥浓度为 0.2g/L 时，絮体平衡时的单位吸附量最大，活性污泥与小颗粒污泥近似，分别约是中颗粒和大颗粒污泥的 1.5 倍、3 倍。而当污泥浓度为 2.5g/L 时，絮体平衡时的单位吸附量最大，与活性污泥近似，分别约是小颗粒污泥的 1.5 倍、中颗粒和大颗粒污泥的 3 倍。

经过拟合，结果如表 3.2 所示，吸附中 5 种反应均能满足一级可逆反应的吸附动力学模型。

$$Q = Q_e(1-e^{-kt}) \tag{3.1}$$

式中，Q 为单位吸附量（mg/g）；Q_e 为平衡时单位吸附量（mg/g）；t 为反应时间（min）；k 为常数。

表 3.2　不同污泥浓度吸附动力学方程

不同污泥	X_0: 0.2g/L			X_0: 2.5g/L		
	反应动力学方程参数		R^2	反应动力学方程参数		R^2
活性污泥	Q_e: 54.069	k: 0.083	0.943	Q_e: 11.903	k: 0.083	0.973
絮体	Q_e: 74.792	k: 0.086	0.926	Q_e: 12.446	k: 0.084	0.987
小颗粒	Q_e: 53.107	k: 0.084	0.916	Q_e: 8.353	k: 0.084	0.937
中颗粒	Q_e: 34.817	k: 0.108	0.96	Q_e: 4.526	k: 0.108	0.926
大颗粒	Q_e: 20.862	k: 0.089	0.996	Q_e: 4.182	k: 0.089	0.996

（二）污泥浓度对吸附的影响

试验发现，污泥浓度（X_0）对吸附的影响很大，对 5 种污泥在初始 Zn^{2+} 浓度（C_0）为 40mg/L 时，通过投加不同的污泥浓度 X_0 进行试验，可以看出，随着污泥浓度（X_0）的增加，5 种污泥平衡吸附量（Q_e）都呈现下降的趋势。相同污泥浓度条件下，絮体的 Q_e 最大，其次为活性污泥、小颗粒污泥、中颗粒污泥，大颗粒污泥的 Q_e 最低，这种现象在 X_0 较低时尤其明显。随着污泥浓度增加，这种差别明显减小。

由于污泥的吸附属于一级反应，其反应进度与溶液中游离 Zn^{2+} 浓度有关，因此当投加的污泥量增多时，能与单个污泥表面官能团接触的 Zn^{2+} 浓度降低，即溶液中的游离 Zn^{2+} 被稀释从而导致所有污泥 Q_e 的下降。

根据颗粒污泥的结构可以分析得出，随着颗粒粒径的增加传质阻力加大，颗粒内部部分区域无法参与吸附反应是 Q_e 较小的主要原因。活性污泥、絮体及小颗粒污泥与溶液的接触比表面积高于中颗粒、大颗粒污泥，当投加相同质量的污泥时，小颗粒污泥表面官能团的增量要大于大颗粒污泥，Q_e 增加更快。

（三）初始 Zn^{2+} 浓度对吸附的影响

分别称取若干份 0.2g/L 的污泥，各加入浓度 200mg/L 的 Zn^{2+} 溶液 15～75mL，定容到 150mL，进行不同污泥对 Zn^{2+} 的吸附试验，考察不同初始 Zn^{2+} 浓度（C_0）对吸附的影响，结果发现，污泥平衡吸附量 Q_e 与初始 Zn^{2+} 浓度（C_0）呈线性关系，符合一级动力学模型。相对于大颗粒污泥，絮体、活性污泥和小颗粒污泥显示出更高的平衡吸附量，且平衡吸附量随初始 Zn^{2+} 浓度（C_0）的提高而大幅增加。

（四）静态解析

将若干份 0.2g/L 的各种污泥加入 40mg/L 的 150mL 的 Zn^{2+} 溶液中，在 25℃、150r/min 的恒温摇床中振荡，4h 后取出，滤去上清液，将剩余污泥定容至 150mL，一定时间后，过滤，静置 1h，上清液用 0.45μm 微孔滤膜过滤，分析滤液 Zn^{2+} 浓度。

$$解析率 K（\%）=[（C_0-C_p）/C_0]\times100 \tag{3.2}$$

式中，C_0 为解析前 Zn^{2+} 浓度；C_p 为解析后 Zn^{2+} 浓度。

从试验结果可见，不同粒径的颗粒污泥解析率接近，其解析率均小于 8%，说明粒径对颗粒解析的影响不大。颗粒污泥的解析率均要低于活性污泥，这说明颗粒污泥表面官能团与 Zn^{2+} 结合得较活性污泥紧密，表明颗粒污泥作为吸附剂，吸附后不易脱附。

四、结论

从 SBR 中取得的好氧颗粒污泥可以作为一种良好的吸附剂去除 Zn^{2+}，吸附过程是一种可逆的一级反应。好氧颗粒污泥的吸附量随粒径增加而减小，单位吸附量随污泥浓度增大而减小，小颗粒污泥的吸附量高于大颗粒污泥，与普通活性污泥接近。不同粒径的颗粒污泥解析率接近，但均低于普通活性污泥。由此可见，采用小粒径颗粒污泥作为吸附剂更有优势。由于实际运行时，颗粒污泥的 MLSS 远高于活性污泥，故吸附总量会大大提高，同时由于颗粒污泥具有良好的沉降性能，其泥水分离能力优于普通活性污泥或絮体污泥，故颗粒污泥作为重金属吸附剂具有可行性。

第三节　好氧污泥颗粒化过程中 EPS 的动态变化

一、引言

颗粒污泥形成的影响因素很多，其中研究者较一致地认为颗粒污泥的形成与

EPS 的产生有关（Lee et al., 2010）。EPS 是微生物在一定环境条件下分泌于细胞外的复杂非均相高分子聚合物，是菌胶团、颗粒污泥和生物膜的重要组分，是维持污泥三维空间的重要骨架（Frolund et al., 1996）。目前，诸多研究者已在好氧颗粒污泥中 EPS 的成分、提取方法、性能和影响因素等方面进行了相关的研究（王怡等，2011；邹小玲等，2010；倪丙杰等，2006；王朝朝等，2008），但好氧颗粒污泥形成过程中 EPS 的变化和作用机制仍然有待进一步明晰。本试验旨在建立一个 SBR 污水处理系统，分别进行普通活性污泥和好氧污泥颗粒化操作，探索污泥颗粒化过程中 EPS 的动态变化、组分和在污泥中的空间分布（蒋晁欣等，2014）。

二、材料与方法

（一）原水配制与接种污泥

反应器试验用水采用人工配制污水，主要成分有 CH_3COONa、NH_4Cl、KH_2PO_4、$FeSO_4$、$MgSO_4$、$CaCl_2$ 和微量元素。进水 COD 为 600～800mg/L，NH_4^+-N 为 50～60mg/L，TP 为 9mg/L 左右。试验接种的污泥来源于当地一座城镇污水处理厂二沉池。

（二）试验装置及运行方式

反应器高 100cm，直径 10cm，有效容积为 4L，由顶部进水，每周期出水 2L，系统采用时间控制器进行控制，周期均为 4h。本试验根据不同运行工况可分为 3 个阶段：第 1 阶段（0～28 天），进水 10min，曝气 3h，沉淀 40min，出水和闲置共 10min；第 2 阶段（28～46 天），沉淀时间由 40min 缩短为 10min；第 3 阶段（46～72 天），沉淀时间由 10min 缩短为 3min。培养温度为室温，分别在第 24 天、33 天和 72 天对反应器中混合液进行 EPS 提取、检测。

（三）EPS 的分析方法

本研究将总 EPS 按照组分与细菌分离难易程度及其空间分布分为三类：溶解性 EPS（soluble EPS，S-EPS）、松散结合型 EPS（loosely-bound EPS，LB-EPS）和紧密结合型 EPS（tightly-bound EPS，TB-EPS）（Sheng et al., 2010）。其中溶解性 EPS 是指与细胞薄弱连接或溶解在污泥所处系统中由细胞分泌或自溶产生的高分子聚合物；松散结合型 EPS 是指位于结合型 EPS 外沿，没有明显边界、松散分散分布的黏性层；紧密结合型 EPS 是指位于结合型 EPS 内部，与细胞表面紧密稳定结合的具有特定形状的黏性层。本研究同时采用 EPS 中的两大组分蛋白质和多糖之和来表征总 EPS。

污泥预处理和 EPS 提取采用加热离心法（McSwain et al.，2005；蔡春光，2004；张丽丽等，2007）。具体步骤如下：取泥，泥量为烘干后 120～200mg；将样品在 4000r/min 下离心 15min，取上清液检测溶解性 EPS；之后再将样品在 4℃、10 000r/min（Sigma 3218K 型高速离心机）下离心 15min，取上清液检测松散结合型 EPS；重新悬浮在去离子水中，重复上述离心操作；然后将其置于玻璃匀浆器内 4℃下匀浆 5min，使样品均一化（匀浆的目的是让聚合物充分暴露，若为颗粒污泥需要捣碎才能尽可能多地提取 EPS），加入蒸馏水稀释到 40mL，搅匀，放入 80℃水浴锅加热 60min，将样品在 4℃、12 000r/min 下离心 30min，得上清液检测紧密结合型 EPS，过 0.22μm 的滤膜，取样 5mL 左右（同时取 100mL 混合液测定 MLVSS，最终采用单位污泥质量所产生的 EPS 来表征反应器系统中的 EPS 浓度）。

蛋白质的测定采用改良型 BCA 蛋白质测定试剂盒（上海生工：Modified BCA Assay Kit）（Smith et al.，1985），多糖的测定采用蒽酮硫酸法（Koehler，1952）。

EPS 分布的分析方法采用激光扫描共聚焦显微镜（confocal laser scanning microscope，CLSM）（李军等，2008；Garny et al.，2008）。将从反应器中取出的样品放置于液体的冷冻介质（Frozen Section Medium Neg-50，Richard Allan Scientific）中 15～20min，等待冷冻介质完全渗入样品后，将其置于冷冻切片机（Leica，Germany）上快速冷冻。样品污泥可以从赤道横截面方向被切成不同厚度的薄片，也可完整地使用。本试验使用被荧光染料 Alexa-488（Molecular Probes，Eugene，Oregon，USA）标记的稀释比例为 1∶10 的橙黄网胞盘菌凝集素荧光染色剂 AAL-488（Vector，Bulingame，California，USA）对样品污泥中 EPS 成分进行染色。该染色剂荧光的发射波长为 488nm。对于样品污泥中的细菌成分，本试验选用稀释比例为 1∶1000 的核酸染料 Syto 60（Molecular Probes，Eugene，Oregon，USA）。被该染料染色后的细菌会发射出波长为 633nm 的荧光。将染色后的样品放置于一台正置式型号为 TCS SP 的激光共聚焦扫描显微镜（Leica，Germany）下进行观察。EPS 和细菌被染色后的荧光经过激发后分别在 505～545nm、大于 650nm 的波长范围内被捕捉及记录。观察使用的水镜光圈为 20×0.8NA，扫描方向为 XYZ 方式，扫描图像储存为 512 像素×512 像素图片。

（四）其他参数的分析方法

COD、NH_4^+-N、MLVSS、MLSS、SVI 依照《水和废水监测分析方法》（国家环境保护总局《水和废水监测分析方法》编委会，2002）进行测定；污泥外观形态变化采用 Motic 公司的 DMWB1-223PL 型光学显微镜进行观察。

三、结果与讨论

（一）污泥外观形态变化

利用光学显微镜对接种污泥和反应器内的污泥外观形态进行观测与拍照。取运行 24 天、33 天和 72 天的污泥分别代表普通活性污泥期（简称普通污泥）、颗粒污泥形成初期（简称颗粒初期）和颗粒污泥形成稳定期（简称颗粒稳定期）三个阶段。观察接种污泥和三个运行工况下典型污泥的外观形态变化可以发现，接种的城镇污水处理厂污泥是以细小絮体为主的普通活性污泥；SBR 中运行 24 天的污泥出现了一些大的且质轻的菌胶团，但大部分为絮体污泥；运行 28 天后，减少了沉淀时间，轻质絮体污泥容易被洗出，颗粒污泥逐渐形成，第 33 天的污泥已基本颗粒化，平均颗粒粒径为 200μm；46 天后继续减少沉淀时间，颗粒形成更趋于稳定，第 72 天的颗粒污泥相对致密，平均粒径达到 335μm。

（二）污泥浓度和沉降性能变化

随着反应器的运行，MLSS 逐渐增加。在前期普通活性污泥运行阶段，MLSS 缓慢增加至 6.4g/L 左右。沉淀时间减少至 10min，MLSS 呈现快速上升趋势；沉淀时间继续降低至 3min，筛选出沉降速度慢、沉降性能差等不利于出水水质的絮体污泥，此时 MLSS 有所降低，而后缓慢上升直至最后基本稳定在 10g/L 左右。原接种污泥沉降性能差，SVI 为 123.2mL/g，之后 SVI 的曲线一直呈现下降趋势，直至第 28 天，即沉降时间为 10min 后，SVI 迅速下降并渐渐稳定在 50mL/g 附近，进一步将沉降时间缩短后，SVI 随运行时间的延长而继续降低至 40mL/g 附近。随着好氧污泥颗粒化的进程，MLSS 逐渐升高，SVI 逐渐降低，说明了污泥浓度和沉降性能的提高。

（三）颗粒化前后污染物去除对比

颗粒化前后 NH_4^+-N 去除率均接近 100%。随着 NH_4^+-N 快速降低直至为零，亚硝态氮先增加后减少，硝态氮逐渐增加，TN 基本呈现先快速下降后缓慢上升的趋势。颗粒化前后 COD 均呈现先快速下降后略有上升再逐渐下降的趋势，普通活性污泥期的 COD 去除率为 94.1%；好氧颗粒污泥的 COD 去除率为 97.1%，可以看出，普通活性污泥和好氧颗粒污泥在 NH_4^+-N、有机物的去除方面几乎没有区别。

（四）不同类型 EPS 的变化

分析颗粒化过程中总 EPS、溶解性 EPS、松散结合型 EPS 和紧密结合型 EPS 含量的变化发现，曝气末普通污泥、颗粒初期和颗粒稳定期污泥中总 EPS 含量分别为 162.9mg/g、226.8mg/g 和 231.2mg/g，这说明颗粒污泥总 EPS 均比普通污泥高。目前存在的胞外聚合物假说认为，胞外聚合物（EPS）能通过架桥等作用连接和黏附细胞，从而形成颗粒污泥。结合试验结果表明，EPS 在污泥的絮凝性和颗粒结构的稳定性方面都具有重要意义。溶解性 EPS 在普通污泥中数量极少，在颗粒初期污泥中为 67.9mg/g，占总 EPS 的 31.4%，在颗粒稳定期污泥中为 35.3mg/g，占总 EPS 的 22.6%，这表明颗粒污泥中溶解性 EPS 都高于普通污泥，且颗粒形成初期增长明显。在颗粒化过程中存在松散结合型 EPS，但相比总 EPS，松散结合型 EPS 含量较低且变化幅度不大。曝气初期，颗粒污泥中松散结合型 EPS 均高于普通污泥，随着曝气时间的延长，有下降的趋势，在此过程中，松散结合型 EPS 是否被细菌利用、降解或转化成其他物质还有待更进一步的研究。此外，曝气末普通污泥中紧密结合型 EPS 为 161.1mg/g，占总 EPS 的 98.8%；颗粒初期中含有 155.4mg/g，占 68.5%；颗粒稳定期为 178.9mg/g，占总 EPS 的 77.4%。不难看出，三类污泥中 EPS 均以紧密结合型 EPS 为主要成分。对比曝气起点和终点紧密结合型 EPS 变化的幅度发现，普通污泥差值为 50.3mg/g，颗粒初期差值缩小为 15.8mg/g，颗粒稳定期进一步缩小为 6.1mg/g，这说明紧密结合型 EPS 含量在颗粒污泥系统中相对稳定，而普通污泥系统中的 EPS 受沉淀和厌氧期的影响较大，这可能是普通污泥没有颗粒污泥更为密实结构的原因。

（五）EPS 中蛋白质和多糖的变化

分析颗粒化过程中蛋白质和多糖含量的变化发现，普通污泥和颗粒污泥中蛋白质含量均高于多糖，是污泥 EPS 中的主要成分。对比曝气周期终点，普通污泥中蛋白质为 152.2mg/g，占总 EPS 的 93.4%；颗粒初期污泥中蛋白质为 214.3mg/g，占总 EPS 的 94.5%；颗粒稳定期污泥中蛋白质为 215.7mg/g，占总 EPS 的 93.3%。这说明颗粒形成初期蛋白质含量有明显上升，而颗粒初期和颗粒稳定期污泥中蛋白质含量相差不多，较为稳定。观察一个典型周期中蛋白质和多糖的变化趋势可以发现，除颗粒稳定污泥 30min 处蛋白质含量的特例外，蛋白质和多糖的变化趋势都是先降低后上升。蛋白质和多糖在颗粒污泥中的含量都分别高于普通污泥中两者的含量。同时随着污泥的颗粒化，含量较少的多糖一直呈增长的趋势。这是因为胞外多糖本身为高分子黏性物质，可以作为细胞间连接和黏附的基质，促进微生物聚集形成并稳定颗粒的三维立体结构。Tay 等（2004）研究发现颗粒污泥形成过程中多糖含量会随着剪切力的增加而急剧增加，因此认为 EPS 中多糖对颗粒污泥形成起着重要的黏结作用。且有研究表明，蛋白质比多糖更易与金属离子通过静电作用而键合，从而成为影响微生物聚集体形成的关键因素。因此蛋白质和多糖都能促进微生物的聚集，有利于颗粒污泥的形成。

（六）污泥中 EPS 分布的变化

图 3.7 分别为普通污泥时期絮体污泥（a）、颗粒稳定期颗粒污泥表面（b）和颗粒污泥内部纵断面切片（c）的 CLSM 图，图中红色代表细菌，绿色代表 EPS 的分布。从图中可以看出：呈絮体和胶团状的普通污泥，结构相对松散，体积微小，EPS 和细菌的分布较为均匀，两者交织黏结。颗粒污泥体积明显变大，呈现规则球形，表面密实，颗粒表面分布着大量细菌和 EPS，其中细菌的分布面积大于 EPS。颗粒污泥纵断面显示出细菌主要分布在颗粒的表面，在其内部细菌数量明显减少，主要分布的是 EPS。由于颗粒污泥有着比絮体污泥更大的体量和更致密的结构，在颗粒化的过程中，细菌分泌的 EPS 实际上成为细菌相互黏结的类似胶水的物质，有利于颗粒形成和增大。随着颗粒粒径的增加，颗粒污泥中基质传递的阻力也随之增大，细菌不断向表面迁移从而能获得足够的食物和氧，这可能是造成细菌和 EPS 分布变化的主要原因。

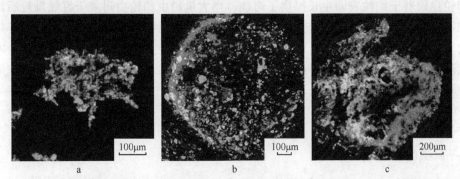

图 3.7　普通污泥和颗粒污泥中细菌与 EPS 的分布变化（彩图请扫封底二维码）

四、结论

（1）相比普通活性污泥，颗粒污泥反应器中的 MLSS 可达到 10g/L，SVI 可达到 40mL/g。两者 COD 和 NH_4^+-N 的处理效率近似。

（2）颗粒污泥中总 EPS 和溶解性 EPS 含量均高于普通污泥，且颗粒形成初期溶解性 EPS 增长明显。颗粒化过程中存在松散结合型 EPS，但含量较低且变化幅度不大。曝气初期，颗粒污泥中松散结合型 EPS 均高于普通污泥，随着曝气时间的延长，有下降的趋势。三类污泥中 EPS 含量均以紧密结合型 EPS 为主要成分。紧密结合型 EPS 含量在颗粒污泥中相对稳定。

（3）普通污泥和颗粒污泥中蛋白质含量均高于多糖，是污泥 EPS 中的主要成分。颗粒形成初期蛋白质含量有明显上升。一个典型周期中蛋白质和多糖的变化趋势普遍是先降低后上升。蛋白质和多糖在颗粒污泥中的含量都分别高于普通污泥中两者的含量。同时随着颗粒化过程，含量较少的多糖一直呈增长的趋势。

（4）CLSM 图像显示，好氧颗粒污泥表面分布着细菌和 EPS，其中心主要分布的是 EPS。

第四节 富含原生动物和后生动物的好氧颗粒污泥

一、引言

在好氧污泥颗粒化过程中，为了形成颗粒，反应器往往设置较短的沉降时间。大量沉降性能较差的污泥絮体和污泥碎片被排出反应器，这也导致出水 SS 较高。而原本可在好氧颗粒污泥系统中生存的原生动物和后生动物又恰好能够有效地控制悬浮絮体及碎片的数量。钟虫和轮虫分别是最具代表性的原生动物和后生动物。其中，钟虫可以依靠柄嵌入颗粒，而轮虫也可以依靠尾部可分泌黏性物质的趾吸附于颗粒表面，即两种微型生物都具有依靠好氧颗粒生存的特性，这为大量钟虫和轮虫附着于颗粒表面生长提供了可能。当大量钟虫和轮虫附着于好氧颗粒后，在不影响好氧颗粒污泥系统正常工作的前提下，能对整个环境中悬浮絮体和碎片的去除保持良好的效果。目前对好氧颗粒污泥中的微型生物研究较少，因此，本试验研究了钟虫和轮虫附着在好氧颗粒污泥上的形态变化及对好氧颗粒污泥沉降性与处理效果的影响（Li et al.，2013）。

二、材料与方法

（一）试验系统的建立

试验采用一套以有机玻璃为材质的 SBR 系统，高为 500mm，内径为 200mm，有效容积约为 11L。通过时控开关控制泵和阀门，实现反应器自动运行。通过水泵进水，在液位控制计的作用下，反应器进满 11L 水后自动停止进水。反应器左侧有一排出水口，可通过改变出水口的位置改变出水量。出水口开关则通过阀门控制，每次出水 7L，即换水率为 7/11。反应器内侧底部设有两个曝气头，定期更换，以免堵塞影响反应正常进行。试验期间，气速基本稳定在 1.2cm/s 左右，曝气之前的溶解氧浓度也基本保持在 3~5mg/L。室内温度长期保持在20~35℃。通过水泵将化粪池内的污水经管道提升至实验室内的水箱，试验用水则从水箱进入。

反应器每天运行 8 个周期，每个周期 3h。单个周期主要包括进水 10min、曝气 120min、沉降 5min、出水 15min 和闲置 30min 5 个过程。由于颗粒污泥沉降性能逐渐提升，在第 33 天将沉降时间从 5min 减为 1min，通过加强选择压选择沉降性能更为优异的好氧颗粒污泥，多余的时间设置为闲置。

（二）污水水质和接种污泥

接种污泥取自杭州某污水处理厂二沉池的回流污泥，属于处理生活污水的活性污泥。污泥中无机质成分较高，颜色呈褐色，SVI 为 103.9mL/g，接种后反应器内的污泥量约为 2000mg/L。

根据进水水质的变化，试验可为两个时期。前 33 天直接使用生活社区内化粪池中的污水进入反应器。虽然污泥已经呈现颗粒化，但是由于化粪池污水含氮量过高，抑制了细菌等微生物对营养物质的吸收和降解，因此水质处理效果较差。33 天后，在进水中添加可溶性淀粉以提高进水碳氮比，此时的水质处理效果迅速得到提升。将大约 90g 的可溶性淀粉和大约 10g 的磷酸二氢钾完全溶解于 60L 原水中，然后用纯水稀释到 500L，添加磷酸二氢钾的目的是将磷恢复到化粪池原水时的浓度。原水水质 COD 为 400～650mg/L，NH_4^+-N 为 100～250mg/L，PO_4^{3-}-P 为 5～12mg/L；调节后的水质 COD 为 250～450mg/L，NH_4^+-N 为 20～30mg/L，PO_4^{3-}-P 为 5～11mg/L。

（三）分析方法

试验中 MLSS、SVI、SS 均采用美国水和废水监测标准方法（APHA，1998）测定；NH_4^+-N 采用纳氏试剂分光光度法；COD 采用重铬酸钾回流法测定。

颗粒污泥的形态特征：从接种污泥到好氧颗粒污泥形成的整个过程中采用 OLYMPUS CX31 型光学显微镜观察，每隔两天取反应器中的混合液进行观察并拍摄照片。采用 XL-30ESEM 扫描电镜观察颗粒的微观形态。

微型生物的计数：从反应器中取部分混合液，在烧杯中混匀。然后使用胶头滴管吸取混合液，滴一滴混合液于载玻片上并令其平铺，减小液面厚度，以利于观察。在显微镜下对微型生物进行计数，重复计数 3 滴混合液，取其平均值，即得一滴混合液中微型生物的数量。计算 1mL 混合液含有的滴数后，可得微型生物的密度，密度单位为 ind/mL（individuals per milliliter）。

颗粒沉降速度测定：选取粒径大小较为典型的颗粒若干，令其在量筒中自由沉降，根据高度和时间可得平均沉降速度。多次测量后其平均值即平均沉降速度，沉降速度单位为 m/h。

使用直接免疫荧光法：通过荧光染色剂对含有细菌的悬浮絮体进行染色，然后令钟虫和轮虫吞食这些经过染色的悬浮絮体，在荧光显微镜下进行观察，如发现钟虫和轮虫体内存在荧光物质，即可判断两种微型生物对悬浮絮体或游离细菌有吞食的能力。本研究采用的荧光染色剂为异硫氰酸荧光素（fluorescein isothiocyanate，FITC）。首先，将 FITC 完全溶于二甲基亚砜（dimethyl sulfoxide，DMSO）溶液，然后用胶头滴管将取自混合液上清液的小的悬浮絮体滴入已经溶解的 FITC 中，在潮湿密闭的恒温培养箱中反应 5h，确保染色剂完成染色。经过三次磷酸缓冲液的冲洗后即可用于试验。用胶头滴管吸取少量已染色的悬浮絮体滴于载玻片上，然后将活的钟虫或轮虫放置于絮体中间，通过 Leica 的 DMI3000B 荧光显微镜拍摄两种微型生物吞食前后的照片，即可证明它们具有吞食能力。由于轮虫具有很强的移动能力，显微镜无法清晰地捕捉，因此，利用轮虫在缺氧情况下容易死亡的特点，拍摄其窒息死亡后的照片。

三、结果与讨论

（一）污泥外观形态变化

根据污泥表观特征如粒径、颗粒形状和颗粒外表等的变化，可将整个颗粒化过程先后分为 6 个阶段，分别为：初始阶段（1～10 天）；无附着颗粒阶段（11～39 天）；富有钟虫的好氧颗粒污泥阶段（40～70 天），如图 3.8 所示；附着钟虫和轮虫的好氧颗粒污泥阶段（71～76 天）；富有轮虫的好氧颗粒污泥阶段（77～102 天），如图 3.9 所示；附着轮虫和钟虫的好氧颗粒污泥阶段（103～110 天）。

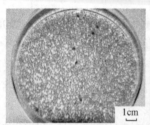

图 3.8　富有钟虫的好氧颗粒（彩图请扫封底二维码）

图 3.9　富有轮虫的好氧颗粒（彩图请扫封底二维码）

初始阶段是从接种污泥开始慢慢呈现颗粒化趋势的过程，整个过程时间较短，说明反应器拥有足够的选择压。附着钟虫和轮虫的好氧颗粒污泥阶段、附着轮虫和钟虫的好氧颗粒污泥阶段两个阶段是两种微型生物之间进行转化的过渡阶段。其中，前者是指以附着钟虫为主的颗粒开始出现轮虫的阶段，后者则是指以附着轮虫为主的颗粒开始慢慢出现钟虫的阶段。除两个过渡阶段外，整个试验过程还形成了三种颗粒污泥，即无附着颗粒、富有钟虫的颗粒和富有轮虫的颗粒。为区分富有钟虫和轮虫的颗粒，将没有微型生物附着的第二个阶段称为无附着颗粒污泥阶段，在此阶段，颗粒污泥逐渐提高颗粒化程度，系统内的颗粒基本实现颗粒化。另外，在试验过程中发现，无附着阶段的颗粒污泥沉降性能良好，5min 的沉降时间无法对颗粒进行选择筛分，因此，在 33 天时将沉降时间改为 1min。富有钟虫的好氧颗粒污泥阶段和富有轮虫的好氧颗粒污泥阶段分别指大量钟虫与轮虫附着在好氧颗粒污泥上的阶段。

无附着颗粒在反应器运行 7 天后开始出现，无附着好氧颗粒污泥即普通的好氧颗粒污泥，具有形状规则（接近球状或椭圆状）、外表平滑、结构致密、沉降性能较好等特点。在 33 天左右测得的无附着颗粒平均粒径为 200μm。

直到 40 天后，附着钟虫的颗粒开始出现。随着钟虫的大量繁殖，运行 55 天的颗粒已有大量的钟虫附着，而游泳型的纤毛虫很少出现。此时颗粒的外表面覆盖了一层簇状的钟虫。

71 天后，随着钟虫的数量锐减，轮虫开始少量出现。此时钟虫和轮虫同时附着于好氧颗粒生长。在 76 天左右，钟虫基本消失，从 92 天的颗粒污泥中可以发现，大量的轮虫附着在颗粒表面，此时的颗粒粒径达到 300μm。

从宏观角度对富有钟虫和富有轮虫的两种好氧颗粒污泥进行观察，可以发现无论是在颗粒的外观形态还是表面光滑度方面都没有太大的区别。

但是通过微观形态的观察可以发现两种颗粒存在十分明显的差别。使用光学显微镜和 SEM 对富有钟虫的颗粒进行观察，可以发现大量钟虫呈簇状植根于好氧颗粒上，有的甚至可以覆盖整个颗粒。可以观察到，轮虫在颗粒上蠕动或者依靠尾部的趾吸附于颗粒上，对颗粒周围的悬浮碎片和游离细菌进行摄食活动。在使用 SEM 观察颗粒形态时，需要对样品进行预处理。钟虫依靠柄根植于颗粒上，而且钟虫质轻，因而不易在预处理过程中被洗出。但是轮虫仅以趾分泌的黏性物质附着在颗粒上，很容易从颗粒上分离出来。因此，富有轮虫的颗粒的 SEM 图中并未出现轮虫。

（二）钟虫和轮虫对污泥的沉降性的影响

试验初期，由于选择压的存在，污泥会被大量排出反应器，出水 SS 高达270mg/L 左右，平均污泥量为 2100mg/L 左右，而 SVI 也随着沉降性能差的污泥排出而降低，接近 75mL/g。随着反应器内的污泥逐渐适应选择压的环境，平均出水 SS 降至 103mg/L 左右，SVI 也随着选择压的作用进一步降低，此时的平均 SVI 约为 63.4mL/g。随着颗粒化进程的加快，平均污泥量从无附着好氧颗粒污泥期的1900mg/L 剧增至将近 3000mg/L，由于钟虫的大量存在，可大量捕食 SBR 系统内小的悬浮絮体和游离细菌，进而使平均出水 SS 降至 84.7mg/L，此时平均 SVI 为

43.9mL/g。SBR 系统内的环境继续变化，使颗粒上附着的钟虫转化为轮虫。与钟虫相比，轮虫具有更强的吞食悬浮絮体的能力和无法忽视的自身重量，使富有轮虫的好氧颗粒污泥阶段的平均污泥量达到 4500mg/L，平均出水 SS 也降至 40.4mg/L，在轮虫密度最高时，出水 SS 可达到最低值（22mg/L），平均 SVI 为 33.9mL/g。

无附着好氧颗粒、富有钟虫的好氧颗粒与富有轮虫的好氧颗粒的平均沉降速度分别为 30.6m/h、20.1m/h 和 38.8m/h。富含钟虫颗粒外部有一层约 200μm 的钟虫覆盖层，在富含钟虫颗粒的沉降过程中发现，钟虫层会出现拖尾现象，增加颗粒的阻力。图 3.10 显示了富有钟虫的好氧颗粒在沉降过程中的形态。为验证附着在颗粒污泥表面的钟虫是否会增加颗粒污泥的浮力而导致沉降性能下降，做了以下试验：在放大镜下使用生物剪去除若干颗粒上的钟虫层，对剪去该层前后的沉降速度进行测量，对比可以发现，剪去钟虫层的颗粒沉降速度平均可提高 6.5%，说明了钟虫大量存在对颗粒的沉降性能有一定的负面影响。轮虫在重量方面要大大高过钟虫，因此，附着在颗粒上的轮虫可增加颗粒的沉降速度，如图 3.11 所示，富有轮虫的颗粒密集地堆积在管底部，具有很好的泥水分离能力。

 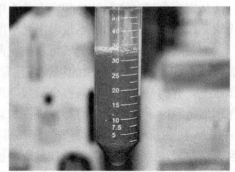

图 3.10　钟虫降低颗粒污泥的沉降性　　　　图 3.11　轮虫提高颗粒污泥的沉降性

（三）钟虫和轮虫对出水水质的影响

图 3.12 为钟虫吞食小的悬浮絮体或游离细菌图。图 3.12a 箭头所示为两个钟虫的虫体，虫体内部无发光物质存在。而在图 3.12b 中，可以明显发现，钟虫的各个虫体内都有发光物质存在，因此认为，钟虫吞食了被 FITC 染色的絮体。相对于钟虫体型较小而不利于观察的特点，轮虫体型较大，而且可以吞食大量的悬浮絮体和细菌，因此，轮虫的吞食过程拍摄得较为清晰完整。轮虫摄食过程如图 3.13 所示，图 3.13a 为进行摄食活动之前的轮虫，体内并未荧光物质。将轮虫放置于经过染色的悬浮絮体中间，发出荧光的绿点即被染色的细菌，如图 3.13b 所示。

从图 3.13c 中可以发现,轮虫肠内已存在许多能发出荧光的物质,证明轮虫能够吞食有细菌附着的小的悬浮絮体。

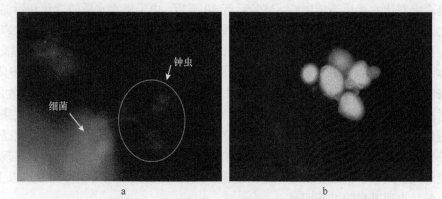

图 3.12 钟虫摄食图(彩图请扫封底二维码)

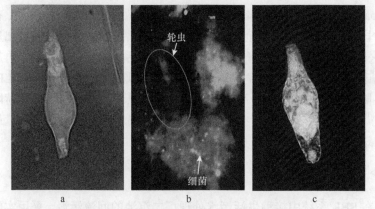

图 3.13 轮虫摄食图(彩图请扫封底二维码)

钟虫、轮虫能够通过对小的悬浮絮体和游离细菌的摄食活动与分泌黏性物质促进絮凝等方式降低出水 SS 及提高澄清度。无附着好氧颗粒污泥阶段的平均出水 SS 为 103mg/L,富有钟虫的好氧颗粒污泥阶段则降为 84.7mg/L,而富有轮虫的好氧颗粒污泥阶段进一步降低至 40.4mg/L。3 个阶段平均出水 SS 的变化说明了钟虫和轮虫具有降低出水 SS 及提高澄清度的作用,而且轮虫相对于钟虫具有更好的效果。除此之外,试验过程中还可以发现,出水 SS 与钟虫或轮虫的密度成反比,即微型生物的密度越大,出水 SS 就越低。当钟虫密度达到最高值即 23 740ind/mL,此时的出水 SS 也就是富有钟虫颗粒阶段的最低值(47mg/L)。当轮虫密度达到最高的 3300ind/mL 时,出水 SS 也达到该阶段最低的 22mg/L。而当钟虫和轮虫的数量分别在 55 天、91 天后开始减少时,出水 SS 出现了明显升高的现象。轮虫的密度要远低于钟虫的密度,但从出水 SS 上看则轮虫的效果明显更好。由此也可以看出，轮虫吞食悬浮絮体和小细菌的能力更强。

本试验通过对 COD 和 NH_4^+-N 的去除效果进行分析，以研究钟虫和轮虫的出现是否会对出水水质造成影响。试验运行 30 天后，由于进水水质的变化和污泥的驯化，COD 和 NH_4^+-N 的处理效率趋于稳定。在钟虫出现之前，COD 的去除率基本维持在 70%～80%，随着钟虫的出现和大量繁殖，COD 去除率有明显的提高，基本维持在 85% 以上，而随着钟虫数量的慢慢减少，COD 去除率突然出现下降。随着钟虫慢慢减少直至消失，紧接着轮虫开始出现并迅速繁殖，形成较大的数量，此时的 COD 去除率又恢复到 85% 以上。可见钟虫和轮虫对提高 COD 去除效果有促进作用，可能是这些微型生物捕食细菌的活动提高了细菌的活性，也可能是由于测试 COD 时，小的悬浮物会影响 COD 最终的测量值，而钟虫和轮虫的出现恰好能够减少这些小的悬浮絮体和游离细菌。NH_4^+-N 去除率始终保持在 90% 以上，钟虫和轮虫对其影响并不明显。

另外，本试验还研究了钟虫和轮虫对污泥量、污泥负荷的影响。污泥负荷率（sludge loading rate，SLR）是指每天每千克污泥所处理的 COD 的质量。在试验运行初始阶段，SLR 有下降的趋势。由于运行初期大量的活性污泥被排出反应器，COD 的去除效率下降。而随着反应器稳定运行，污泥逐渐驯化完成，再加上进水碳氮比的改变，COD 的去除率迅速上升，污泥量则呈缓慢上升，使 SLR 得以迅速上升。随着污泥量的逐渐升高，污泥负荷开始呈现下降趋势，当负荷降低到一定程度时，适合生活于低负荷状态下的轮虫开始出现，负荷率在污泥量最高的轮虫阶段也进一步降低。

四、结论

（1）在 SBR 系统中接种生活污水处理厂二沉池的回流污泥，采用实际生活污水和碳氮比调节，培养出富有钟虫和富有轮虫的好氧颗粒污泥。

（2）大多的钟虫植根于好氧颗粒上，而轮虫则主要附着在颗粒上并依靠颗粒进行捕食、繁殖等活动。受到污泥颗粒化和可利用食物等因素的影响，钟虫和轮虫都各自经历了生长期、旺盛期和衰亡期 3 个阶段。

（3）无附着的好氧颗粒污泥、富有钟虫的好氧颗粒污泥和富有轮虫的好氧颗粒污泥的平均 SVI 分别为 63.4mL/g、43.9mL/g 和 33.9mL/g，沉降速度分别为 30.6m/h、20.1m/h 和 38.8m/h。富有钟虫会导致颗粒污泥的沉降速度下降和 SVI 升高。

（4）大量钟虫和轮虫分泌黏性物质以促进絮凝及对悬浮絮体、游离细菌的摄食活动，可有效降低反应器内的出水 SS 和提高澄清度。钟虫和轮虫的存在可增加细菌活性，对提高出水水质有一定的促进作用。

第五节　好氧颗粒污泥脱水性能

一、引言

好氧颗粒污泥和活性污泥在结构及性质上有一定程度的差别，传统的脱水方法是否适用于好氧颗粒污泥，好氧颗粒污泥深度脱水的机制是什么都有待进一步研究。本研究采用在序批式反应器内培养出的稳定运行的好氧颗粒污泥进行脱水性能试验，将其与普通活性污泥的脱水性能进行对比，并进一步探索好氧颗粒污泥的脱水机制（Yan et al.，2018）。

二、材料与方法

（一）好氧颗粒污泥培养

如图 3.14 所示，反应器采用 SBR 有机玻璃装置，反应器内径 9cm，高度 100cm，有效容积 4.0L，容积交换率为 50%。反应器底部设有曝气砂头，采用空气泵进行曝气，曝气量通过玻璃转子流量计控制，气量控制在 0.15m³/h（表面气速为 0.44cm/s）。反应器运行周期为 160min，即进水 5min、曝气 120min、沉淀 2～15min、出水 5min 及闲置 15～28min。反应器温度控制在（20±5）℃、pH 7.0～7.5。SBR 装置进水和出水由蠕动泵控制，由时控装置实现对运行模式的自动控制。反应器中颗粒污泥从絮体污泥驯化培养而来，试验进水采用人工配制模拟生活污水，以乙酸钠为碳源，氯化铵为氮源，磷酸二氢钾为磷源，主要成分有：NaAc·3H₂O、

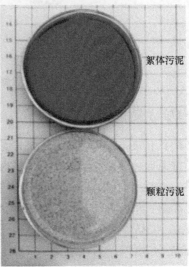

图 3.14　SBR 法培养及试验用颗粒污泥

NH₄Cl、KH₂PO₄、MgSO₄·7H₂O、FeSO₄·7H₂O、CaCl₂，其中 COD 控制在 500～600mg/L，NH_4^+-N 为 25～32mg/L，TP 为 5～8mg/L，适当添加微量元素。培养 70 天之后的颗粒污泥排泥水，用于试验。絮体污泥取自某污水处理厂二沉池。

（二）离心设备

采用实验室低速离心机和特制的离心管进行离心脱水。离心机最高转速 4000r/min，尺寸 350mm×370mm×295mm（$L×W×H$）。离心管为实验室特制，装置如图 3.15 所示，内径 30mm，高度 115mm，分成 3 部分。Part Ⅰ注入离心样品，按需加入压块（压力块），Part Ⅱ为离心管核心部分，底端开有滤孔，须在滤孔上铺设滤布，Part Ⅲ接离心液。

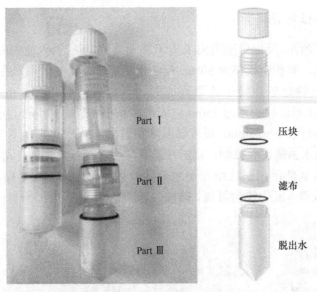

Part Ⅰ

Part Ⅱ

Part Ⅲ

压块

滤布

脱出水

图 3.15　离心脱水试验装置

（三）试验方案

取 6 个 1000mL 的烧杯，分成 A 组和 B 组，A 组为 500mL 颗粒污泥，B 组为 500mL 普通絮体污泥，A、B 组各 6 个试验条件，分别为 A1/A1*、A2/A2*、A3/A3*、B1/B1*、B2/B2*、B3/B3*，带*表示同等试验条件下加压块试验。A1/B1 为原始污泥，A2 和 B2 组各加入 2g/kg 阳离子型高分子絮凝剂聚丙烯酰胺（polyacrylamide，PAM），A3 和 B3 组各加入 4g/kg PAM。测定指标主要有过滤比阻（specific resistance to filtration，SRF）、自由水含量（free water content）、静置过滤（settlement and filtration）、离心脱水（centrifugal dewatering）、胞外聚合物、三维荧光光谱（three dimensional fluorescence spectrum）、含水率（water content）。每组试验样品量为

20g，试验前先快速搅拌 3min，后慢速搅拌 10min。PAM 药品由污水厂提供。试验设三次重复。

1. 比阻（SRF）

比阻是表征污泥过滤性能的综合性指标，它反映了污泥阻扰固液分离倾向的大小。污泥比阻愈大，脱水性能愈差。计算公式如下：

$$r = \frac{2PA^2b}{\mu w} \tag{3.3}$$

式中，r 为比阻；P 为脱水过程中的推动力（N/m²），对于真空过滤脱水 P 为真空形成的负压，对于压滤脱水 P 为滤布施加到污泥层上的压力；A 为过滤面积（m²）；μ 为滤液的黏度（N·S/m²）；w 为单位体积滤液上所产生的干污泥重量（kg/m³）；b 为比阻测定中的一个斜率系数（S/m⁶），其值取决于污泥的性质。准确称取 A1、A3 组和 B1、B3 组的污泥，用以测定比阻。SRF 测定采用布氏漏斗抽滤方法，主要包括布氏漏斗、过滤介质、抽滤器、量筒、真空表和真空泵等部分。主要测定程序参考《自来水厂污泥和污水处理厂污泥掺混的脱水性能研究》（刘流，2015）。

2. 自由水含量

污泥中水的存在形式大致分为结合水（bound water）和自由水（free water），Lee 等（2010）认为污泥经真空抽滤后，剩余水分为结合水。为了测定颗粒污泥中自由水的百分含量，取一定量的样品进行真空抽滤，真空抽滤压强 0.05MPa，抽滤时间 30min，主要设备有真空泵、真空表、抽滤瓶、布氏漏斗（直径 $\varPhi$=12cm），抽滤结束，取出剩余污泥称重，然后放至 105℃烘箱 24h 后测含水率。

3. 静置过滤

污泥中的自由水，不与污泥直接结合，易分离，这部分水占污泥中总含水量的 70%以上，静置过滤主要是分离污泥中的自由水。含水率 90%～99%是污泥的重力浓缩阶段，在该含水率区域内通过浓缩降低污泥的含水率，可大大地减少污泥的体积。试验采用分液漏斗和量筒，分液漏斗放置在量筒上，准确称取 A1 和 B1 组污泥，静置过滤，观察，并记录量筒里的水量随时间的变化情况。直到不再有过滤液渗出，浓缩结束，分析自由水的脱除程度。

4. 离心脱水

浓缩之后，脱除部分自由水，污泥体积仍很大，外运处置仍很困难，需要深度脱除自由水和部分结合水，这部分水分占污泥中总含水量的 15%～25%。机械离心脱水主要是通过水分与污泥颗粒的离心力之差将污泥中的吸附水和毛细水分离出来，污泥则可进一步减量。取 20g A1、A2、A3 组及 B1、B2、B3 组污泥进行不同转速的离心、加压脱水。离心结束，收集离心液及离心污泥。

5. 胞外聚合物

EPS 普遍存在于污泥絮体内部及表面，保护内嵌细胞，拥有巨大的表面积，能束缚大量水分，其结构及束缚在其内部的水分占活性污泥总体积的 80%，在外界作用力下，污泥表面及内部 EPS 脱落，则污泥微生物细胞壁遭到破坏，细胞膜溶解，细胞内物质和水分流出细胞，从而有利于污泥脱水。通常采用 PN 和 PS 之和来表征总 EPS。通过测定不同条件下离心液中的 EPS 组分含量，可分析颗粒污泥结合水的脱水效果。PN 采用考马斯亮蓝法，试管中加自制蛋白质样品 1.0mL，再加入 5.0mL 考马斯亮蓝 G-250 试剂，摇匀，放置 5min 后，在 595nm 波长下比色，根据所测 A595 从标准曲线上查得蛋白质含量。PS 采用硫酸苯酚法测定，测定吸取 0.5mL 样品液于试管中（重复 2 次），加蒸馏水 1.5mL，按顺序向试管内加入 1mL 9%苯酚溶液，摇匀，再加入 5mL 浓硫酸，摇匀，比色液总体积为 8mL，在恒温下放置 30min，显色，在 485nm 波长下比色测定。

6. 三维荧光光谱

三维荧光光谱是一种实用的光谱指纹技术，可以检测到胞外聚合物中不同类型的荧光峰，如类蛋白质和类腐殖酸荧光。离心、加压脱水时，颗粒污泥无机物之间相互研磨，细胞破碎，破裂的细胞会带来不少的类蛋白质类物质。采用荧光光谱技术对污泥胞外聚合物的特性进行研究，有助于分析与污泥脱水性能相关的 EPS 组分溶解过程，从而表征颗粒污泥在外界作用力下的脱水过程。本试验采用上海棱光技术有限公司 F97 荧光分光光度计对液体中的胞外聚合物进行分析。三维荧光光谱以 5nm 为增量从激发波长 240nm 扫描到 340nm，以 2nm 为增量从发射波长 280nm 扫描到 360nm，扫描速度为 2000nm/min，响应时间为 0.2s，采用 origin8.0 对光谱图进行数据分析。

7. 污泥的含水率

采用干燥称重法进行测定。取一个干燥的坩埚，在 105℃温度下烘 2h，在干燥器中冷却 0.5h，称重记为 M，取适量颗粒污泥放在干燥的坩埚内，称重记为 M_1，放入烘箱内 105℃烘干 24h，拿出后放置在干燥皿中冷却，称重记为 M_2，即可计算得到含水率 C

$$C=(M_1-M_2)/(M_1-M)\times100\% \tag{3.4}$$

8. 其他

颗粒污泥性能指标测定：MLSS、SVI 及颗粒污泥的沉降速度等采用《水和废水监测分析方法》（国家环境保护总局《水和废水监测分析方法》编委会，2020）进行测定。

污泥形态及粒径：污泥形态的变化采用数码相机和 Motic 公司的 OLYMPUS

CX31 型光学显微镜观察并拍照。污泥粒径采用 Motic 生物显微镜拍照处理。

三、结果与讨论

（一）颗粒污泥理化特性

试验结果表明，好氧污泥颗粒化是一个渐进的过程，它从黄褐色的絮体污泥，逐渐聚集成有清晰轮廓的颗粒，进一步形成平均粒径为 2mm 的颗粒，最终成为成熟的颗粒。通过 70 天运行后，试验培养出的成熟的好氧颗粒污泥呈球形或椭圆形，有时因被拉长而呈现杆状，颜色为橙黄色，稳定状态下形成的颗粒光滑、致密，颗粒直径大多为 0.3～5mm，纵横比为 0.72，形状系数稳定在 0.43，比重为 1.017 左右，含水率 97.0%～98.5%，MLSS 为 4.04～6.88g/L，SVI 为 45～47mL/g，好氧颗粒污泥浓度保持在 6.5～7.1g/L。颗粒污泥的沉降速度为 20～40m/h，约为絮体污泥（8～10m/h）的三倍。

（二）颗粒污泥的脱水性能

1. 比阻

SRF 值越小，其脱水性能越好，一般来说，比阻小于 0.4×10^{13} m/kg 为易过滤污泥，$(0.5 \sim 0.9) \times 10^{13}$ m/kg 为较难过滤污泥，比阻在 1×10^{13} m/kg 以上污泥脱水时处理起来较困难。试验中，A1 是原始污泥，不加调理剂的颗粒污泥，试验测定比阻为 $(2.52 \pm 0.02) \times 10^{9}$ m/kg，B1 是不加调理剂的絮体污泥，试验测定比阻为 $(1.23 \pm 0.03) \times 10^{14}$ m/kg。可以看出，颗粒污泥的比阻远小于絮体污泥，与前面比阻的经验值相比较，颗粒污泥属于脱水性能比较好的污泥。A3 为加入 40mg/L PAM 脱水调理剂之后的颗粒污泥，试验测定比阻为 $(1.98 \pm 0.05) \times 10^{9}$ m/kg，B3 为 40mg/L PAM 脱水调理剂之后的絮体污泥，试验测定比阻为 $(1.69 \pm 0.08) \times 10^{13}$ m/kg。由此可见，成熟颗粒污泥脱水，归因于其自身比重大，粒径大，无需添加调理剂，其污泥比阻就属易过滤污泥范围内，加入调理剂之后，比阻变化不明显，进一步证明颗粒污泥属于脱水性能较好的污泥，且比普通污泥更易脱水。

2. 自由水

试验表明，颗粒污泥的自由水量占污泥总水量的绝大部分。通过对 30.0g 好氧颗粒污泥进行抽滤，抽滤后颗粒污泥重量为 8.6g，烘干后颗粒污泥重量为 0.6g，则颗粒污泥总水量为 29.4g，颗粒污泥含水率为 98.0%，自由水量=污泥总量-抽滤后湿污泥量，值为 21.4g，即颗粒污泥自由水量为 21.4g，占总水量的 72.7%，由此推算出颗粒污泥结合水量为 8.0g，占 27.3%。可见，颗粒污泥中的自由水含量比值不低，这有助于污泥的脱水。

3. 静置过滤

好氧颗粒污泥和絮体污泥的滤纸过滤对比如图3.16所示,好氧颗粒污泥通过滤纸的过滤速度明显快于絮体污泥的过滤速度。15min时,颗粒污泥过滤液平均值是7.29mL,过滤几乎无自由水渗出,絮体污泥漏斗里的液面明显(图3.16c),但下滴速度缓慢,污泥过滤液平均值是3.5mL。1h后,颗粒污泥过滤液平均值是7.8mL,絮体污泥过滤液平均值是4.8mL。试验结束,20.1g颗粒污泥总水量为19.7g,自由水量13.9g,静置出的自由水量占总水量的37.0%,占总自由水量的50.9%,测得两种污泥的含水率,颗粒污泥的平均含水率是97.1%,絮体污泥的平均含水率是98.2%,约相差一个百分点。由此可见,相同质量的两种污泥同时浓缩脱除自由水,颗粒污泥脱除自由水的速度及数量的优势都明显大于絮体污泥。这归因于好氧颗粒污泥湿密度大,本身含水率就较低,从结构上来看,颗粒污泥的形成改变了污泥团的含水构成,增加了易脱除的自由水比例。此外,成熟颗粒污泥粒径较大,平均粒径为2~2.5mm,因而比表面积小,相应的吸附水含量较少。一般来说,污泥结构细小或者污泥颗粒直径越小,絮体及污泥含有的胶体颗粒越多,即有机质含量越高,污泥越难脱水,反之,越有利,好氧颗粒污泥自由水过滤性比絮体污泥更好。由此可见,颗粒污泥的自由水脱除量更大,更有利于污泥体积的减少,通常在重力作用下通过浓缩可部分分离。

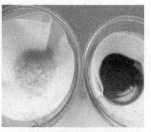

a. 污泥过滤 1min　　　　　　b. 污泥过滤 5min　　　　　　c. 污泥过滤 15min

图3.16　好氧颗粒污泥和絮体污泥的滤纸过滤对比(彩图请扫封底二维码)

4. 离心脱水性能

一般情况下,附着水(污泥颗粒表面的水膜)和毛细水(占污泥水分的10%~20%)与污泥之间的结合力较强,需要通过外力如机械脱水进行分离。从试验结果可以看出,颗粒污泥的可脱水性均明显高于絮体污泥。A1组离心后,含水率为87.3%,B1组含水率为94.2%;对两种污泥离心时加入压力块,A1*组离心后污泥泥饼含水率剧减,从87.1%降低到82.1%,B1*组离心后泥饼含水率仍然在90%以上,说明外加压力块对颗粒污泥的脱水效果更明显。加入2g/kg化学调理剂PAM,对污泥进行调理离心,A2组离心后泥饼含水率在84.1%左右,与不加PAM相比下降不明显，但 B2 泥饼含水率下降明显，从 94.3%下降到 85.2%，加上压力块之后，A2*组污泥的含水率在 80.2%左右，B2*组污泥的含水率在 82.3%。加入 4g/kg 化学调理剂 PAM 及压力块，A3 及 A3*组污泥泥饼含水率有所下降，但与 A2 及 A2*组效果差别不大，而 B3 及 B3*组污泥泥饼含水率下降明显。由此可见，颗粒污泥的内部结构密实，加上离心力的存在，脱水时颗粒之间互相挤压，使污泥中的水分能够充分地释放出来；外加压力块之后，颗粒之间的挤压力更大，更多的间隙水被挤压出来，从而提高了脱水性能。因此，颗粒污泥脱水时没有 PAM 调理，仍然可以达到很好的脱水效果，从而可以节省 PAM 用量。

（三）颗粒污泥脱水过程中 EPS 组分的变化

EPS 组分的变化反映颗粒污泥结合水的脱除情况。EPS 组分作为微生物活动的产物，像胶囊一样包围在细菌的周围且不断向溶液中分泌黏性聚合物，高含水率的胞外聚合物虽然为微生物提供了良好的保护，但增加的结合水成为污泥脱水的一大障碍，使得更多的水分嵌入污泥絮体中很难通过机械过滤将其去除。因此，分析颗粒污泥离心脱水时离心液中 EPS 组分的含量变化，可以进一步评估颗粒污泥的脱水性能。

通过对颗粒污泥离心液中的 EPS 组分含量进行测定，结果表明机械离心可使颗粒污泥中 EPS 组分剥落溶解。在原始污泥静置未离心的状况下，取上清液测定，发现上清液中有少量的 EPS 组分存在，进一步分析只有少量的 PN，没有 PS。随着离心转速的增加，从 1500r/min 增加到 4000r/min，离心液中 EPS 组分有少许增加，PN 从 4.0mg/L 增加到 5.0mg/L，PS 从 2.0mg/L 增加到 2.5mg/L。对颗粒污泥中加入 PAM 调理剂前后进行离心，两者离心液中的 PN 和 PS 含量相差不大，进一步说明，PAM 对颗粒污泥的脱水调理效果不明显。当加入压块时，离心液中的 EPS 组分含量增加明显，说明压块加大了对颗粒污泥细胞间的研磨，以及细胞破壁导致细胞内物质流出。从上述试验可以得出，离心加压后，离心液中胞外聚合物含量逐渐增加，说明颗粒污泥在外力作用下，结构内部的无机质之间相互摩擦与压榨造成颗粒污泥中细胞的破裂，有利于释放出颗粒污泥中的结合水。

（四）三维荧光光谱指纹表述污泥脱水过程

利用三维荧光测定颗粒污泥和絮状污泥的离心液中的荧光强度值，如图 3.17 所示。静置上清液中无荧光值，表示两种污泥沉淀静置时，没有类蛋白质类物质（a_1、b_1）溶出。当 4000r/min 离心 20min 后（a_2、b_2），两种污泥离心液出现不同的荧光值，颗粒污泥离心液中的荧光强度高于絮状污泥离心液，说明离心时，由于颗粒污泥相互间的挤压作用，部分类蛋白质类物质脱离。加压块 4000r/min 离心 20min 后（a_3），颗粒污泥离心液中的荧光物质增加明显，观察离心后的颗粒污泥，生物颗粒开始变形，并且有少量的颗粒破碎，造成离心液中类蛋白质类物质增加。

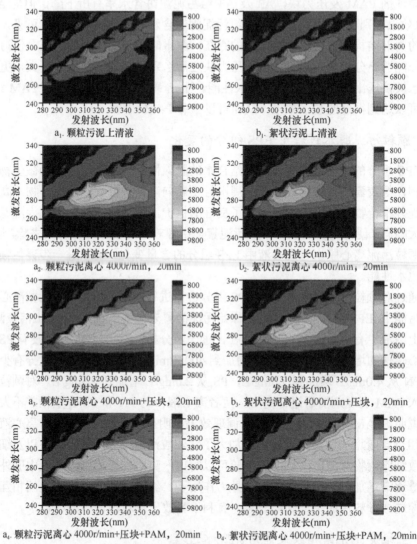

a_1. 颗粒污泥上清液　　　　　　　　　　b_1. 絮状污泥上清液

a_2. 颗粒污泥离心 4000r/min，20min　　　　b_2. 絮状污泥离心 4000r/min，20min

a_3. 颗粒污泥离心 4000r/min+压块，20min　　b_3. 絮状污泥离心 4000r/min+压块，20min

a_4. 颗粒污泥离心 4000r/min+压块+PAM，20min　b_4. 絮状污泥离心 4000r/min+压块+PAM，20min

图 3.17　颗粒污泥及絮状污泥上清液和压滤液中类蛋白质类物质三维荧光强度变化
（彩图请扫封底二维码）
激发和发射波长分别为 275~300nm、310~330nm

在离心加压脱水的过程中，颗粒污泥结构中的矿化无机物在相互摩擦与压榨作用下形成应力，研磨颗粒细胞，在压滤的过程中能使类蛋白质类物质与颗粒污泥分离，同时在挤压过程中，这些颗粒无机质能够形成良好的脱水通道和多晶网状结构，使污泥细胞中的水分能够充分地释放出来。絮体污泥离心液中也出现荧光物质（b₃），但非常微小，说明加压块对絮状污泥的离心脱水效果不明显。加压块同时加 4g/kg PAM 对两种污泥进行调理后，4000r/min 离心 20min（a₄），颗粒污泥离心液中荧光强度增加不明显，但絮体污泥离心液中荧光强度增加明显。再一次说明离心脱水时，化学调理剂对颗粒污泥的调理效果不明显。由此可见，颗粒污泥的内部矿化无机质在离心过程中，有助于破碎细胞，好氧颗粒污泥可以更快和更多地脱出类蛋白质类物质，同时形成脱水通道，从而更有利于压榨释放出胞内胞外结合水。

四、结论

（1）颗粒污泥比阻远小于絮体污泥，脱水性能总体上好于常规絮体污泥。

（2）颗粒污泥的结构有别于絮体污泥，因此颗粒污泥脱水机制和方法不同于絮体污泥：①自由水很快被脱除，因为颗粒污泥结构的特殊性，自由水与颗粒污泥的结合力相对较小，通常在重力作用下通过过滤可以很迅速地脱除大部分自由水；②脱除颗粒污泥结合水要借助于外力，在压榨条件下协同颗粒内部结构也能很快脱除。

（3）颗粒污泥脱水方式应不同于絮体污泥，建议先通过低压过滤脱除自由水，后期加压过滤脱除结合水。

第六节　好氧颗粒污泥的储存特性变化

一、引言

好氧颗粒污泥储存技术对颗粒反应器暂停运行后的活性恢复及颗粒运输至关重要。已有学者对好氧颗粒污泥的常温储存、低温储存、低温营养液储存和脱水储存等开展了相关研究（赵珏等，2018；Wang et al.，2008；Gao et al.，2012；Hu et al.，2016），但对采用实际低碳源废水培养出的好氧颗粒污泥的储存研究仍较少，同时采用连续流工艺恢复储存好氧颗粒污泥活性的研究也鲜有报道。本研究针对实际低碳源废水培养出的好氧颗粒污泥，采用常温清水储存的方法，考察储存后的好氧颗粒污泥在双区沉淀池连续流反应器（DST-CFR）中活性恢复的效果，为好氧颗粒污泥技术的发展提供技术支持（邹金特等，2018）。

二、材料与方法

（一）好氧颗粒污泥的储存

试验采用的好氧颗粒污泥由实际低碳源废水培养而成，其污泥特征和处理效果见 Zou 等（2018）。储存好氧颗粒污泥的方法如下：将培养出的好氧颗粒污泥仍置于原反应器中，待曝气池污泥完全沉淀后排去上清液，并用等体积的清水进行置换，使好氧颗粒污泥静置沉淀在清水中，然后放置在室温下保存 60 天。本试验采用的清水为放置 7 天的自来水，余氯含量基本为 0mg/L。好氧颗粒污泥室温储存期间水温在 20～30℃。

（二）好氧颗粒污泥的恢复

1. 试验装置及运行条件

本试验采用双区沉淀池连续流反应器，其有效容积为 26.8L，由 1 个曝气池（长 40cm、宽 15cm、高 49cm）、1 个回流区（长 7.5cm、宽 4cm、高 49cm）和 1 个双区沉淀池（双区体积相同，长 15cm、宽 15cm、高 39cm）组成。反应器运行方式和条件见 Zou 等（2018）。恢复过程中，反应器的运行方式与颗粒培养过程相同，具体为：进水流量 24.5mL/min，好氧池曝气量 $0.4m^3/h$，回流区曝气量 $0.1m^3/h$，试验温度为 20～30℃。恢复试验的水力停留时间约为 18h，通过排出第二沉淀池中的污泥来维持反应器一定的污泥浓度。

2. 试验用水

好氧颗粒污泥活性恢复试验采用的进水为浙江某污水处理厂水解酸化池中的实际出水，该厂进水由 25% 的生活污水和 75% 的工业废水组成，其中工业废水主要来自化工、纺织、皮革和印染等行业。具体水质指标如下：COD 为（120±27）mg/L，NH_4^+-N 为（20±3）mg/L，PO_4^{3-}-P 为（3±2）mg/L，BOD_5/COD 为 0.38±0.08。活性恢复试验的水质与颗粒培养阶段基本相同（Zou et al.，2018），有机负荷为（0.16±0.05）kg/（$m^3 \cdot d$）。

3. 分析项目及测试方法

MLSS、MLVSS、SVI、COD 和 NH_4^+-N 采用标准分析方法测定（APHA，1998）。好氧颗粒污泥的粒径采用 Motic 生物显微镜拍照法测定。污泥的比好氧速率（specific oxygen uptake rate，SOUR）采用 Liu 等（2011）中的方法测定。其中，$SOUR_H$ 表示异氧菌的代谢活性；$SOUR_{AOB}$ 表示氨氧化菌的代谢活性；$SOUR_{NOB}$ 表示亚硝酸盐氧化菌的代谢活性；$SOUR_T$ 表示总的代谢活性。活性测试的污泥分别为恢复前（清水储存 60 天）的好氧颗粒污泥和恢复后（反应器运行 20 天）的好氧颗粒污泥。

好氧颗粒污泥储存前、恢复前和恢复 30 天的微生物种群分布采用高通量测序获得。测序样品送浙江天科高新技术发展有限公司进行分析测试，具体流程如下：选用 PowerSoil™ DNA 分离试剂盒（MoBio，U.S.）提取污泥 DNA，并对细菌 16S 的 V3 和 V4 区进行 PCR 扩增，引物为 341F（5'-CCTACGGGNGGCWGCAG-3'）

和 805R（5'-GACTACHVGGGTATCTAATCC-3'）。扩增程序如下：98℃预变性 1min；然后 98℃变性 10s，50℃退火 30s，72℃延伸 30s，循环 30 次；最后 72℃延伸 5min。PCR 反应体系如下：2×Phusion Master Mix 15μL，上下游引物（2μmol/L）各 3μL，DNA 模板（1ng/μL）10μL，H₂O 2μL。PCR 产物使用 2%的琼脂糖凝胶进行电泳检测。根据 PCR 产物浓度进行等浓度混样，充分混匀后使用 1×TAE、浓度 2%的琼脂糖凝胶电泳纯化 PCR 产物，选择主带大小为 400~450bp 的序列，割胶回收目标条带，产物用 GeneJET 凝胶回收试剂盒（Thermo Scientific，U.S.）回收。使用 New England Biolabs 公司的 Next® Ultra™ DNA Library Prep Kit for Illumina 建库试剂盒进行文库的构建，构建好的文库经过 Qubit 定量和文库检测，合格后使用 Miseq 进行上机测序。

三、结果与讨论

（一）好氧颗粒污泥的特征变化

　　常温储存 60 天后好氧颗粒污泥活性恢复过程中污泥形态的变化情况如图 3.18 所示，好氧颗粒污泥的颜色由黄褐色变成浅黑褐色，这可能是由于常温储存期间污泥长期处于厌氧饥饿状态，微生物厌氧内源呼吸释放的硫化物形成沉淀沉积在颗粒表面。但常温储存期间，颗粒结构基本完整，并没有观察到明显的解体现象。反应器恢复运行 7 天后，曝气池中的好氧颗粒污泥轮廓清晰，结构形态良好，活性恢复过程中并未发生明显的破损现象。由图 3.18c~h 可知，活性恢复过程中，双区沉淀池连续流反应器中的颗粒粒径逐渐增大，在 52~61 天，曝气池中好氧颗粒污泥的平均粒径在 200~250μm。

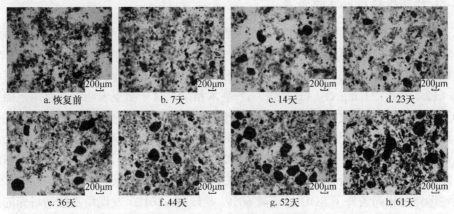

图 3.18　常温储存 60 天后好氧颗粒污泥活性恢复过程中污泥形态的变化

　　双区沉淀池能够在普通的连续流反应器中创造沉淀选择压，使沉降性能好的颗粒污泥留在第一沉淀区（通过回流返回好氧池），沉降性能较差的絮体污泥留在第二沉淀区（作为剩余污泥排出），因此长期运行能够促进好氧污泥颗粒化，这与我们前期的研究成果一致（Zou et al.，2018）。本试验好氧颗粒污泥粒径较小，主要是由于进水的有机负荷极低为（0.16±0.05）kg/（$m^3 \cdot d$），微生物生长缓慢。污泥形态变化的结果表明，采用实际低碳源废水在双区沉淀池连续流反应器中培养出的好氧颗粒污泥，经过 60 天的常温清水储存，在恢复运行后，颗粒形态能快速恢复，颗粒稳定性较佳，长期运行能提高颗粒化程度。

在好氧颗粒污泥活性恢复过程中，从 MLSS、MLVSS 和 SVI 的变化中可以发现，反应器恢复运行初期，好氧颗粒污泥的 MLSS、MLVSS 和 SVI 分别为 4740mg/L、1836mg/L 和 12.7mL/g，与好氧颗粒污泥常温储存前（分别为 4960mg/L、2176mg/L 和 24.2mL/g）相比均有所降低，这主要是由于好氧颗粒污泥常温清水储存期间，污泥处于长期的厌氧饥饿状态，微生物内源呼吸导致污泥浓度有所下降。好氧颗粒污泥活性恢复过程中，MLSS 在运行前 37 天逐渐降低至 2646mg/L，然后慢慢上升到 3200mg/L 左右。MLVSS 的变化与 MLSS 的类似，运行前 40 天呈现小幅下降的趋势（从 1836mg/L 降低至 1276mg/L），然后逐渐升高到 1800mg/L 左右。这一结果表明，常温清水储存导致的长期厌氧饥饿会使好氧颗粒污泥活性恢复过程中污泥浓度出现下降，但在微生物适应环境后污泥浓度能逐渐恢复，在活性恢复过程中，污泥浓度整体不高，主要是由于本试验采用实际低碳源废水，进水有机负荷仅为（0.16±0.05）kg/（$m^3 \cdot d$）。此外，在整个试验过程中，好氧颗粒污泥的 SVI 值基本都低于 20mL/g，这表明恢复过程中好氧颗粒污泥始终保持着良好的沉降性能。

（二）好氧颗粒污泥活性恢复

常温清水储存60天的好氧颗粒污泥活性恢复前后的SOUR变化情况如表3.3所示，由表可知，恢复前好氧颗粒污泥的 $SOUR_T$ 为（10.44±0.54）mg O_2/（g VSS · h）；恢复运行 20 天后，$SOUR_T$ 上升到（12.38±0.02）mg O_2/（g VSS · h），这与储存前的（12.43±0.12）mg O_2/（g VSS · h）基本相同。这一结果表明，常温清水储存 60 天的好氧颗粒污泥恢复运行后能很快恢复污泥活性。此外，从 $SOUR_T$ 的变化中可以发现，常温清水储存 60 天后好氧颗粒污泥的活性下降，仅为 16%，这一结果与之前的文献报道不同。Tay 等（2002）的研究结果显示，采用乙酸钠培养的好氧颗粒污泥在 4℃下储存 4 个月后 $SOUR_T$ 下降90%，而采用葡萄糖培养的好氧颗粒污泥在相同条件下 $SOUR_T$ 下降60%。赵珏等（2018）发现用乙酸钠培养的好氧颗粒污泥在常温（8～25℃）敞开下储存 50 天后 $SOUR_T$ 下降74%。He 等（2017）的研究表明，采用乙酸钠培养的好氧颗粒污泥在长期的室温闲置下（58 天，15℃），$SOUR_T$ 会降低 32%左右。本试验常温清水储存 60 天污泥活性下降较小的主要原因是储存的好氧颗粒污泥采用实际低碳源废水在极低有机负荷下培养而来，其 $SOUR_H$[（3.07 ± 0.27）mg O$_2$/（g VSS·h）]远低于人工配水培养的好氧颗粒污泥的 $SOUR_H$[约为 25mg O$_2$/（g VSS·h）]，因此储存期间异养微生物的活性下降较小[（1.74 ± 0.03）mg O$_2$/（g VSS·h）]，致使整体污泥活性下降较小。此外，本试验所用的实际低碳源废水含有较多工业废水，导致由该废水培养成的好氧颗粒污泥对不利环境的抵抗能力较强，这可能也是储存期间污泥活性下降较小的一个原因。

表 3.3　双区沉淀池连续流反应器恢复运行前后好氧颗粒污泥的活性变化情况

污泥种类	$SOUR_T$ [mg O$_2$/（g VSS·h）]	$SOUR_H$ [mg O$_2$/（g VSS·h）]	$SOUR_{AOB}$ [mg O$_2$/（g VSS·h）]	$SOUR_{NOB}$ [mg O$_2$/（g VSS·h）]
恢复前污泥	10.44 ± 0.54	1.74 ± 0.03	3.10 ± 0.28	5.61 ± 0.24
恢复后污泥	12.38 ± 0.02	3.07 ± 0.27	3.59 ± 0.14	5.73 ± 0.12

由表 3.3 可知，恢复运行前好氧颗粒污泥的 $SOUR_{AOB}$ 和 $SOUR_{NOB}$ 分别为（3.10 ± 0.28）mg O$_2$/（g VSS·h）和（5.61 ± 0.24）mg O$_2$/（g VSS·h）；恢复运行20 天后，$SOUR_{AOB}$ 和 $SOUR_{NOB}$ 分别小幅升高至（3.59 ± 0.14）mg O$_2$/（g VSS·h）和（5.73 ± 0.12）mg O$_2$/（g VSS·h）。这一结果表明，常温清水储存 60 天后 AOB 和 NOB 的活性下降较小，恢复运行后污泥的硝化能力很快恢复。硝化细菌是自养细菌，其在厌氧饥饿条件下的活性衰减速率小于异养细菌，这可能是导致储存期间硝化细菌活性下降较小的一个原因。此外，由于硝化细菌和异养细菌会对溶解氧产生竞争，在高有机物浓度下硝化细菌的活性会被抑制，而本试验采用的实际低碳源废水有机物浓度较低，对硝化细菌的活性影响较小，这可能是恢复运行后好氧颗粒污泥硝化能力很快恢复的一个原因。总体上，从污泥活性变化的结果可知，实际低碳源废水培养出的好氧颗粒污泥常温清水储存后污泥活性下降较低，反应器恢复运行后污泥活性恢复较快，具有较强的适应性。

（三）好氧颗粒污泥处理效果恢复

从好氧颗粒污泥活性恢复过程中 COD 的去除效果可以发现，反应器的出水 COD 整体呈减小趋势，至恢复运行 11 天后，出水 COD 基本小于 60mg/L。由前期培养阶段的数据可知，成熟颗粒稳定运行阶段平均出水 COD 及其去除率分别为 59mg/L 和 38%。而本试验恢复运行 11 天后平均出水 COD 及其去除率分别为 53mg/L 和 52%，甚至优于储存前好氧颗粒污泥对 COD 的去除效果。这一结果表明，采用实际低碳源废水在双区沉淀池连续流反应器中培养出的好氧颗粒污泥，经过 60 天的常温清水储存，在恢复运行 11 天后，反应器对 COD 的去除效果即能完全恢复。恢复阶段实际低碳源废水平均 BOD$_5$/COD 为 0.38，略高于培养阶段的平均值（0.33），这是恢复阶段 COD 去除效果较好的一个原因。此外，好氧颗粒污泥密实的结构使得其对有毒物质具有一定的抵抗能力，长期运行有利于提高难降解废水中 COD 的去除效果。

从好氧颗粒污泥活性恢复过程中 NH_4^+-N 的去除效果可以看出，出水 NH_4^+-N 在恢复运行初期快速下降，至恢复运行 5 天后，出水 NH_4^+-N 均小于 2mg/L。由前期培养阶段的数据可知，成熟颗粒稳定运行阶段平均出水 NH_4^+-N 及其去除率分别为 1.2mg/L 和 93%。而本试验恢复运行 5 天后平均出水 NH_4^+-N 及其去除率分别为 0.7mg/L 和 96%，略优于储存前好氧颗粒污泥对 NH_4^+-N 的去除效果。这一结果与前文硝化细菌活性分析的结果相一致，进一步表明实际低碳源废水培养出的好氧颗粒污泥常温清水储存 60 天对其硝化细菌活性的影响较小，且恢复运行 5 天后就能恢复污泥的硝化能力。

（四）好氧颗粒污泥微生物菌群变化

对好氧颗粒污泥储存前、恢复前和恢复 30 天的微生物菌群进行门水平上的分析，发现变形菌门 Proteobacteria 和拟杆菌门 Bacteroidetes 在储存前的污泥样品中丰度分别为 66.3%、9.1%，而在恢复前的污泥样品中丰度分别下降至 54.2% 和 5.7%，通过 30 天的恢复运行，其丰度分别上升至 69.0% 和 9.8%。这一结果与文献报道的结果一致，即 Proteobacteria 和 Bacteroidetes 在污水生物处理工艺中占主要地位，其丰度随着处理效果的提高而增加（侯爱月等，2016；Wagner et al.，2002）。此外，在储存前和恢复运行 30 天的污泥样品中，厚壁菌门 Firmicutes（1.1%和 2.6%）、放线菌门 Actinobacteria（5.1%和 3.8%）、芽单胞菌门 Gemmatimonadetes（2.1%和 2.5%）、绿弯菌门 Chlorolexi（2.2%和 1.5%）、绿菌门 Chlorobi（1.1%和 0.6%）、奇古菌门 Thaumarchaeota（0.6%和 0.1%）、螺旋体门 Spirochaetae（0.1% 和 0.1%）的丰度差别均不大；而对比恢复前的污泥样品（常温清水储存 60 天），其相应门水平上的丰度（3.3%、8.0%、5.7%、4.8%、3.8%、2.2%和 1.7%）均出现了升高。这一结果表明，实际低碳源废水培养成的好氧颗粒污泥在常温清水储存 60 天后，其微生物菌群在门水平上发生了较为明显的变化。

进一步分析好氧颗粒污泥储存前、恢复前和恢复 30 天微生物菌群在属水平上的相对丰度变化可以发现，储存前的污泥样品中主要的属是 Nitrospira（3.6%）、Hyphomicrobium（1.4%）、Elioraea（1.3%）和 Variibacter（1.2%）；恢复前的污泥样品中主要的属是 Hyphomicrobium（3.1%）、Nitrospira（2.6%）、Variibacter（2.1%）、Candidatus_Nitrososphaera（2.0%）、Ignavibacterium（1.9%）和 Denitratisoma（1.1%）；而恢复 30 天的污泥样品中主要的属是 Nitrospira（4.0%）、Pseudorhodoferax（2.1%）、Woodsholea（2.0%）、Hyphomicrobium（2.0%）、Denitratisoma（1.5%）、OM27_clade（1.5%）、Variibacter（1.2%）和 Elioraea（1.1%）。相比储存前和恢复 30 天的污泥样品，恢复前的污泥样品（常温清水储存 60 天）中 Hyphomicrobium、Variibacter、Ignavibacterium 和 Candidatus_Nitrososphaera 的丰度明显增加；而 Nitrospira、

Elioraea、OM27_clade 和 *Ramlibacter* 的丰度则明显下降。*Hyphomicrobium* 和 *Ignavibacterium* 被认为与反硝化相关，是一类兼氧或厌氧菌（裘湛，2017；Li and Lu，2017），其丰度的升高可能是由于常温储存期间颗粒污泥处于厌氧状态。*Candidatus_Nitrososphaera* 被认为是一类氨氧化古菌，更适应贫营养环境（Wu et al.，2017），而 *Variibacter* 从土壤中分离而来（Kim et al.，2014），在废水生物处理中报道极少，这两属在常温储存期间丰度的升高还需进一步研究。*Nitrospira* 是常见的硝化细菌，其在恢复前的污泥样品中丰度为 2.6%，恢复运行 30 天后提高至 4.0%，这表明实际低碳源废水培养出的好氧颗粒污泥常温储存 60 天后硝化细菌的丰度下降较小，恢复运行后其丰度又能很快恢复，这与前文对硝化细菌的活性分析结果一致。此外，有文献报道 *Elioraea*（Albuquerque et al.，2008）和 *Ramlibacter*（Lee et al.，2014）均为好氧菌，表明其丰度在常温储存期间的下降可能是由于污泥处于厌氧状态。

四、结论

（1）采用实际低碳源废水在双区沉淀池连续流反应器中培养出的好氧颗粒污泥，经过 60 天的常温清水储存后，颗粒颜色变成浅黑褐色，但颗粒结构完整，并未出现明显解体；污泥浓度出现小幅降低，但沉降性能保持良好；污泥活性整体降低较小，尤其是硝化细菌活性；污泥菌群结构发生变化。

（2）在恢复运行后，颗粒形态恢复快且良好，长期运行粒径增大明显；污泥沉降性能始终保持良好，污泥活性恢复较快；运行 11 天后 COD 处理效果完全恢复，运行 5 天后 NH_4^+-N 处理效果完全恢复。常温清水储存实际低碳源废水培养出的好氧颗粒污泥不但操作方便，而且反应器能快速恢复稳定运行，具有显著的实际应用价值。

参 考 文 献

国家环境保护总局《水和废水监测分析方法》编委会. 2002. 水和废水监测分析方法. 4 版. 北京: 中国环境科学出版社.

侯爱月, 李军, 王昌稳, 等. 2016. 不同好氧颗粒污泥中微生物群落结构特点. 中国环境科学, 36(4): 1136-1144.

蒋畾欣, 李军, 马挺, 等. 2014. 好氧污泥颗粒化中胞外聚合物(EPS)的动态变化. 环境科学学报, 24(5): 1192-1198.

李军, 周延年, 何梅, 等. 2008. 城市污水处理厂好氧颗粒污泥的特性. 应用与环境生物学报, 14(5): 640-643.

刘流. 2015. 自来水厂污泥和污水处理厂污泥掺混的脱水性能研究. 浙江工业大学硕士学位论文.

倪丙杰, 徐得潜, 刘绍根. 2006. 污泥性质的重要影响物质——胞外聚合物(EPS). 环境科学与技术, 29(3): 108-110.

裘湛. 2017. 污水处理厂冬季硝化强化与微生物种群分析. 中国环境科学, 37(9): 3549-3555.

王朝朝, 李军, 王昌稳, 等. 2012. 强化除磷型膜生物反应器的膜污染特性. 中国给水排水, 28(13): 1-6.

王琳, 李煜. 2009. 酸度对好氧颗粒污泥生物吸附含铅废水影响的研究. 环境工程学报, 3(7): 1160-1164.

王怡, 郑淑健, 彭党聪. 2011. 环境工程中胞外聚合物的研究现状及进展. 西安建筑科技大学学报(自然科学版), 43(6): 854-858.

姚磊, 叶正芳, 王中友, 等. 2007. 好氧颗粒污泥对 Pb^{2+} 的吸附特性研究. 科学通报, 52(20): 2434-2438.

由阳, 彭轶, 袁志国, 等. 2008. 富含聚磷菌的好氧颗粒污泥的培养与特性. 环境科学, 29(8): 2242-2248.

张宇坤, 郭亚萍, 李军, 等. 2010. 序批式颗粒污泥系统中磷的变化和去向分析. 环境科学学报, 30(9): 1811-1817.

赵珏, 程媛媛, 宜鑫鹏, 等. 2018. 好氧颗粒污泥的常温湿式储存及恢复. 化工进展, 37(1): 381-388.

周东琴, 魏德洲. 2006. 沟戈登氏菌对重金属的生物吸附——浮选和解吸性能. 环境科学, 27(5): 960-964.

周佳恒, 李军, 韦甦, 等. 2011. 好氧颗粒污泥吸附 Zn^{2+} 的研究. 中国给水排水, 27(21): 80-82.

周延年, 李军, 韦甦, 等. 2010. 无基质匮乏条件下好氧污泥颗粒化的研究. 中国给水排水, 26(9): 97-99, 103.

邹金特, 何航天, 潘继杨, 等. 2018. 低碳源废水培养的好氧颗粒污泥常温储存后活性恢复研究. 中国环境科学, 38(12): 4530-4536.

邹小玲, 许柯, 丁丽丽, 等. 2010. 不同状态下的同一污泥胞外聚合物提取方法研究. 环境工程学报, 4(2): 436-440.

Albuquerque L, Rainey F A, Nobre M F, et al. 2008. *Elioraea tepidiphila* gen. nov., sp. nov., a slightly thermophilic member of the Alphaproteobacteria. International Journal of Systematic and Evolutionary Microbiology, 58: 773-778.

Al-Qodah Z. 2006. Biosorption of heavy metal ions from aqueous solutions by activated sludge. Desalination, 196(1/3): 164-176.

APHA. 1998. Standard Methods for the Examination of Water and Wastewater. 20th ed. Washington DC: American Public Health Association.

Dulekgurgen E, Ovez S, Artan N, et al. 2003. Enhanced biological phosphate removal by granular sludge in a sequencing batch reactor. Biotechnology Letters, 25(9): 687-693.

Frolund B, Palmgren R, Keiding K, et al. 1996. Extraction of extracellular polymers from activated sludge using a cation exchange resin. Water Research, 30(8): 1749-1758.

Gao D, Yuan X, Liang H. 2012. Reactivation performance of aerobic granules under different storage strategies. Water Research, 46(10): 3315-3322.

Garny K, Horn H, Neu T R. 2000. Interaction between biofilm development, structure and detachment in rotating annular reactors. Bioprocess and Biosystems Engineering, 31(6): 619-629.

He Q L, Zhang W, Zhang S L, et al. 2017. Performance and microbial population dynamics during stable operation and reactivation after extended idle conditions in an aerobic granular sequencing batch reactor. Bioresource Technology, 238: 116-121.

Hu J, Zhang Q, Chen Y Y, et al. 2016. Drying and recovery of aerobic granules. Bioresource Technology, 218: 397-401.

Kim K K, Lee K C, Eom M K, et al. 2014. *Variibacter gotjawalensis* gen. nov., sp. nov., isolated from soil of a lava forest. Antonie Van Leeuwenhoek International Journal of General and Molecular Microbiology, 105(5): 915-924.

Koehler L H. 1952. Differentiation of carbohydrates by anthrone reaction rate and color intensity. Analytical Chemistry, 24(10): 1576-1579.

Kreuk M K, Heijnen J J, van Loosdrecht M C M. 2005. Simultaneous COD, nitrogen, and phosphate removal by aerobic granular sludge. Biotechnology and Bioengineering, 90(6): 761-769.

Lee D J, Chen Y Y, Show K Y, et al. 2010. Advances in aerobic granule formation and granule stability in the course of storage and reactor operation. Biotechnology Advances, 28(6): 919-934.

Lee H J, Lee S H, Lee S S, et al. 2014. *Ramlibacter solisilvae* sp. nov., isolated from forest soil, and emended description of the genus *Ramlibacter*. International Journal of Systematic and Evolutionary Microbiology, 64: 1317-1322.

Lee J E, Lee J K, Kim D S. 2010. A study of the improvement in dewatering behavior of wastewater sludge through the addition of fly ash. Korean Journal of Chemical Engineering, 27(3): 862-867.

Li E C, Lu S G. 2017. Denitrification processes and microbial communities in a sequencing batch reactor treating nanofiltration (NF) concentrate from coking wastewater. Water Science and Technology, 76(12): 3289-3298.

Li J, Garny K, Neu T, et al. 2007. Comparison of some characteristics of aerobic granules and sludge floes from sequencing batch reactors. Water Science and Technology, 55(8-9): 403-411.

Li J, Ma L, Wei S, et al. 2013. Aerobic granules dwelling vorticella and rotifers in an SBR fed with domestic wastewater. Separation and Purification Technology, 110: 127-131.

Liu Y C, Shi H C, Li W L, et al. 2011. Inhibition of chemical dose in biological phosphorus and nitrogen removal in simultaneous chemical precipitation for phosphorus removal. Bioresource Technology, 102(5): 4008-4012.

Liu Y, Lam M C, Fang H H. 2002. Adsorption of heavy metals by EPS of activated sludge. Water Sci Technol, 43(6): 59-66.

McSwain B S, Irvine R L, Hausner M, et al. 2005. Composition and distribution of extracellular polymeric substances in aerobic flocsand granular studge. Applied and Environmetal Microbiology, 71(2): 1051-1057.

Sheng G P, Yu H Q, Li X Y. 2010. Extracellular polymeric substances (EPS) of microbial aggregates in biological wastewater treatment systems: A review. Biotechnology Advances, 28(6): 882-894.

Smith P K, Krohn R I, Hermanson G T, et al. 1985. Measurement of protein using bicinchoninic acid. Analytical Biochemistry, 150(1): 76-85.

Tay J H, Liu Q S, Liu Y. 2002. Characteristics of aerobic granules grown on glucose and acetate in sequential aerobic sludge blanket reactors. Environmental Technology, 23: 931-936.

Tay J H, Liu Q S, Liu Y. 2004. The effect of upflow air velocity on the structure of aerobic granules cultivated in a sequencing batch reactor. Water Science & Technology, 49(11/12): 35-40.

Uhlmann D, Roske I, Hupfer M, et al. 1990. A simple method to distinguish between polyphosphate and other phosphate fractions of activated sludge. Water Research, 24(11): 1355-1360.

Wagner M, Loy A. 2002. Bacterial community composition and function in sewage treatment systems. Current Opinion in Biotechnology, 13(3): 218-227.

Wang X, Zhang H, Yang F, et al. 2008. Long-term storage and subsequent reactivation of aerobic granules. Bioresource Technology, 99: 8304-8309.

Wu R N, Meng H, Wang Y F, et al. 2017. A more comprehensive community of ammonia-oxidizing archaea (AOA) revealed by genomic DNA and RNA analyses of *amoA* gene in subtropical acidic forest soils. Microbial Ecology, 74(4): 910-922.

Yan A L, Li J, Liu L, et al. 2018. Centrifugal dewatering of blended sludge from drinking water treatment plant and wastewater treatment plant. Journal of Material Cycles and Waste Management, 20: 421-430.

Zheng Y M, Zhao Q B, Yu H Q. 2005. Adsorption of a cationic dye onto aerobic granules. Process Biochemistry, 40(4): 3777-3782.

Zou J T, Tao Y Q, Li J, et al. 2018. Cultivating aerobic granular sludge in a developed continuous-flow reactor with two-zone sedimentation tank treating real and low-strength wastewater. Bioresource Technology, 247: 776-783.

第四章　好氧颗粒污泥的加速形成

第一节　加速好氧颗粒污泥形成的主要方法

目前好氧污泥颗粒化所需时间有所不同，大多数研究表明以人工配制污水为基质时，好氧颗粒污泥的形成需要 30～60 天；以不同废水为底物时，有时颗粒化过程则需要更长时间。因此，有关加速污泥颗粒化的各种策略被提出来。

一、提高选择压

缩短沉淀时间、提高进水负荷、延长饥饿时间、提高水力剪切力等策略可以强化好氧污泥颗粒化。Qin 等（2004）直接采用 5min 沉淀时间而非逐步缩短沉降时间的方法在第 7 天就观察到颗粒污泥的形成。在 24kg COD/（m³·d）高负荷情况下，通过缩短运行周期和沉淀时间，7h 就可以发现好氧颗粒污泥，但颗粒污泥在反应器中只能稳定运行 12 天。同样，Liu 和 Tay 2015 年联合运用较强的水流选择压和过高的负荷在 24h 内实现了颗粒化，同时他们也发现过高负荷有利于加速颗粒化，但是这种快速形成的颗粒污泥要想长时间稳定运行就必须降低进水负荷直到好氧颗粒污泥系统达到稳定状态。这些方法主要是通过改变反应器运行参数来增加选择压，刺激微生物分泌更多 EPS，使得微生物聚集，但由于反应器内流态较为复杂，污泥快速聚集的效果并不理想，即使好氧颗粒污泥快速形成也并不稳定。这就意味着采用这种快速颗粒化策略所形成的颗粒污泥并不能长时间稳定运行。

二、增加诱导核

Li 等（2011）的研究表明在低负荷条件下（COD 为 200mg/L）投加 3g/L 粉末活性炭作为诱导核，能加速颗粒污泥的形成和长期稳定，然而关于投加粉末活性炭所形成的生物聚集体能否归类为颗粒污泥仍存在疑问，并且活性炭的成本较高。2015 年，Li 等发现在启动阶段投加污泥微粉可将颗粒化时间缩短 15 天，并且这些污泥微粉对丝状菌具有一定的控制作用，但污泥微粉的制备比较烦琐，并且污泥中的微生物在烘干过程几乎被消灭，在实际工程中不宜广泛运用。此外也有研究表明，接种厌氧颗粒污泥、成熟的颗粒污泥、在反应器中被水力剪切力打碎的颗粒污泥，可在启动阶段提供充足的诱导核，进而加速污泥颗粒化。然而，颗粒污泥自身形成就比较困难，在实际操作中利用接种颗粒污泥来实现好氧污泥快速颗粒化不易实现。

三、接种特殊工程菌种

Ivanov 等（2006）的研究发现通过接种纯培养的具有较强自凝聚能力的 *Klebsiella pneumoniae* 和 *Pseudomonas veronii* 菌种可以将颗粒污泥培养时间从几周大幅减少到几天，但所培养的颗粒污泥并不密实且 SVI 维持在 70mL/g。该研究也指出这种方法并不适合所有情况，但可以尝试培养具有硝化、除磷及降解特殊物质等功能的颗粒污泥。此外，工程菌存在安全性风险，菌种培养成本较高，造成这方面研究较少，这种培养方法与颗粒污泥微生物多样性特点背道而驰，因此不宜大规模推广。

四、提高进水中金属离子浓度

Li 等（2009）的研究表明投加 10mg/L 的 Mg^{2+} 可以将颗粒污泥形成时间由 32 天缩短到 18 天，并且颗粒污泥具有良好的沉降性能和致密的结构。研究发现投加 Ca^{2+} 通过电中和及吸附架桥作用可将颗粒污泥形成时间从 32 天大幅缩减至 16 天。Liu 等（2016a）发现在 8～14 天投加聚合氯化铝（PAC）仅能减少 6 天颗粒化时间，在初始阶段 PAC 的投加量对颗粒污泥形成具有重要作用，其余时间投加 PAC 对颗粒污泥的快速形成没有明显作用。尽管金属离子被广泛地认为能提供有助于微生物吸附和聚集的"晶核"，加速颗粒污泥的形成，许多研究也表明在污泥颗粒化过程中金属离子会沉积在颗粒污泥中，但若连续投加高浓度金属离子会导致颗粒污泥中灰分的含量过高（50%～84%），进而降低颗粒污泥中生物活性。虽然 Liu 等（2016b）将 Ca^{2+} 的投加量降低到 11mg/L，能减少污泥中的灰分含量，但直到第 60 天成熟的颗粒污泥才能形成，延长了颗粒化时间。这就意味着金属离子对于污泥的快速颗粒化有利有弊。因此，很有必要寻找一种新的方法来避免金属离子的大量沉积引起的弊端，充分利用其优点来加速污泥颗粒化。

第二节　投加污泥微粉促进好氧污泥颗粒化

一、引言

根据传统的"晶核"理论，生物以某种微粒为核心，通过胞外聚合物黏结和以丝状菌为骨架，能形成生物膜或颗粒污泥。颗粒污泥被认为是细菌的自凝聚现象，而事实上很多的研究发现颗粒形成是需要一定凝聚核的。大部分细菌大小都在微米级，其中丝状菌的长度在几微米到几百微米范围。以微米级（甚至超微米级）的粉末作为凝聚核，这可以认为不是"生物载体"行为，而是属于生物自凝聚。本试验旨在研究投加剩余污泥脱水、干化、研磨后的微粉是否能缩短好氧颗粒污泥形成的时间和提高颗粒的质量（Li et al.，2015）。

二、试验材料与方法

（一）试验方案

本试验采用两个完全相同的圆柱形 SBR 装置，由有机玻璃制作而成，高为 100cm，内径为 9cm，有效容积为 4L。投加污泥微粉的记为 P-SBR，不投加污泥微粉的为普通 SBR。试验进水采用人工配制的模拟生活污水，以乙酸钠为碳源，氯化铵为氮源，磷酸二氢钾为磷源，其中 COD 为 800～1000mg/L，NH_4^+-N 为 50～60mg/L，适当添加微量元素。系统容积负荷为 4kg COD/（m^3·d）。

反应器底部装有曝气砂头，采用空气泵进行曝气，曝气量控制在 0.4～0.8m^3/h。从顶部由进水泵将水注入反应器中，并通过液位计控制进水量，出水泵出水。利用时控装置实现对运行模式的自动控制，根据试验的需求设定进水、曝气和出水过程分别为 5min、145min 和 7min，沉淀时间从 5min 逐渐减少，具体变化情况根据试验实际情况而定，其余时间静置，一个循环周期为 3h。本试验设定为：向两个反应器中均加入等量接种污泥 500mL，且普通 SBR 不投加微粉，P-SBR 中投加 4g 自制微粉。

（二）接种污泥和污泥微粉的来源及制作

试验所采用的接种污泥取自某污水处理厂二沉池的普通活性污泥。

本试验所采用的污泥微粉制作方法如下：污泥取自浙江某污水处理厂污泥浓缩池排出的剩余污泥，在自然风干之后放入 100℃的烘箱内干燥数小时以后取出。用多功能粉碎机（XB-02）粉碎得到微米级的污泥微粉，碾磨而成的污泥微粉的粒径为 20～250μm。从图 4.1 中可以明显看到污泥微粉均为粉末状，粒径大小不一，微粉形态接近圆形或椭圆形，周边界面不光滑。图 4.2 为污泥微粉的立体显微镜图，该微粒的粒径约为 200μm，图中显示的为微粉表面其中一部分的立体结构，可以看出微粉表面凹凸不平。

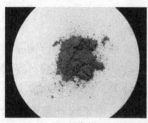 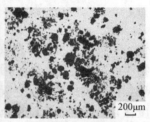 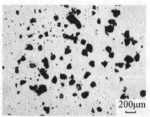

a. 微粉实物图　　　　b. 显微镜下干微粉的形态　　c. 显微镜下微粉溶于水中的形态

图 4.1　污泥微粉形态

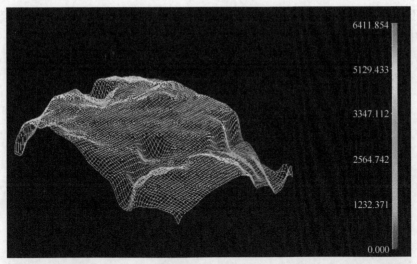

图 4.2　污泥微粉表面立体形态结构图（Hirox KH7700）（彩图请扫封底二维码）

（三）分析项目及方法

试验中 MLSS、SVI 和 SS 的测定依据国家环保局《水和废水监测分析方法》。COD 采用重铬酸钾回流法测定；NH_4^+-N 采用纳氏试剂分光光度法；颗粒污泥的形态变化采用 OLYMPUS CX31 型光学显微镜观察；好氧颗粒的结构采用荷兰 Philips 公司的 XL30-ESEM 型环境扫描电镜观察。颗粒污泥的粒径采用生物显微镜拍照后，通过专业的图形软件 Image-Pro Plus 进行分析。先对污泥预处理：将污泥放入烘箱（100℃加热 7h），取出后放入马弗炉（600℃加热 1h），然后对污泥灰分中的元素进行检测。

三、结果与讨论

（一）污泥形态的变化

接种污泥 MLSS 为 5868mg/L，SVI 为 167mL/g。普通 SBR 中不投加污泥微粉，运行初始在 P-SBR 投加 4g 污泥微粉，颗粒化过程中污泥的形态变化如图 4.3 所示。一开始接种后污泥主要以絮状的形式存在于 SBR 与 P-SBR 反应器中。运行 6 天以后，SBR 中出现少量细小颗粒、大颗粒及大量絮体污泥。在初始阶段污泥浓度低、有机负荷高，使得个别微生物得到足够的营养物质而迅速增长，从而出现少量粒径较大的颗粒。从图 4.3 可以明显看到 P-SBR 中絮体污泥开始大量聚集、黏附在微粉的表面，开始逐步形成颗粒污泥。运行 20 天以后，普通 SBR 中的絮体污泥形成具有一定形状的菌胶团（出现较大的絮凝活性污泥菌胶团），而 P-SBR 中形成了具有一定形状和轮廓边界较为清晰的颗粒污泥，反应器内基本实现颗粒化，完全不同于普通 SBR 中松散和不规则的活性污泥菌胶团。运行 30 天以后，可以看到普通 SBR 中的污泥也实现了颗粒化，但所形成的颗粒较 P-SBR 差，颗粒不密实。

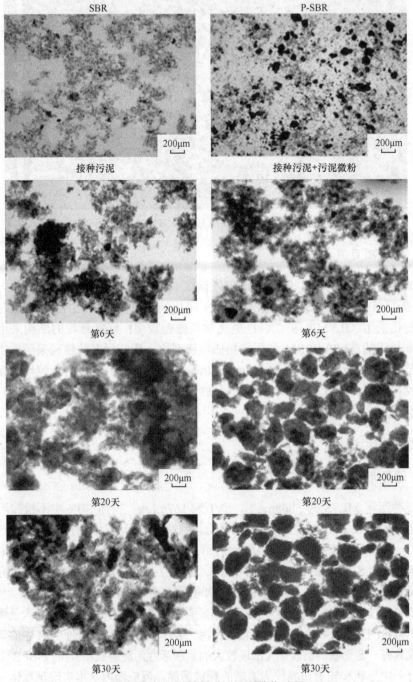

图 4.3　投加微粉促进污泥颗粒化过程

（二）污泥浓度、SVI 和出水 SS 变化对比

普通 SBR 和 P-SBR 投入 500mL 接种污泥后，使得反应器内初始污泥浓度约为 734mg/L。运行整个过程中污泥浓度 MLSS 随着时间的推移而不断地升高，在运行第 27 天时污泥浓度 MLSS 达到最大值，普通 SBR 和 P-SBR 中的污泥浓度 MLSS 分别为 4920mg/L、8621mg/L，随后趋于稳定。由此可见在颗粒化进程中 P-SBR 中污泥浓度要远高于普通 SBR 中的污泥浓度。

普通 SBR 和 P-SBR 中污泥最终都实现了颗粒化，但两者在颗粒化进程中存在较大的区别。不仅污泥形态的变化存在差异，SVI 的变化也有较大区别。运行 15 天后普通 SBR 和 P-SBR 两个反应器中的 SVI 都有所下降，普通 SBR 中污泥 SVI 由最初的 167mL/g 下降到 121mL/g，而 P-SBR 中 SVI 下降到 73mL/g。运行 20 天后，普通 SBR 中污泥性能没有发生很大的变化，而 P-SBR 中随着颗粒化不断进行，SVI 达到 56mL/g。最终当两者都实现颗粒化时，普通 SBR 中好氧颗粒 SVI 为 73mL/g，P-SBR 中好氧颗粒 SVI 达到 51mL/g。从整个过程来看，投加污泥微粉的 P-SBR 中颗粒化进程要快于普通 SBR。

在运行第 13 天将反应器的沉淀时间由原来的 5min 调为 2min，在第 27 天将沉淀时间调为 1min。整个培养过程中普通 SBR 和 P-SBR 出水 SS 的趋势基本接近，但普通 SBR 出水 SS 在颗粒化过程中整体上要略高于 P-SBR 出水 SS。在运行初期，两者的出水 SS 都有所上升，这可能是因为接种污泥在反应器内需要一个驯化阶段，致使不适应反应器运行工况的污泥在选择压作用下都会被排出反应器，随后出水 SS 又逐步下降。当运行 13 天后由于缩短沉淀时间，出水 SS 在提高选择压的情况下有所上升，随后又趋于稳定。当运行 27 天后又进一步缩短沉淀时间为 1min，此后出水 SS 在强选择压作用下明显增大，这也正好能够解释反应器内的污泥浓度 MLSS 在第 27 天后略有减少。

（三）颗粒污泥内部结构对比

在运行培养 30 天后，在 P-SBR 反应器内可以发现颗粒主要以两种形式存在：一种是普通颗粒，絮体污泥在一定的水力条件和运行工况下通过自凝聚而形成的好氧颗粒；另一种是微粉作为凝聚核的条件下并结合相同的运行工况而形成的颗粒。取两种颗粒分别在显微镜下观察，从图 4.4 中可以看出 A 颗粒与 B 颗粒内部存在明显的差别，在 A 颗粒中可以清晰地看到污泥微粉仍然留在颗粒内，不同粒径的微粉可能将会以单个或多个的形式存在于一颗颗粒污泥内部，将其剖开及压碎可见到形态完全不同于污泥的微粉。而将 B 颗粒剖开后发现内部都是由污泥组成并无核心存在，且将其压碎后呈现出来的都是污泥的形态。

从上述试验中可以看出，在 SBR 和 P-SBR 两个反应器中以相同的运行方式培养好氧颗粒污泥，颗粒化进程不同，推测出污泥微粉对于促进好氧污泥颗粒化

有一定的积极作用。

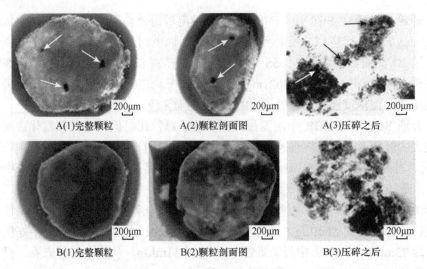

图 4.4　带有微粉的颗粒（A）与普通颗粒（B）污泥剖开前后对比

四、结论

通过投加污泥微粉在 SBR 中接种活性污泥来培养好氧颗粒污泥的对比试验，结果发现：污泥微粉在颗粒化中充当了晶核的作用。启动时投加污泥微粉，促使絮体污泥快速地吸附、黏聚在微粉表面，使得污泥浓度不断地增加，从而减少了污泥的流失。在剪切力和选择压作用下，初期形成的小颗粒又逐渐成为沉降性能良好、结构密实的成熟好氧颗粒污泥。虽然最后两个反应器都实现了颗粒化，但是投加污泥微粉的 P-SBR 中颗粒化进程要快于普通 SBR，当运行 15 天以后 SBR 和 P-SBR 中污泥 SVI 分别达到 121mL/g、73mL/g，运行 30 天后 P-SBR 中的颗粒沉降性能（SVI 为 51mL/g）优于普通 SBR 中的颗粒（SVI 为 73mL/g），P-SBR 中颗粒化进程比普通 SBR 的颗粒化时间快 15 天。将以污泥微粉为晶核形成的好氧颗粒污泥和无晶核的普通好氧颗粒污泥分别剖开、压碎后进行对比，发现污泥微粉可能以几个微粉或者一个微粉的形式作为好氧颗粒的晶核，而普通好氧颗粒污泥内部无晶核的形式存在。

第三节　投加微粉协同富含丝状菌污泥形成大颗粒

一、引言

要培养一定粒径和数量的颗粒污泥，常还需要较长的时间和一些其他因素的调控。我们前期的探索研究发现：在序批式和连续流反应器中，控制污泥处在低有机负荷状态，形成大量丝状菌爆发，突然加大有机负荷并投加污泥微粉，则快速形成较大粒径的颗粒污泥。恰当尺度的微粒晶核，适当的"黏结剂"EPS 及一定剪切力，加上大量合理范围内的丝状菌，就可能快速形成较大的颗粒污泥。这种现象和机制需要进一步深入研究。

二、试验材料与方法

在平行试运行的 3 个 SBR 中加入 500mL 带有丝状菌的活性污泥培养好氧颗粒污泥，未投加微粉的记为 SBR，投加 12g 污泥微粉的记为 P-SBR1，投加 6g 污泥微粉的记为 P-SBR2。接种污泥特性：MLSS 为 4130mg/L，SVI 为 225mL/g。

三、结果与讨论

（一）污泥形态的变化

分别在 P-SBR1 和 P-SBR2 中投加不等量的污泥微粉加清水后空曝 2h，使污泥微粉与水充分混合，然后往 SBR、P-SBR1 和 P-SBR2 中接种等量的富有丝状菌的活性污泥后空曝 3h，使得污泥微粉和接种污泥充分混合均匀，随后进入设定的正常运行状态，试验用水为人工配制的生活污水。

图 4.5 显示了 3 个反应器不同时期的污泥形态变化，在显微镜下可观察到接种污泥以絮状形式存在且其中带有大量的丝状菌。运行 7 天后，普通 SBR 中丝状菌大量生长，同时也出现一些小颗粒附着其上，相反在 P-SBR1 和 P-SBR2 中虽然也存在丝状菌，但污泥基本已逐步趋向于颗粒化，形成了平均粒径约为 200μm 的好氧颗粒污泥。运行 21 天后，普通 SBR 中出现了绒球状的大颗粒，从肉眼就可以清晰地看到整个颗粒的表面均包裹着丝状菌，形成的颗粒平均粒径大约为 4mm。投加污泥微粉的 P-SBR1 和 P-SBR2 中的好氧颗粒逐渐变大，颗粒形状更加规则，轮廓清晰，基本实现了颗粒化，两者均形成了平均粒径约为 300μm 的好氧颗粒污泥，且颗粒各项性能指标差别不大（此时污泥的各项指标已趋于稳定）。随着反应的运行，普通 SBR 中的大颗粒持续 10 天左右并完全解体，形成了开花状污泥。随后继续运行 16 天一直保持这样的形态，没有发生较大的改变，各项指标趋于稳定。P-SBR1 和 P-SBR2 一直保持良好的发展趋势，颗粒化程度逐渐提高，颗粒比先前更为密实、规则，反应运行 46 天后两个反应器中好氧颗粒污泥已完全占据主导地位，两者所形成的好氧颗粒污泥的平均粒径大约为 500μm。

普通 SBR 中大颗粒变为开花状污泥的演变是一个逐渐变化的过程，其演变过程如图 4.6 所示。大尺寸颗粒均是由丝状菌包裹而成的，颗粒粒径大小不一，为 2～5mm，肉眼可以清楚地看到颗粒表面均为绒球状。随后颗粒逐渐开始解体，颗粒状逐渐消失，绒球状结构逐步散开，污泥颜色从之前的淡黄色变成白色，最终颗粒全部解体，形成开花状的菌胶团。

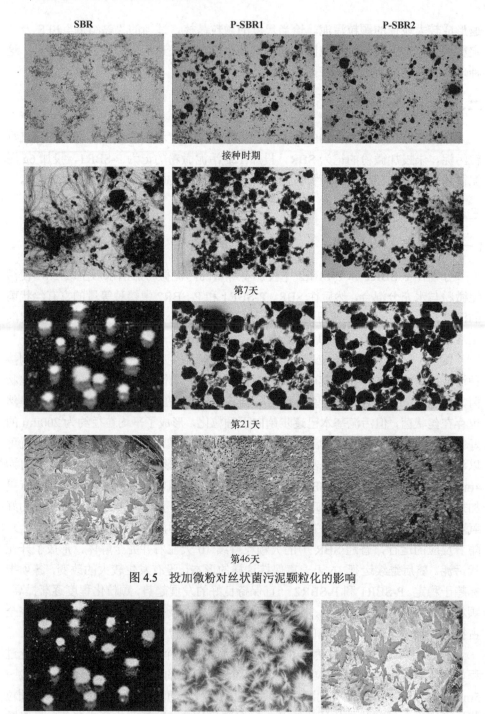

图 4.5　投加微粉对丝状菌污泥颗粒化的影响

图 4.6　大尺寸颗粒污泥的演变过程

普通 SBR 中污泥变为开花状污泥后，污泥形态及性能一直没有得到改善。在这样的情况下，我们试图通过投加微粉研究污泥微粉是否对其有一定的影响或者是否有促使其颗粒化的作用。从普通 SBR 中取上述开花状污泥 2L，然后投入与上述同样的圆柱形 SBR 中，标记为 P-SBR，加清水空曝 2 天，使污泥处于充分饥饿的状态，这时污泥浓度 MLSS 为 722mg/L。空曝后往反应器中投加 8g 污泥微粉，与上述相同的人工配制生活污水正常运行。

普通 SBR 中向开花状污泥投加污泥微粉运行 6 天后，反应器中形成了粒径为 1~7mm 的大颗粒，且结构密实，但形状不规则。运行 11 天后，大颗粒外界轮廓变得更加圆滑，颗粒逐渐变大（图 4.7）。

第6天　　　　　　　　第11天　　　　　　　　第21天

图 4.7　普通 SBR 投加污泥微粉后污泥形态的变化

图 4.8 为此时普通 SBR 中混合液的实物图，我们从图中可清晰地看到反应中均以这种大颗粒的形式存在，且最上层有一层薄薄的絮体污泥。

（二）污泥浓度和 SVI 变化对比

从污泥浓度变化中可以看出，分别投加了 12g 污泥微粉的 P-SBR1 和投加了 6g 污泥微粉的 P-SBR2 中的 MLSS 一直呈现逐步上升的趋势，且增加的趋

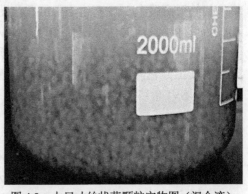

图 4.8　大尺寸丝状菌颗粒实物图（混合液）

势基本相同，最终两者逐渐趋于稳定。整个颗粒化过程中 P-SBR1 的污泥浓度基本上都要略高于 P-SBR2，达到稳定时两者的污泥浓度分别高达 13 534mg/L 和 12 032mg/L，这可能是因为在初期两个反应器都投加了不同量的污泥微粉。总的来说，两者差别不大。普通 SBR 污泥浓度一直处于较低水平（<1000mg/L），直到反应运行 18 天后污泥浓度出现较快的增长趋势，在第 25 天时污泥浓度最高达到 2802mg/L，之后又有所下降，逐步稳定在 2000mg/L 左右。这可能是因为第 18~25 天正是丝状菌颗粒污泥形成期，使得反应器内的丝状菌污泥形成颗粒留在反应器内，从而致使污泥浓度的上升。随着反应的进行，大尺寸丝状菌颗粒解体，产

生更多的丝状体，并在选择压作用下被排出反应器，使得反应器内的污泥浓度有所下降。

从 SVI 变化曲线图中我们可以看到，普通 SBR 中 SVI 一直远高于 P-SBR1 和 P-SBR2。普通 SBR 的 SVI 在反应初期一直为上升趋势，在运行第 9 天时 SVI 达到最高，为 670mL/g。随后逐渐降低，到第 25 天时 SVI 达到最低，为 185mL/g。之后 SVI 又略有回升，最终稳定到 247mL/g，仍然比接种污泥 SVI（225mL/g）高。P-SBR1 和 P-SBR2 变化趋势基本保持一致，反应运行 4 天后 SVI 明显大幅度降低，P-SBR1 在运行 7 天后 SVI 降到 53mL/g，P-SBR2 运行 13 天后 SVI 降到 52.7mL/g。随后两者 SVI 持续降低，最终分别达到 35.5mL/g 和 41.5mL/g。由此可见，和 P-SBR2 相比，P-SBR1 颗粒化进程要较快于 P-SBR2，P-SBR1 所形成的颗粒沉降性能也要略优于 P-SBR2，但最终差别不大。

从 3 个反应器出水 SS 随时间变化可以看出，整个培养过程中普通 SBR 出水 SS 基本上均比 P-SBR1 和 P-SBR2 出水 SS 要高。

普通 SBR 投加污泥微粉后，接种开花状污泥后初始污泥浓度 MLSS 为 722mg/L，整个运行过程中污泥浓度先逐步上升后又逐步下降，最高值达到 9099mg/L。在投加污泥微粉运行 14 天后 MLSS 呈下降趋势，在第 24 天时反应器中的污泥浓度 MLSS 仅为 5220mg/L。

初始反应器中 SVI 高达 193mL/g，投加污泥微粉运行 2 天后 SVI 迅速下降到 40mL/g。随着反应的运行，前 10 天内 SVI 一直保持较低的水平（<50mL/g），这一阶段反应器中污泥形成了粒径较大的颗粒。之后 SVI 逐步略有上升，在第 21 天后 SVI 上升趋势明显，此时大颗粒已逐步解体，结构变得松散、颗粒变成薄片状污泥，SVI 最终高达 97mL/g。

（三）COD 和 NH_4^+-N 处理效果对比

普通 SBR、P-SBR1 和 P-SBR2 运行 30 天时，3 个反应器运行过程中出水 COD 变化趋势基本一致，反应运行 14 天后出水 COD 基本维持稳定，最终普通 SBR、P-SBR1 和 P-SBR2 3 个反应器中 COD 的去除率分别达到 93.1%、93.9% 和 93.1%。

P-SBR1 和 P-SBR2 中出水 NH_4^+-N 基本得到去除（出水 NH_4^+-N<1mg/L），去除率分别高达 99.7% 和 98.7%，两者的不同在于 P-SBR1 在运行 18 天后出水 NH_4^+-N 浓度均小于 1mg/L，而 P-SBR2 在运行 28 天后出水 NH_4^+-N 浓度才降到 1mg/L 以下。在运行过程中，普通 SBR 中出水 NH_4^+-N 浓度一直较 P-SBR1 和 P-SBR2 中的出水 NH_4^+-N 浓度高，稳定运行后 NH_4^+-N 去除率只达到 68%。

（四）一个周期内各反应器的水质参数变化

3 个 SBR 反应器运行至第 30 天时，P-SBR1 中 COD 降解最快，在反应运行

5min 后 COD 已经降解了约 90%，P-SBR2 在反应运行 20min 后 COD 去除率达到 90%，而普通 SBR 中 COD 降解最慢，在反应运行 60min 后才基本降解完，这可能是由 3 个反应器的污泥浓度存在较大差异所造成的，SBR、P-SBR1 和 P-SBR2 中的污泥浓度分别为 2105mg/L、13 534mg/L 和 12 032mg/L。有机物作为微生物生长所需的营养物质，污泥浓度越高消耗 COD 的速率也会越快。

普通 SBR 中 NH_4^+-N 的降解比较缓慢，出水中 NH_4^+-N 的浓度高达 20mg/L，其去除率仅为 66.7%。而 P-SBR1 和 P-SBR2 中 NH_4^+-N 的降解较快，反应运行 90min 后 NH_4^+-N 的去除率已达 95%以上，两个反应器的出水 NH_4^+-N 分别为 0.2mg/L 和 2.1mg/L，表明 P-SBR1 和 P-SBR2 具有很好的硝化效果。普通 SBR 中出水以 NH_4^+-N 为主，NO_3^--N 和 NO_2^--N 在整个周期中浓度一直很低，这表明普通 SBR 的硝化效果较差。由于普通 SBR 在周期运行的前 60min，反应器中 COD 浓度一直较高，自养菌与异养菌竞争中处于弱势，在 COD 降解完后曝气时间较短（85min），硝化细菌在反应器中没有成为优势菌种，同时普通 SBR 中未形成好氧颗粒污泥，在较高的曝气条件下不可能发生同步硝化反硝化（simultaneous nitrification and denitrification，SND）现象，因此此普通 SBR 中 NH_4^+-N 和 TN 的去除主要是由于微生物的同化作用。P-SBR1 和 P-SBR2 出水 NH_4^+-N 较低，表现出较好的硝化效果。从 TN 随时间的变化情况上可以看出两个投加污泥微粉的反应器均发生了同步硝化反硝化现象，这可能是两个反应器均培养出了较好的好氧颗粒污泥所致。

四、结论

在 SBR 中接种富有丝状菌的活性污泥，通过投加污泥微粉能够有效地抑制丝状菌的生长，在不断提高剪切力和选择压的作用下使沉降性能较差的丝状菌不断地被洗出反应器，从而有利于好氧颗粒污泥的生长。未投加污泥微粉的普通 SBR 因丝状菌在培养过程中一直占据主导地位而最终培养失败，SVI 高达 247mL/g。而投加污泥微粉的 P-SBR1 和 P-SBR2 在运行 7 天后基本颗粒化，SVI 分别降到 53mL/g 和 69mL/g，运行 30 天后 P-SBR1 和 P-SBR2 形成了平均粒径约为 400μm 的好氧颗粒污泥，SVI 分别降至 35.5mL/g 和 41.5mL/g，且丝状菌在颗粒化过程中逐步得到了抑制至消失。本试验结果表明投加 12g 污泥微粉与 6g 污泥微粉对于最终颗粒化的影响差异并不大。当普通 SBR 因丝状菌大量生长而培养失败时，取少量污泥作为接种污泥，预先空曝 2～3 天使反应器中的污泥处于完全饥饿状态致使丝状菌更为发达，然后投加污泥微粉，2 天后 SVI 迅速从 193mL/g 降到 40mL/g，7 天后形成粒径为 1～7mm 的大颗粒，SVI 达到 37mL/g。

第四节 出水污泥干化返投促进好氧污泥颗粒化

一、引言

绝大部分促进好氧颗粒污泥形成的方法都考虑在反应器中进行,如原水水质、选择压、反应器结构、水流或气流方式、投加某些物质或运行负荷等。本研究提出将 SBR 中排出的污泥收集起来,通过外部物化调理后再返回到 SBR 中加速好氧污泥颗粒化。因为这些沉降性能差的污泥经过干化过程,通过 EPS 的黏结,形成大量生物聚集体,当它们返回到反应器中能促进好氧颗粒污泥的快速形成(Liu et al.,2020)。

二、试验材料与方法

(一)试验装置

本试验建立由有机玻璃制作而成的完全相同的 2 个 SBR 装置(R1 和 R2),每个 SBR 高 100cm,内径为 9cm,有效容积为 4L,容积交换率为 50%。反应器底部设有曝气砂头,采用空气泵进行曝气,曝气量通过玻璃转子流量计控制,气量控制在 0.15m³/h(表面气速为 0.44cm/s)。反应器运行每个周期为 160min,即进水 5min、曝气 120min、沉淀 2~15min、出水 5min 及闲置 15~28min。反应器温度控制在(20±5)℃。SBR 装置进水和出水由蠕动泵控制,并且由时控装置实现对运行模式的自动控制。试验进水采用人工配制模拟生活污水,以乙酸钠为碳源,氯化铵为氮源,磷酸二氢钾为磷源,其中 COD 控制在 500~600mg/L,NH_4^+-N 为 25~32mg/L,适当添加微量元素。

试验所用接种污泥来自某污水处理厂二沉池回流污泥,有泥腥味,呈褐色,污泥浓度 MLSS 为 3.746g/L,MLVSS/MLSS 为 0.5,SVI_5 和 SVI_{30} 分别为 73.9mL/g、58.4mL/g,平均粒径为(0.05±0.005)mm。分别取适量该活性污泥(0.5L)置于 2 个 SBR 中进行驯化培养。

(二)试验方案

本试验采用将 R2 排出的絮体污泥经过自然干化调理 72h 后再返投到 SBR 中,用以研究调理污泥加速好氧污泥颗粒化的可行性。R1 作为对照组,采用逐步缩短沉淀时间来实现污泥颗粒化,未返投调理污泥。

具体操作如下:2 个 SBR 接种 500mL 污泥,经过 9 天驯化培养,SBR 也达到稳定状态时,第 10 天开始调整每个反应器的沉淀时间。随着选择压的加大,反应器中较轻的絮体污泥随着出水排出,R1 排出的污泥就近排掉,R2 出水排出的污泥分别用 2 个带有纱布（0.1mm）的筛子收集起来，24h 后将这些污泥在室内常温条件下自然干化，直至污泥中 EPS 含量趋于稳定。经过调理的污泥放置于 2L 的烧杯中，通过人工破碎的方法缩小其粒径并尽可能获得更多的微小聚集体，最后用粒径 4mm 的筛子筛分。从第 15 天开始，每次把（1.75±0.05）g/L 且粒径小于 4mm 的污泥返投到 R2 中，直到实现好氧污泥颗粒化。

（三）污泥理化特性分析

COD、NH_4^+-N、NO_3^--N、NO_2^--N、MLSS、MLVSS、SVI_5、SVI_{30}、SOUR 的测定均采用水和废水标准监测方法（APHA，1998）。污泥形态的变化采用 Motic 公司的 OLYMPUS CX31 型光学显微镜观察。污泥粒径采用 Motic 生物显微镜拍照后，通过专业的图形软件 Image-Pro Plus 进行分析。污泥的沉速测定：随机取若干颗粒污泥，分别逐一投入盛装 1L 去离子水的量筒中，从颗粒接触水面的时刻开始计时，直到颗粒到达量筒底部结束计时，计算颗粒污泥的沉降速度，取平均值作为最终结果。污泥含水率的测定方法：取定量滤纸，烘干冷却至室温，称其质量，反复进行该操作，直至前后称重质量差不大于 0.2mg，记录 w_1。取若干成熟颗粒污泥放入上述滤纸内，称其质量，达到恒重后记下质量 w_2，则污泥质量 $w=w_2-w_1$。将污泥于 105℃烘箱内烘干，放至干燥器内 30min 冷却至室温，反复称得恒重后记录数据 w_3，则水分质量 $w_4=w_2-w_3$，污泥的含水率=（w_4/w）×100%。

胞外聚合物是分布于细胞表面的高分子物质，有利于微生物细胞凝聚，在形成与稳定生物膜和厌氧颗粒污泥中起重要作用，是微生物聚集体的重要组成部分。EPS 的主要有机组分可以改变微生物细胞表面特性，且与聚集体的构造、组成及性能均有紧密联系。对于 EPS 的深入研究和理解可能会揭示微生物处理污水的本质。根据国内外研究人员对 EPS 提取方法的比较和试验具体需要，选择甲醛-NaOH 提取方法（Liu and Fang，2002）。EPS 主要由 PN 和 PS 组成，因而本试验中 EPS 总量是由 PN 和 PS 相加之和所得。而 PN 浓度的测定采用考马斯亮蓝法，以牛血清蛋白作为标准（Frolund et al.，1995），PS 浓度的测定采用苯酚-硫酸法测定，以葡萄糖溶液作为标准（Dubois et al.，2002）。

三、自然干化对出水污泥的作用

图 4.9 为 R2 出水污泥经过自然干化调理前后的形态变化。在选择压的作用下，SBR 中大量较轻、结构松散的絮体污泥被洗出，如图 4.9a 所示，平均出水污泥浓度维持在（0.61±0.005）g/L。这些污泥被收集后，经自然干化调理 72h 后，结构松散的絮体污泥重新聚集起来（图 4.9b），并形成大小不同的"污泥聚团"，放置于盛有清水的烧杯中（图 4.9c），经过人工破碎后形成大量且粒径不同的污泥聚集体（图 4.9d）。

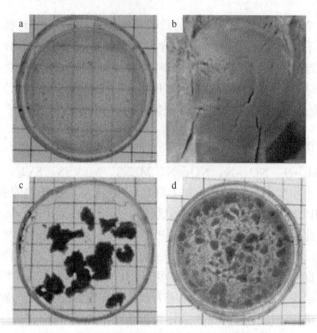

图 4.9　R2 出水污泥自然干化调理前后形态变化

R2 出水污泥在外部调理过程中不仅污泥形态发生显著变化，污泥特性如 EPS（PN 和 PS）、SOUR 和污泥含水率（moisture content）也随之有明显变化。R2 出水污泥通过自然干化调理后，其污泥含水率、SOUR 从 15.7mg O_2/（g VSS·h）和 0.97（0h）分别降低至 5.26mg O_2/（g VSS·h）和 0.52（72h）。然而，调理后的污泥 EPS（PN 和 PS）含量大幅增加，出水污泥 EPS（PN 和 PS）含量由 109.4（63.8 和 45.6)mg/g VSS 经过自然干化调理后增加到 158.6(94.6 和 64.0)mg/g VSS。研究结果也说明当污泥中微生物处于不利的生存条件下（SOUR 和含水率明显降低），就会刺激其分泌更多的 EPS 来保护自己（Sheng et al.，2010），而 EPS 被看作具有较强的黏附能力的物质，并有助于聚集体的形成。

四、干化污泥返投对颗粒污泥形成的影响

（一）污泥形态的变化

2 个 SBR 分别接种 500mL 来自污水处理厂二沉池的普通活性污泥进行驯化，R1 作为对照组，采用逐步缩短沉淀时间的方法培养好氧颗粒污泥，R2 采用其出水污泥经自然干化调理后返投来培养颗粒污泥，颗粒化过程中污泥形态变化如图 4.10 所示。

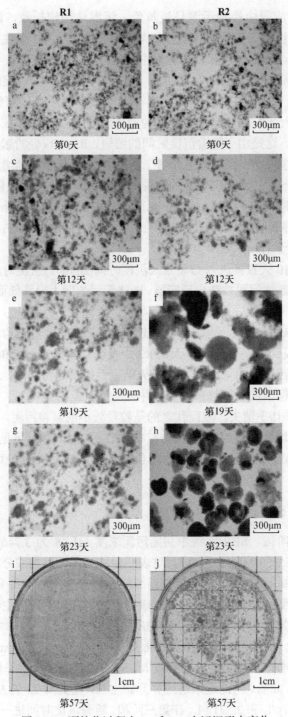

图 4.10 颗粒化过程中 R1 和 R2 中污泥形态变化

启动阶段反应器中接种污泥呈淡黄色，污泥结构较松散，以絮体污泥为主（图 4.10a、b）。经过 7 天的驯化运行，微生物开始适应并大量生长，污泥量大增并开始有所聚集，但还是以絮体污泥为主，此时 SBR 都处于 A 阶段（沉淀时间15min）。R1 于第 10 天开始进入 B 阶段（沉淀时间 5min），沉淀时间由 15min 缩短到 5min，2 天后发现 R1 中絮体污泥开始聚集，但还是以絮体和菌胶团为主（图 4.10c），运行到第 19 天污泥聚集体轮廓逐渐清晰，R1 中颗粒污泥的比例明显增加（图 4.10e）。这是由于随着沉淀时间的缩短，R1 中较轻的絮体污泥随着出水被大量排出，较重的污泥留在反应器中。同时有机负荷相应地增加，促进微生物进一步聚集、生长，进而出现较多的颗粒污泥。为了强化污泥颗粒化，从 23 天开始将 R1 的沉淀时间进一步缩短到 2min，颗粒化得到进一步强化，反应器中颗粒污泥越来越多（图 4.10g），经过 57 天的培养，R1 中颗粒污泥占据绝对优势，大部分颗粒粒径大于 1mm（图 4.10i）。

而 R2 于第 10 天直接进入 C 阶段（沉淀时间 2min），沉淀时间由 15min 缩短到 2min，大量的絮体污泥被洗出反应器，造成污泥浓度大幅降低而有机负荷增加，这就导致 R2 在第 12 天发现少量的细小颗粒、大颗粒，但还是以絮体和菌胶团为主（图 4.10d）。R2 排出的污泥每天收集起来，然后在室内经过自然干化调理后于第 15 天开始返投到 R2 中，第 19 天在 R2 中发现具有一定形状和轮廓边界清晰、外形规则的颗粒污泥（图 4.10f）。第 21 天结束返投调理污泥时，运行 2 天后更加密实、外形更加圆润的颗粒越来越多，并且比例明显比 R1 多（图 4.10f）。最终 R2 中大的聚集体几乎消失，取而代之的是粒径较小的颗粒污泥，颜色为浅黄色，成熟颗粒污泥平均粒径增加到 3.5mm 左右（图 4.10j）。由此可见，相对于 R1 采用逐步增强选择压，R2 采用出水污泥自然干化调理后并返投可以实现快速颗粒化。

（二）MLSS 和 SVI 的变化

在启动驯化阶段，SBR 系统中初始污泥浓度 MLSS 为 3.746g/L，MLVSS 为1.873g/L，且 MLVSS/MLSS 为 0.5，这表明接种污泥无机物成分所占比例较大。运行 10 天，R1 和 R2 中 MLSS 都增长到 5.885g/L 左右，MLVSS 和 MLVSS/MLSS 也随之分别增加到 4.834g/L 和 0.82。这表明经过驯化培养，微生物开始适应新的环境并开始大量繁殖生长，并且 2 个 SBR 系统中 MLSS 变化基本一致。

在第二阶段，随着沉淀时间的大幅缩短（由 15min 缩短至 5min），R1 中大部分较轻的絮体随着出水排出，进而导致 MLSS 和 MLVSS 分别降低到 2.328g/L 和2.12g/L（12 天）。此后，污泥逐渐适应并开始生长，直到第 23 天 MLSS 和 MLVSS分别增长到 2.857g/L 和 2.571g/L。在第三阶段，随着沉淀时间进一步缩短至 2min，R1 中 MLSS 和 MLVSS 出现短暂的波动（选择压过大导致絮体污泥被洗出），随后逐渐增加,并在第48天达到最大,此时MLSS和MLVSS分别为3.99g/L、3.63g/L,随后趋于稳定。然而MLVSS/MLSS在第一阶段大幅增长,随后在B和C阶段处于稳定阶段并维持在0.9。

从第10天开始,R2沉淀时间由15min直接缩短至2min,MLSS从5.885g/L急剧降低到1.621g/L(14天)。R2在第15~21天平均每天返投(1.75±0.05)g/L自然干化污泥,共返投7次,这就促使R2中MLSS和MLVSS不断增大,并在第50天后趋于平衡并分别维持在4.5g/L和4.05g/L左右。在整个过程中,R2中的MLVSS/MLSS随着MLSS逐步增加而增加,在第三阶段并未出现大幅变化,只有在污泥返投中有小幅降低,随后很快就恢复并维持在0.9。这说明在较强选择压下调理污泥返投有助于维持SBR中MLSS的稳定,并未对MLVSS/MLSS有显著影响。

与此同时,两个SBR中污泥的SVI也有明显差异。在第一阶段,SBR中接种污泥SVI_5从最初的73.9mL/g增加到159.7mL/g,此时SVI由58.4mL/g逐步增加到77.3mL/g,而SVI/SVI_5从0.7下降到0.48。这说明微生物适应新的环境,在较长的沉淀时间(15min)内污泥开始未被洗出并开始大量生长。第二阶段,R1沉淀时间减少到5min,大部分较轻的污泥随着出水排出,而重的污泥留在R1中,SVI_5和SVI开始急剧下降,这就导致SVI/SVI_5大幅度增加。

第三阶段,随着选择压进一步的增大(沉淀时间为2min),R1中的SVI_5和SVI持续降低。运行至37天,SVI_5和SVI分别降到51.6mL/g、46.4mL/g,SVI/SVI_5增加到0.9,随后趋于稳定。相对于R1来说,R2从第一阶段直接过渡到第三阶段,沉淀时间从15min直接缩短到2min,直接造成SBR系统中大量污泥随出水排出。运行至14天,SVI_5和SVI分别降低到75.5mL/g、63.2mL/g。随后从第15天起,R2每天返回一定量自然干化污泥,直至第21天结束。由于较为密实的聚集体返回到R2中,此后SVI_5和SVI分别逐步降低到55.5mL/g和50.5mL/g,而SVI/SVI_5一直增加到0.91,随着反应器趋于稳定运行,上述参数开始趋于平衡。

研究表明,当污泥$SVI/SVI_5 \geqslant 0.9$时,即污泥无压缩沉淀时,说明好氧污泥实现颗粒化(de Kreuk et al.,2007;Verawaty et al.,2012;Gao et al.,2011)。由此可见,R2在第23天就实现颗粒化,而R1直到第37天才实现颗粒化。这说明相对于常规方法,SBR出水污泥经自然干化外部调理后返投可以显著减少启动阶段颗粒化所需时间,实现好氧污泥快速颗粒化。

(三)沉速、粒径和SOUR的变化

在颗粒化过程中,R1和R2中污泥的沉速、SOUR、平均粒径也随之发生变化。在起初阶段,SBR中污泥的沉速、SOUR及平均粒径基本相同,即随着微生物适应新的营养环境并开始生长,污泥的沉速从最初的9.8m/h缓慢减少到7.25m/h。随着选择压的增加,颗粒化得到强化,R1中的污泥平均粒径由0.05mm

逐渐增大到 0.86mm，随后趋于 1.1mm 左右。同时 SOUR 和沉速处于增长趋势，运行至 31 天两者分别达到 23.5mg O$_2$/（g VSS·h）和 14.5m/h。随着污泥颗粒化趋于稳定，SOUR 和沉速分别增加到 26.2mg O$_2$/（g VSS·h）和 16.2m/h，逐渐趋于平衡。

在第三阶段，R2 中污泥沉速和粒径迅速增大，随后逐渐趋于平衡，而 SOUR 先降低随后逐渐上升并趋于稳定。最终，R2 中污泥的沉速、SOUR 和平均粒径分别为 25.8m/h、27.8mg O$_2$/（g VSS·h）和 2.8mm。但 R1 和 R2 中污泥上述参数还是略有不同，这是因为 R2 出水污泥经过自然干化调理后形成具有一定粒径大小和较低 SOUR 的污泥聚集体，这些聚集体返投到 SBR 中导致系统中污泥平均粒径和沉速显著增加且降低了污泥的 SOUR。

（四）EPS 的变化

在污泥启动驯化阶段，经过 10 天的驯化，2 个 SBR 系统中 EPS 由最初的 56mg/g VSS 增加到 75.6mg/g VSS，同时 PN 也由 13.5mg/g VSS 增加到 50.3mg/g VSS，而 PS 则由 42.4mg/g VSS 下降到 25.3mg/g VSS。随着沉淀时间的逐渐缩短，R1 相继进入第二阶段和第三阶段，其污泥中的 EPS 和 PN 分别大幅度降低至 68.8mg/g VSS 和 37.2mg/g VSS（14 天），随后逐渐开始增加，在第 37 天实现颗粒污泥开始趋于稳定，最终在第 57 天分别达到 73.2mg/g VSS 和 39.4mg/g VSS。然而 R1 中污泥 PS 在 B 阶段逐渐增加到 32.2mg/g VSS（17 天），随后在第三阶段渐趋于稳定。

而 R2 直接进入 C 阶段，其 EPS 和 PN 分别显著降低至 60.1mg/g VSS 和 31.5mg/g VSS（14 天），略低于同时期 R1。这是由于 R2 选择压大于 R1，R2 中大量污泥被洗出，因此同时间的 R2 中污泥浓度明显低于 R1，从而同时期 R2 中 EPS 略低于 R1。将自然干化调理形成的污泥聚集体返投到 R2 中，反应器中 EPS、PS 和 PN 均有所增加，并最终分别稳定在 91.6mg/g VSS、40.5mg/g VSS 和 51.1mg/g VSS。试验结果表明，在好氧颗粒污泥培养过程中，R1、R2 中 EPS、PN、PS 含量变化趋势基本类似；在颗粒化进程中，EPS、PN 和 PS 含量逐渐增加，之后三者含量在颗粒成熟时期趋于稳定。试验结果还表明，R1 和 R2 中颗粒污泥中 PN 含量始终高于 PS，这说明 PN 对颗粒污泥的形成和稳定具有重要作用。

五、污染物的去除效果

当 SBR 系统实现颗粒化并运行稳定时，分别对其一个周期内污染物随时间的变化情况进行分析。试验结果表明，R2 中 COD 和 NH$_4^+$-N 在 60min 内基本得到全部降解，其降解速率明显快于 R1；而 NH$_4^+$-N 在 90min 内基本得到全部降解。这可能与 SBR 系统的污泥浓度存在差异有关，此时 R1 和 R2 中的 MLSS 存在一定差异。同时，R1 和 R2 在 60min 内都出现 NO$_3^-$-N 累积，但 R2 中 NO$_3^-$-N 浓度略高于 R1。随后 2 个 SBR 中的 NO_3^--N 浓度逐渐降低至 0mg/L（120min）。然而在整个周期内 2 个反应器中 NO_2^--N 并未有显著变化。研究表明，颗粒污泥粒径的大小对同步硝化反硝化效果具有一定的影响，在相同的溶解氧条件下，粒径较小的颗粒只能提供较小的缺氧区域，这就限制了氮的去除。试验结果表明，R2 中的颗粒污泥平均粒径明显大于 R1 中颗粒污泥的平均粒径，进而导致 R2 中的同步硝化反硝化效果比 R1 的要明显。

六、快速颗粒化的原因分析

本试验中颗粒污泥快速形成的原因主要是 SBR 出水污泥经自然干化调理后快速形成聚集体，将其返投充当"诱导核"加速好氧污泥颗粒化，具体分析如下（图 4.11）。

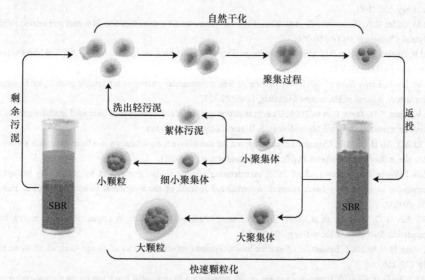

图 4.11 SBR 出水污泥经自然干化调理返投加速好氧污泥快速颗粒化模型图

（1）SBR 出水污泥调理。在较短沉淀时间下，将 SBR 中沉降性能差的絮体污泥排出并收集起来，通过自然干化调理后，絮体污泥中含水率大幅下降，也可以降低双电层斥力并挤压水化膜，并在微生物分泌的 EPS 的吸附与黏结作用下使得污泥紧密接触，短时间内形成污泥聚集体。

（2）调理污泥返投阶段加速颗粒化。在投入反应器初期，污泥聚集体吸水，体积变大，含水率增加，使污泥强度降低，同时在水力剪切力的作用下，结构不够紧凑、密实的聚集体被分解为聚集体和絮体污泥。沉降性能较好的微小聚集体停留在 SBR 中，微生物以这些聚集体作为诱导核，在其表面逐渐吸附聚集、生长，并停留在反应器中，在细胞疏水性、EPS 吸附桥联和水力剪切力等共同作用下，污泥形态趋于规则，结构也更加紧凑，在水力剪切力的继续作用下最终形成一个稳定成熟的好氧颗粒污泥；结构紧凑、密实及物理强度较强的粒径较大的聚集体停留在 SBR 中，微生物逐渐适应系统环境和自身结构而恢复活性，在水力剪切作用下，细胞表面疏水性提高，污泥中 EPS 保持较高和稳定的含量，使颗粒污泥的强度逐渐增大，形态趋于规则，结构也更加紧凑，逐渐变成成熟好氧颗粒污泥；沉降性能较差的絮体污泥在强选择压下被排出反应器，通过收集、调理，再次返回 SBR，直至实现颗粒化。

参 考 文 献

APHA. 1998. Standard Methods for the Examination of Water and Wastewater. 20th ed. Washington DC: American Public Health Association.

de Kreuk M K, Kishida N, van Loosdrecht M C M. 2007. Aerobic granular sludge-state of the art. Water Science and Technology, 55: 75-81.

Dubois M, Gilles K A, Hamilton J K, et al. 2002. Colorimetric method for determination of sugars and related substances. Analytical Chemistry, 28(3): 350-356.

Frolund B, Griebe T, Nielsen P H. 1995. Enzymatic activity in the activated-sludge floc matrix. Applied Microbiology and Biotechnology, 43: 755-761.

Gao D W, Liu L, Liang H, et al. 2011. Comparison of four enhancement strategies for aerobic granulation in sequencing batch reactors. Journal of Hazardous Materials, 186: 320-327.

Ivanov V, Wang X H, Tay S T, et al. 2006. Bioaugmentation and enhanced formation of microbial granules used in aerobic wastewater treatment. Applied Microbiology & Biotechnology, 70: 374-381.

Li A J, Li X Y, Yu H Q. 2011. Granular activated carbon for aerobic sludge granulation in a bioreactor with a low-strength wastewater influent. Separation & Purification Technology, 80: 276-283.

Li J, Liu J, Wang D J, Chen T, et al. 2015. Accelerating aerobic sludge granulation by adding dry sewage sludge micropowder in sequencing batch reactors. International Journal of Environmental Research & Public Health, 12: 10056-10065.

Li X M, Liu Q Q, Yang Q, et al. 2009. Enhanced aerobic sludge granulation in sequencing batch reactor by Mg^{2+} augmentation. Bioresource Technology, 100: 64-67.

Liu H, Fang H H P. 2002. Extraction of extracellular polymeric substance (EPS) of sludge. Journal of Biotechnology, 95(3): 249-256.

Liu J, Li J, Xu D et al. 2020. Improving aerobic sludge granulation in sequential batch reactor by natural drying: effluent sludge recovery and feeding back into reactor. Chemosphere(Oxford), 242: 125159.

Liu Y Q, Lan G H, Zeng P. 2016b. Size-dependent calcium carbonate precipitation induced microbiologically in aerobic granules. Chemical Engineering Journal, 285: 341-348.

Liu Y Q, Tay J H. 2015. Fast formation of aerobic granules by combining strong hydraulic selection pressure with overstressed organic loading rate. Water Research, 80: 256-266.

Liu Z, Liu Y Q, Kuschk P, et al. 2016a. Poly aluminum chloride (PAC) enhanced formation of aerobic granules: coupling process between physicochemical-biochemical effects. Chemical Engineering Journal, 284: 1127-1135.

Qin L, Liu Y, Tay J H. 2004. Effect of settling time on aerobic granulation in sequencing batch reactor. Biochemical Engineering Journal, 21(1): 47-52.

Sheng G P, Yu H Q, Li X Y. 2010. Extracellular polymeric substances (EPS) of microbial aggregates in biological wastewater treatment systems: a review. Biotechnology Advances, 100: 3193-3198.

Verawaty M, Pijuan M, Yuan Z G, et al. 2012. Determining the mechanisms for aerobic granulation from mixed seed of floccular and crushed granules in activated sludge wastewater treatment. Water Research, 46: 761-771.

第五章　连续流好氧颗粒污泥的培养

第一节　连续流好氧颗粒污泥研究进展

一、引言

好氧颗粒污泥首先在连续流反应器中被发现，但后续研究表明，SBR 内理想的推流环境、较大的水力剪切力、可调控的污泥筛选机制和选择压力等更有利于好氧颗粒的形成及保持，而这些颗粒化的必要条件，在 CFR 上实现较为困难，并有研究表明好氧颗粒污泥在 CFR 条件下会出现失活和不稳定的迹象（Lee et al.，2010），这也是大多研究成果都出自 SBR 的主要原因。目前利用 SBR 培养好氧颗粒污泥在实验室水平上成功用于各种废水的处理，且目前在城市污水处理方面已经有多个试点和全面应用。2003 年全世界首例中试规模的好氧颗粒污泥 SBR 在荷兰 Ede 污水处理厂试验成功，荷兰 DHV 公司开发的 Nereda®工艺（基于 SBR 工艺）在 2005 年首次报道应用于污水处理，此后世界各地先后有 40 个污水处理设施都应用了该工艺。

然而，现有 SBR 工程通常应用于小规模污水处理厂，与其他连续运行构筑物串联较为困难，相比之下，CFR 在此方面更有优势，具有灵活、运行简便、设备利用率高等优点，并且 CFR 是污水处理领域中广泛采用的形式，因此，若要将好氧颗粒污泥技术广泛推广应用，必须在连续流的研究上有所突破，解决连续流状态下好氧颗粒污泥的颗粒化与稳定运行等瓶颈。目前，有关连续流好氧颗粒污泥的研究基本还处于实验室阶段，开展相关连续流好氧颗粒污泥的探索和应用显得尤为重要。

二、基本情况

选择性保留沉降性能优良的颗粒已被确定为 SBR 中好氧颗粒污泥形成的最主要驱动力，该选择压在可以控制沉降时间的柱式 SBR 中易于应用，而在 CFR 中较难实现。通常 CFR 中二次沉淀设备沉淀时间较长，以稳定出水水质，即使设计沉淀时间与 SBR 相当，但由于连续流的水体扰动，也难以选择颗粒。因此，污泥颗粒化过程要求 CFR 具备高效的机械性能，以便在出水位置快速分离沉降性能优良的颗粒并将其保留于反应器内部，因此，急需一种简单有效的方法将基于沉速的选择压引入 CFR。

  通常连续流工艺采用在重力沉淀池或澄清池进行固液分离，因此必须将筛选后沉降性能较好的污泥循环回反应池内，但传统的污泥回流泵系统在循环过程中可能会压碎或损坏已形成的颗粒污泥。在 CFR 中营造基质丰富-匮乏条件同样面临难题，大多数试验研究中 CFR 为完全混合结构，即反应器内各位置有机污染物浓度大体相同，由于有机底物不断被微生物消耗利用，因此反应器内底物浓度恒定保持在低水平。虽然推流式条件较好，但基质丰富-匮乏条件显然不如 SBR。较低的底物浓度使得有机物、DO 和其他营养物质无法进入较大粒径颗粒的核心，使得大颗粒结构松散甚至分解。此外，丝状细菌在低底物浓度下对有机物的竞争能力大于颗粒污泥，并可能在反应器中占据主导地位。表 5.1 列举了 2003 年以来报道的关于连续流好氧颗粒形成策略和基本情况。

表 5.1 连续流好氧颗粒污泥技术研究情况

年份	主要研究者	反应器形式	接种污泥	颗粒粒径（mm）	好氧颗粒污泥形成策略
2003	Tsuneda et al	上流式反应器	活性污泥	0.346	内部固液分离器，合适的曝气量
2006	Tsuneda et al	上流式反应器	好氧颗粒污泥	—	接种污泥，固液分离器
2006	Tsuneda et al	连续搅拌釜式反应器	好氧颗粒污泥	1.0～1.2	接种污泥
2008	Wang et al	鼓泡塔	生物膜	2～3	内部筛分
2008	Jin et al	气升式反应器	活性污泥	1.54	三相分离器，低 HRT 的保留颗粒
2009	Chen et al	鼓泡塔	好氧污泥+厌氧消化池污泥	2.5	三相分离器，接种污泥形成核心
2010	Juang et al	鼓泡塔	好氧颗粒污泥	1.9	接种污泥，存在高 PO_4^{3-} 浓度
2010	Bartroli et al	气升式反应器	好氧颗粒污泥	0.7～0.9	接种污泥
2010	Kishida et al	上流式反应器	活性污泥	0.226	固液分离器，控制表面负荷率
2010	Matsumoto et al	连续搅拌釜式反应器	好氧颗粒污泥	1.6	接种污泥
2010	Zhang et al	升流式厌氧污泥床	AOB 及厌氧氨氧化污泥	0.8～1.0	在亚硝酸盐上完全自养脱氮
2012	Liu et al	气升式＋膜生物反应器	好氧颗粒污泥	0.1～1.0	接种污泥，带沉淀池的气升式反应器，MBR 用筛子
2012	Kishida et al	上流式反应器	好氧颗粒污泥	＞0.2	接种污泥，固液分离器
2013	Zhou et al	气升式反应器	活性污泥	0.635	三相分离器
2013	Zhou et al	气升式反应器	活性污泥	0.7～1.0	三相分离器
2013	Zhou et al	气升式反应器	活性污泥	0.9	三相分离器
2013	Wan et al	—	好氧颗粒污泥	—	三相分离器，接种污泥
2014	Li et al	改良氧化沟	厌氧/好氧混合污泥	0.6	可调节沉降挡板挡住大颗粒

续表

年份	主要研究者	反应器形式	接种污泥	颗粒粒径（mm）	好氧颗粒污泥形成策略
2014	Liu et al	鼓泡塔	活性污泥	1.0～3.0	基于尺寸选择压力
2014	Yang et al	气升式反应器	过滤反冲洗的生物膜	0.6～0.9	三相分离器
2014	Zhou et al	气升式反应器	活性污泥	0.51	三相分离器
2014	Wan et al	上流式反应器	好氧颗粒污泥	2.5～3.5	接种污泥，三相分离器
2014	Wan et al	上流式反应器	好氧颗粒污泥	2～3	接种污泥，三相分离器，部分亚硝化，低 C/N
2014	Jemaat et al	上流式反应器	好氧颗粒污泥	1.0～1.5	接种污泥，三相分离器
2014	Jemaat et al	上流式反应器	—	0.9～1.1	三相分离器
2014	Wan et al	连续流反应器	好氧颗粒污泥	—	接种污泥
2014	Zhao et al	膜生物反应器	活性污泥	3～6	接种污泥
2014	Carvajal et al	上流式反应器	厌氧氨氧化颗粒污泥	—	接种污泥，亚硝酸盐的自养脱氮
2015	Liu et al	混合上流式反应器	好氧颗粒污泥	1.2	接种污泥，CaCO$_3$ 沉淀
2015	Long et al	上流式反应器	好氧颗粒污泥	1.8	接种污泥，斜管沉降器+外部沉淀池
2015	Long et al	上流式反应器	好氧颗粒污泥	1.2	接种污泥，斜管沉降器+外部沉淀池
2015	Jemaat et al	气升式反应器	好氧颗粒污泥	—	接种污泥
2015	Isanta et al	气升式反应器	好氧颗粒污泥	0.5～1.5	接种污泥，三相分离器
2015	Bumbac et al	上流式反应器	好氧颗粒污泥	—	接种污泥，内部沉降槽
2015	Varas et al	鼓泡塔	氨氧化污泥	1.9	亚硝酸盐的自养脱氮，拓宽顶部让固体分离
2016	Sajjad et al	膜生物反应器	好氧颗粒污泥	0.625	接种污泥，内部沉淀池，接种污泥
2016	Li et al	鼓泡塔	预处理活性污泥	0.9	外部沉淀池
2016	Li et al	鼓泡塔	预处理活性污泥	—	外部沉淀池
2016	Li et al	鼓泡塔	预处理活性污泥	0.95	外部沉淀池
2016	Li et al	鼓泡塔	预处理活性污泥	0.96	外部沉淀池
2016	Li et al	鼓泡塔	预处理活性污泥	0.93	新型沉降式反应槽，逐步减少沉淀时间
2016	CoRino et al	折流膜生物反应器	好氧颗粒污泥	1.3～1.6	接种污泥
2016	Poot et al	气升式反应器	部分氨氧化和硝化污泥	0.9～1.4	三相分离器
2016	Ramos et al	气升式反应器	部分硝化污泥	1.0～2.7	三相分离器，高 DO 以防止限制扩散
2016	Chen et al	连续流反应器	强化生物除磷污泥	4.8～6.1	SBR 中高 C/N 条件下接种颗粒污泥
2016	Reino et al	气升式反应器	富含氨氧化细菌的污泥	0.81	三相分离器，低温下保存 EPS

年份	主要研究者	反应器形式	接种污泥	颗粒粒径（mm）	好氧颗粒污泥形成策略
2016	Li et al	上流式生物膜反应器	氨氧化颗粒和絮体污泥	2.0～5.0	—
2016	Gonzalez et al	鼓泡塔	亚硝酸盐的自养脱氮污泥	—	亚硝酸盐的自养脱氮
2017	Xin et al	折流鼓泡塔	活性污泥	0.5～2	分离器，接种特殊细菌，$Ca_3(PO_4)_2$ 沉淀
2017	Yulianto et al	气升式反应器	—	1.5～2.6	
2017	Hou et al	气升式+膜生物反应器	SBR 沉积污泥	—	带沉淀池的气升式反应器
2017	Qian et al	曝气连续搅拌釜式反应器	好氧颗粒污泥	—	接种污泥，沉淀区，减少 HRT 以增加 EPS
2017	Gonzalez et al	鼓泡塔	亚硝酸盐的自养脱氮污泥	—	接种污泥
2017	Rodriguez et al	上流式反应器	亚硝酸盐的自养脱氮污泥	1～2	接种污泥
2017	Chen et al	导流膜生物反应器	活性污泥	0.228	膜内部液体循环保留的总固体含量
2018	Cofré et al	双池系统	活性污泥	1～5	双混合好氧池筛分系统
2018	Devlin et al	连续流反应器	曝气池污泥	1.0～3.0	内部沉淀池，选择压
2018	Li et al	连续流反应器	成熟亚硝化颗粒污泥	—	接种污泥，内部沉淀池，选择压
2018	He et al	网板连续流反应器	活性污泥	0.18～0.25	内置网板，选择压
2018	Zou et al	连续流反应器	活性污泥	0.1～0.15	双区沉淀，选择压
2020	Xu et al	一体式氧化沟	脱水污泥	0.37～0.66	双区沉淀，污泥外部调理
2020	Liu et al	连续流反应器	活性污泥	0.21	双区沉淀，选择压

分析已见刊文献可知，CFR 实现污泥颗粒化，必须将选择压作为根本驱动力，已确认多种技术途径可维持 CFR 中的总生物量。按照机制分类，选择压有多种形式，可以根据沉降速度、颗粒粒径或某些组合来筛分生物量，也可根据反应器的不同结构来进行筛选。

Hou 等（2017）的研究中验证了基于沉速的选择压对于 CFR 中污泥颗粒化的必要性，试验采用气升式反应器（airlift reactor，ALR）、内沉淀池和 MBR 串联的反应器，探究了 HRT、进水组分和 DO 对污泥颗粒化的影响，沉淀池为 ALR 提供选择压，沉降性能较差的污泥排入 MBR 中，快速沉降的污泥被重新循环回 ALR，MBR 中未设置其他选择手段，研究发现，在 ALR 中观察到颗粒形成，MBR 中未报道发现，并且试验期间，MBR 内 SVI 始终高于 60mL/g，与之相反，ALR 中的污泥在选择压存在的条件下始终保持良好的沉降性能（Martin et al.，2016）。

CoRino 等（2016）将颗粒污泥转移到 MBR 中培养，在连续进出水的情况下，颗粒污泥在 42 天后发生解体，最终颗粒化程度（颗粒生物量占总生物量的比例）仅维持在 40%，在间歇进水、连续出水营造了基质丰富-匮乏条件的情况下，颗粒污泥仅稳定维持约 30 天，并由于缺少基于沉速的选择压，也没有新颗粒形成。本文进一步研究总结也证实，选择压是实现连续流好氧颗粒污泥技术的关键因素。

虽有报道指出 CFR 中污泥颗粒化并不需要基于沉速的选择压，但实际情况并不属实。Yulianto 等（2017）比较了 SBR 和连续流 ALR 中的 SVI 及聚集体的形态，ALR 中形成的较大聚集体在显微镜状态下表征为大而松散的絮凝体，并不是颗粒污泥，且该污泥 SVI 为 80~90mL/g，该试验被认定为污泥在没有选择机制的情况下颗粒化失败。

Chen 等（2015）的研究也得到类似的结论，试验采用完全混合反应池与沉淀时间为 2h 的外部沉淀池串联工艺，研究指出污泥颗粒化并不需要较短的沉淀时间，但所报道的镜检结果表明，形成的聚集体仅可表示为 SVI 为 50~90mL/g 的大型絮凝体，颗粒是否形成仍然不清楚，研究中所提出的聚集机制是丝状菌对微生物的缠绕作用，但革兰氏染色和奈瑟染色结果表明，在聚集体中并没有进一步的丝状菌缠绕作用，因此这类聚集体不归类为颗粒。

也有研究指出循环流化床可在不需要基于沉速的选择压的情况下，实现污泥颗粒化，指出水力剪切力才是颗粒化的关键。但该试验是在配备三相分离器的 ALR 中进行的，由于三相分离器能够为污泥颗粒化提供筛选条件，因此基于沉速的选择压可能促进了该试验的颗粒化进程，并且所提供的选择压可能比剪切力更能解释颗粒的形成。

在 CFR 中也可通过沉速差异来筛选生物量，大多通过内部或外部的固液分离装置来实现。试验中上流式反应器的固液分离通常采用一个挡板来实现，该挡板与三相分离器类似，将反应器内曝气区与沉降区分隔，近年来该设计在小试规模好氧上流式 CFR 中也得到了广泛应用。ALR 可与三相分离器或传统折板沉降工艺组合，外部配备简单固液分离装置即可，例如，Zou 等（2018）使用了一个带有双沉淀区的折流式外沉淀罐实现了生物量的筛选，较重的生物质沉淀在第一沉淀区并循环回反应器，而较轻的生物质停留在第二沉淀区。

在研究过程中也报道了其他更为复杂的分离技术。Li 等（2014）在改良氧化沟工艺中使用独特的内沉降区实现了污泥颗粒化，该沉降区由一个可调控沉降时间的移动挡板构成，挡板倾斜也有利于颗粒沉降。Liu 等（2012）提出了一种底部气举运行、上部气泡柱运行的混合反应器，该结构使颗粒污泥在挡板的诱导下仅循环保留于反应器下部。

CFR 中的沉降时间可能直接影响污泥颗粒化所需时间，Li 等（2015）通过对比连续逆流折流反应器（RFBR）和 SBR 中的污泥颗粒化进程，发现 SBR 中颗粒的形成速度比 RFBR 快，且沉降时间更长；另一研究中，Li 等（2014）在 SBR（静置时间 20min）中 4 天内观察到颗粒形成，在改良连续流系统（静置时间 60min）中 13 天内观察到颗粒形成，通过不断调节出水高度来缩短沉降时间，最终在 16 天内完成了 CFR 好氧颗粒污泥技术快速启动。

基于粒径的选择压（仅允许小絮凝体通过）被认为是一种可能代替基于沉速的选择压的筛选方式，该选择压将微小絮凝体及颗粒死细胞排出池体，保留了粒径较大的生物量。Liu 等（2012）采用了 ALR/MBR 组合系统，并外部配备提供选择压的沉淀池，沉淀池中筛网仅允许粒径小于 0.1mm 的生物量排出水体，粒径较大的生物量则被保留于池体，但由于 ALR 中絮体生物量不断生成且排泥量较少，似乎限制了该筛选方式的有效性。Liu 等（2014）试图分别运行三个反应器来验证基于粒径的选择压的有效性，结果表明，SBR 和 CFR 在 20~25 天内成功培养出颗粒污泥，且颗粒化程度及 SVI 相当，其中 CFR 更快地达到了颗粒化最终程度，一方面由于 CFR 的连续选择，另一方面增添了粒径筛选策略，可将小颗粒及絮体生物量从反应器中筛选排出，使大颗粒污泥成为优势生物量，另有解释说明，CFR 通过筛选作用将大量颗粒死细胞排出池体，因此获得了更高的有机负荷，这是大颗粒污泥（2~3mm）形成的关键因素，目前还未证实基于粒径的选择压是否有利于大颗粒污泥的形成。

带有外部固液分离系统的 CFR 需将分离后的污泥重新循环回反应器，如何避免因回流系统导致的颗粒损失仍然是个技术难题，因此大多试验中 CFR 系统只配备沉淀区和污泥排放管，取消了泵回流装置。但 Li 等（2016b）和 Chen 等（2015）在试验中采用蠕动泵回收污泥，却未发现破坏颗粒污泥的现象。另一可能替代传统泵的为气提泵，其工作原理为在竖管底部曝气，因充气流体比上部流体密度低，该位置流体上升并排出反应器（Oueslati et al.，2017），被广泛应用于 BIOCOS®工艺和移动床生物膜反应器（moving-bed biofilm reactor，MBBR）之间转移生物膜载体的设计中。

在小试规模 CFR 中营造基质丰富-匮乏条件并不常见，已成功培养出好氧颗粒污泥的 CFR 中也是如此，因为在小尺寸反应器中，基质丰富-匮乏条件对颗粒化的影响并不明显。CoRino 等（2016）和 Li 等（2015）使用多个反应室串联的 CFR 系统研究了基质丰富-匮乏条件，由于反应器的长流程和进水底物丰富，COD 和其他营养物质逐渐被微生物消耗，远离入口的区域基质贫乏。Li 等（2015）在 RFBR 中以一种循环机制创造了基质丰富-匮乏条件，运行中以 2h 顺流、2h 逆流循环操作，每次流动方向反转时，富基质区和贫基质区的位置也将"循环"，于 21 天后形成好氧颗粒并在 135 天内保持颗粒稳定，颗粒最终直径达 0.13mm，该颗粒比典型的好氧颗粒小，但具有 43mL/g 的 SVI 和紧凑的圆形结构，所以将它们归类为颗粒污泥。Liu 等（2012）使用了类似的方法，在双反应器系统中以正向、反向循环运行，即一个反应器的出水作为另一个反应器的进水，虽然研究中未提及基质丰富-匮乏条件，但进水反应器可看作一个"饱食"阶段，出水反应器中也存在明显的"饥饿"现象。

CoRino 等（2016）通过间歇式添加有机物的方式创造了基质丰富-匮乏条件，并比较了间歇"喂养"与连续"喂养"对 CFR 中好氧颗粒污泥的影响，首先，将 SBR 培养的好氧颗粒以恒定的速率接种到 CFR 反应器中，在连续"喂养"状态下，观察到颗粒密度由 $100kg/m^3$ 下降到 $50kg/m^3$，蛋白质与多糖的比例（PN/PS）及 EPS 总量均有所下降，在改为间歇"喂养"后，颗粒百分比保持不变，但颗粒密度不断提高，EPS 总量从 200mg/g VSS 增加到 400mg/g VSS，该研究同时也指出，在保持反应器稳定运行和不增添基于沉速的选择压的情况下，基质丰富-匮乏条件未能促进新颗粒的形成。虽然基质丰富-匮乏条件对小试规模研究污泥颗粒化进程影响不明显，但也有证据表明，基质丰富-匮乏条件有助于提高 CFR 中污泥的沉降性能。

三、CFR 中好氧颗粒污泥技术处理效能

CFR 中好氧颗粒污泥技术已被验证可以有效去除 COD 和磷，虽然好氧 CFR 条件不利于 TN 的去除，但可与缺氧反应器串联以达到去除 TN 的目的，另外，含有厌氧氨氧化菌的好氧颗粒污泥（anammox-supported aerobic granule，ASAG）在污水处理方面已得到了实际应用，从目前研究中可知，CFR 中好氧颗粒污泥去除污染物能力与 SBR 相当。

（一）COD 的去除

大多 CFR 中好氧颗粒污泥 COD 去除率均在 90%以上，但也有部分仅达到 80%。Chen 等（2015b）监测了 CFR 好氧颗粒污泥在 OLR 为 $6\sim39g$ COD/（L·d）的有机物去除率，OLR 从 6g COD/（L·d）增加到 12g COD/（L·d）再到 18g COD/（L·d）时，COD 去除率在 84%左右波动，随着 OLR 继续提高，COD 去除率超过 90%，但达到 34.3g COD/（L·d）时，COD 去除率下降到 27%；Wan 等（2014a）在进水 COD 从 2500mg/L 逐渐下降到 1000mg/L 再降至 200mg/L 情况下，稳定保持 CFR 和 SBR 中好氧颗粒污泥 85 天且 COD 去除率均大于 94%；Lee 和 Chen 等（2015）的研究表明，带有无机沉淀的颗粒污泥有助于保持颗粒的稳定性，而降低温度则会削弱颗粒对 COD 的去除能力。

（二）脱氮

在研究 CFR 中好氧颗粒污泥技术时，脱氮效率及其影响因素一直是研究的重点。通常，CFR 中好氧颗粒污泥的 NH_4^+-N 去除率大于 90%，在特定情况下甚至接近 100%，NH_4^+-N 的高去除率得益于硝化颗粒的形成。Kishida 等（2012）研究发现，在正常硝化反应的 CFR 中观察到硝化颗粒形成，在添加硝化抑制剂的相同

反应器中却未发现该颗粒的形成，NH_4^+-N 去除率也下降明显；然而，NH_4^+-N 和 TN 的去除主要取决于 HRT、DO、温度、碳源等运行条件，生长缓慢的硝化细菌可提高低碳氮比 SBR 系统中的颗粒强度，该原理同样适用于 CFR，事实上，AOB 和 NOB 可在低底物浓度的连续流条件下正常生长；Kishida 等（2010）研究表明，基质丰富-匮乏条件并不影响硝化颗粒的形成，因为在有无该条件下形成的好氧颗粒污泥的 SVI 和颗粒形态十分相似。然而，CFR 中硝化颗粒的形成十分漫长，Ali 等（2016）耗时 199 天才培养出硝化细菌占比 15%的好氧颗粒；而 Tsuneda 等（2003）在精确控制曝气量为 0.071～0.2L/（min·L）的情况下 100 天内成功培养出了硝化颗粒。

在 CFR 模式下实现颗粒污泥的同步硝化反硝化也是众多研究者的一个目标，粒径较小的颗粒会阻碍反硝化作用，DO 进入颗粒内部从而阻碍了反硝化细菌缺氧核心的形成。然而，有报道指出，金属离子的沉淀作用（增加了环境碱度）促进反硝化菌的生长进而提高了 CFR 中颗粒的稳定性；Qian 等（2017）报道了厌氧氨氧化颗粒在连续流中的生长状况，研究认为，EPS 的增加抑制了 DO 向颗粒核心的扩散，为厌氧氨氧化菌提供了生存必要的厌氧环境；Wan 等（2014b）发现，紧密颗粒的内部也会有缺氧带的形成；Jin 等（2008）在 CFR 中开发了培养厌氧氨氧化颗粒的技术，技术内容尚未公布，但由于颗粒粒径较大（1.2～1.7mm），颗粒内部存在缺氧区域。

以氨氧化菌为核心的好氧颗粒可进行完全自养脱氮过程，因为部分硝化和脱氮过程可在单个颗粒中进行，NH_4^+-N 在颗粒外层 AOB 的作用下进行部分硝化反应，氨氧化菌将产生的亚硝酸盐氮和扩散进入内部的 NH_4^+-N 转化为氮气；Li 等（2016b）在上升式连续流颗粒污泥反应器中成功实现部分硝化-厌氧氨氧化技术，该工艺可用于温度适宜的主流污水处理中。

（三）除磷

一些学者对 CFR 中好氧颗粒污泥的除磷特性已做了大量研究，例如，一些研究考察了除磷颗粒从 SBR 接种到 CFR 中的稳定性，该颗粒在 SBR 中的 COD 去除率为 98%，磷酸盐去除率为 99%，虽然在接种 CFR 后的 24 天内，去除率下降到 79%和 64%，颗粒形态也由原来光滑球形变为松散的不规则结构，但该变化与颗粒未适应 CFR 流态有关，适应期过后颗粒得到了恢复，并稳定运行 55 天，去除效率也恢复接近原性能；Li 等（2016d）在 OLR<4mg COD/（L·h）的 CFR 中运行时发现，虽然颗粒除磷效果良好，但 EPS 含量减少，丝状菌大量生长，使用 SBR 反应器进行除磷研究时，可在 OLR 为 500mg COD/（L·h）情况下稳定运行；Li 等（2016b）在另一项研究中，在 CFR 系统外部设置了一个独特的外部沉淀池，逐步将沉淀时间从 9min 减少到 3min（与 SBR 相当），试验中 PAO 颗粒在

16天内快速累积并稳定运行6个月。CFR中颗粒沉淀必须克服流体流动阻力，以PAO为主的好氧颗粒较重，因此，在相同沉降时间情况下，CFR中的PAO颗粒污泥比在SBR中更容易富集。

其他研究人员也探索了CFR中好氧颗粒污泥的除磷能力，Liu等（2015）观察到CFR颗粒污泥系统在进水TP为10～25mg/L的情况下除磷率约为60%，同时比较了基于粒径选择压的CFR与SBR系统的除磷效率，CFR中除磷效率为1.479kg TP/（kg MLSS·d），略高于SBR中的1.371kg TP/（kg MLSS·d）。

（四）特殊废水处理

CFR中好氧颗粒污泥技术已被证明可以处理多种特殊废水，包括人工合成废水、城市污水、工业废水及混合废水，例如，Hasebe等（2017）验证了CFR中好氧颗粒污泥可去除半导体工业废水中的氮。事实上，CFR中水体连续流动，反应器中污染物浓度较低，因此，CFR中的颗粒污泥与SBR相比更易处理有毒化合物，如可用于吡啶和芳香化合物的处理。

在特殊废水处理中，抗生素和护理品的去除越来越受关注。吸附和降解都是CFR中好氧颗粒污泥技术中污染物的主要去除机制，例如，泼尼松龙、萘普生和布洛芬在连续流颗粒污泥MBR中去除率超过60%，Rodriguez-Sanchez等（2017）在连续流ASAG反应器中去除了50%的阿奇霉素、诺氟沙星和甲氧苄氨嘧啶，上述两组试验颗粒表现出的稳定性不同，产生差异的原因可能是废水组分和含有的抗生素特性不同，在MBR中添加1100mg COD/L后可在10天内观察到颗粒形成，但在一个月后颗粒失稳，连续流ASAG反应器形成的颗粒粒径较小，但结构更加完整致密，可预期随着耐抗生素真菌研究的发展，颗粒内部微生物结构也将发生巨大改变。Wanger等（2015）研究表明，CFR中好氧颗粒污泥技术在处理含颗粒废水方面比SBR更具有优势，SBR颗粒污泥处理含颗粒废水时易引发丝状菌膨胀，但CFR容积始终恒定，可通过减少沉淀时间来控制丝状菌以保持稳定运行。

四、实际应用与展望

以厌氧氨氧化菌为核心的好氧颗粒污泥（ASAG）处理技术已可全面应用于连续流高 NH_4^+-N 废水处理中。例如，ANAMMOX®工艺是一种可全面推广的连续流工艺，在含有固液分离器的上流式反应器中使用部分硝化-厌氧氨氧化颗粒处理废水，已被成功应用于中国和荷兰等地的硝化生物滤液、食品、酵母和制革厂废水的处理中，可在进水流量为 18 900m³/d、NH_4^+-N 为 600mg/L 的情况下达到90%的 NH_4^+-N 去除率。

最近一项研究调查发现，北美地区存在4家有利于污泥颗粒化的处理厂，年平均SVI均≤60mL/g（限定值），其中3家能形成颗粒污泥的原因被归结于营造了基质丰富-匮乏条件，该调查不仅表明营造基质丰富-匮乏条件是 CFR 颗粒污泥技术应用的关键因素，同时提出了各种营造策略，如可将回流污泥接触高浓度底物反应池后，再进入曝气池（Chen et al.，2015）。另一项研究报道了位于 Trinity River Authority 的污水处理设施中有大型絮凝体的产生并表现出与颗粒污泥类似的沉降性能，分析认为进水中含有大量可溶性 COD，高 OLR 促进了生长缓慢的硝化菌和 PAO 的积累，该两种菌在本文中已被证实可有助于大颗粒的形成（Brucce et al.，2014）。

已证明基于沉速或粒径的选择压是 CFR 污泥颗粒化的最重要驱动力，但在实际连续流工艺中实现该选择压仍然是技术难点，已被验证可行的方法便是使用水力旋流器，旋流器可根据密度和尺寸来筛分生物量，较重的物料（如颗粒污泥）在离心力的作用下顺着内壁从底部的出口流出，较轻的物料受到水阻力影响会在顶部出口分离。目前，已有三个实际规模污水处理设施（Strass Wastewater Treatment Plant、Ejby Mølle WWTP 及 James River WWTP）验证了使用水力旋流器培养好氧颗粒污泥的可行性，培养出的颗粒粒径为 0.25~0.4mm，颗粒化程度为 25%~35%（Willoughby et al.，2016，Van Winckel et al.，2016）。

水力旋流器和营造基质丰富-匮乏条件是改善 CFR 工艺中污泥沉降性能的有效手段，但为了更好地理解两者在 CFR 系统中的作用，还需进一步的研究。

另一项被提出可能提高污泥沉降性能的技术是饮用水处理中为提高沉淀效率使用的斜板沉降器，可通过最小程度地安装来提高当下沉淀池的沉降性能，因此很容易在污水处理中得到推广。

今后的研究工作需致力于克服上述所提出的技术难点，并需更加深刻理解 CFR 好氧颗粒污泥形成及稳定机制，建议研究方向如下。

（1）优化颗粒比例。虽然在各文献中没有明确量化过颗粒化程度的数值，但预计 CFR 中的数值通常低于 SBR。事实上，絮凝体和颗粒的共存状态具有与生物膜/活性污泥混合工艺（IFAS 系统）的相同特性，应进一步评估"混合絮体/颗粒"污泥在 CFR 中的处理优势，确定适宜的颗粒化程度。

（2）评估选择压性能。选择压是 CFR 中污泥颗粒化的关键，前文总结了基于沉速和粒径两种选择压，初步研究表明，两种选择压形成的颗粒污泥粒径及 SVI 相当，但基于粒径的选择压通过去除死细胞颗粒而获得更高的 COD 去除率。基于沉速的选择压已被认为是一种成功促进颗粒化的选择压，但目前研究有关基于沉速的选择压的论文还很少，为了验证此结论，需对各类选择压性能进行评估。

（3）验证长期稳定。已报道的 CFR 好氧颗粒污泥工艺稳定运行时长差异很大，许多反应器发现系统故障便停止运行了，目前运行时间最长的 CFR 仅一年左右，大约 40%的研究在颗粒形成后或接种颗粒适应连续流条件运行均少于 60 天，所以需进一步确定各种培养策略形成的 CFR 好氧颗粒污泥的稳定性。

（4）实际应用。有关 CFR 好氧颗粒污泥技术研究的最终目标是将该技术进行规模化运用来去除水中的污染物，其中一大技术难点便是在实际工况下基于沉速或粒径的选择压实现污泥颗粒化，表 5.1 中列出的大多方法仅为实验室规模，并且尚不清楚各设计工况如何在全尺寸系统中实施，另外，颗粒一旦形成，通过管道和泵输送过程中产生的颗粒破损问题也将成为一个实际难题，需对适宜的泵送设备或内部固液分离器评估选型，水力旋流器虽在研究中已被使用，但仍需更多的探讨，如制定易行策略来调整水力旋流器的最佳性能，可预测水力旋流器会是未来 CFR 实际运行中使用的主要分离技术；另一技术难点便是营造基质丰富-匮乏条件，目前已证明该条件可以改善污泥沉降性，却很少有研究在实践中创造或模拟这些条件，需进一步研究基质丰富-匮乏条件对颗粒化进程的促进作用及实际运行工况中的最佳设计参数。

第二节　好氧颗粒污泥倒向折流式连续流反应器

一、反应器的设计

为了在连续流反应器中同时实现较大的 H/D、周期性的基质丰富-匮乏、可调节的选择压及无需污泥回流的条件，在最大程度上满足好氧污泥颗粒化的需要，设计了如图 5.1 所示的倒向折流式连续流反应器。

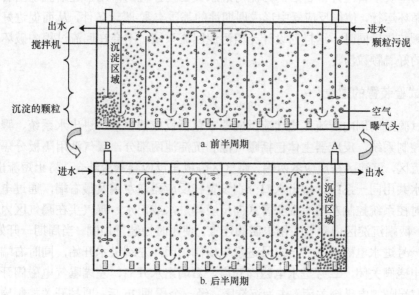

图 5.1　倒向折流式连续流反应器工艺示意图

在传统的推流式反应器中设置了若干块导流板，将反应器分为 10 个单元格，增加了每个单元格的 H/D，从而进一步增大反应器中的水力剪切作用。同时在反应器中设置导流板，还能有效增加进水流经反应器的有效距离，形成更好的水力条件。

为了在连续流反应器中形成周期性的基质丰富-匮乏条件，设计反应器采用倒向折流的进出水方式，即前半周期进水从右端往左端进水，此时右端第一个单元格 A 为反应区，左端第一个单元格 B 为沉淀区；此时运行 2h 后，后半周期进水从左端往右端进水，此时左端第一个单元格 B 为反应区，右端第一个单元格 A 为沉淀区。在前半周期当从右往左进水时，右端第一个单元格 A 生物处于基质丰富状态满足饱食条件，左端第一个单元格 B 处于基质匮乏状态满足饥饿条件；当进入后半周期，从左端往右端进水，右端第一个单元格 A 处于基质匮乏状态满足饥饿条件，左端第一个单元格 B 处于基质丰富状态满足饱食条件。这样运行的另一个重要原因是能使反应器中的污泥形成内回流，当在前半周期进水从右端往左端进水时，右端第一个单元格 A 为反应区，同时这里积聚着上一半周期沉淀的污泥，大量的污泥与进水的基质在该区域充分混合，在搅拌机和水流的推动下逐步向左推进，当前半周期快结束时，左端的 B 区为沉淀区，积累了大量的污泥，而此时沉淀区内的基质基本被消耗形成基质匮乏区。当后半周期开始后，B 区变为反应器，此时 B 区积累了大量的污泥，进水从左往右进行，这样原本处于基质匮乏区的污泥，又与含有丰富营养物质的进水在 B 单元格充分混合，从而由基质匮乏区转变为基质丰富区，混合后的污泥与进水又在搅拌机的作用下逐渐流动至右端。如此循环运行，使得反应器中形成周期性的基质丰富-匮乏条件，从而促进好氧污泥的颗粒化。同时，这样的设计无需污泥回流系统，不会在回流过程中破坏已经形成的好氧颗粒污泥。

二、试验装置的建立

试验采用倒向折流式连续流反应器，包括反应器主体、进出水系统、曝气系统、控制系统，反应器主体包括曝气池和沉淀池两部分，曝气池用隔板分隔成若干导流区，沉淀区在反应器两端。曝气区隔板与反应器紧密结合，防止短流出现。进出水共用同一系统，进出水口分别设置在反应器最左端及最右端，通过电磁阀连接时控系统控制左端右端交替式向反应器进水或出水。曝气头在曝气区内沿途安放，两端沉淀区内曝气头用电磁阀连接，使用时控装置控制。当周期一开始时，左端一号进水电磁阀开启，二号进水电磁阀关闭，左端进水开始，同时右端一号进水电磁阀关闭，二号进水电磁阀开启，右端出水开启，左端曝气电磁阀开启进行，右端曝气电磁阀关闭，作为沉淀区；经一个周期 2h 后，时控开关控制周期二开启，右端一号进水电磁阀开启，二号进水电磁阀关闭，右端进水开始，同时左端一号进水电磁阀关闭，二号进水电磁阀开启，左端出水开启，右端曝气电磁阀开启进行曝气，左端曝气电磁阀关闭，作为沉淀区，从而完成了倒向折流的过程。整个反应器由有机玻璃制成，呈长方形，长150cm，宽20cm，高50cm，有效容积为120L，反应器单元格 H/D 为3.3，装置如图5.2所示，工艺系统如图5.3所示。

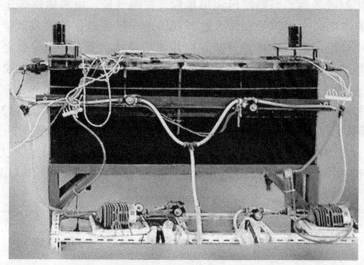

图5.2 倒向折流式连续流反应器实物图

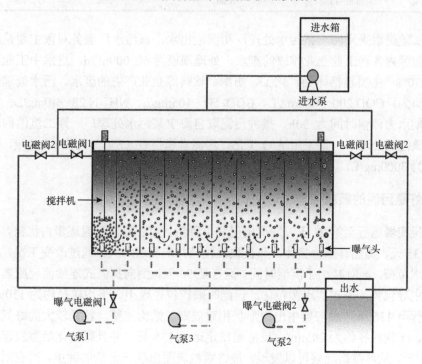

图5.3 倒向折流式连续流反应器系统图

　　该工艺采用了倒向折流的运行方式，最大程度上使反应器的构造满足好氧颗粒污泥形成的要求。在运行条件上，通过逐步提高进水流量以增大 COD 进水负荷，可能形成较大的选择压选择出轻质的絮体污泥，从而保留大量的重质污泥，为后续颗粒化创造条件。当颗粒污泥形成后，在曝气量、电机转速等运行不变的条件下，通过增大进水流量来增大选择压。进一步通过总结前人试验结果，分析之前在连续流反应器中培养好氧颗粒污泥的技术参数，本试验设定为三个运行阶段，具体运行参数如表 5.2 所示。第 I 阶段，运行 0～35 天，控制有机负荷为 0.54kg COD/（$m^3 \cdot d$），水力停留时间为 16.4h，沉淀时间为 1.50h，初始运行控制较低的进水流量，避免大量接种的絮体污泥排出系统；第 II 阶段，运行 36～65 天，控制有机负荷为 1.20kg COD/（$m^3 \cdot d$），水力停留时间为 7.3h，沉淀时间为 0.67h；第 III 阶段，运行 66～135 天，控制有机负荷为 1.60kg COD/（$m^3 \cdot d$），水力停留时间为 5.5h，沉淀时间为 0.50h。平均气升流速为 0.41cm/s，在室温 18～30℃下运行。

表 5.2　反应器的具体运行参数

运行阶段	运行天数	有机负荷[kg COD/（$m^3 \cdot d$）]	沉淀时间（h）	水力停留时间（h）
I	0～35	0.54	1.50	16.4
II	36～65	1.20	0.67	7.3
III	66～135	1.60	0.50	5.5

　　试验进水采用海宁某污水处理厂初沉池出水，该污水厂服务对象主要是所在工业园区内各种工业企业排放的废水，处理规模为 60 000m^3/d，进水中工业废水约占 70%，主要包括印染、化工、纺织、饮料等企业产生的废水。污水处理厂进水水质为：COD 200～600mg/L、BOD_5 50～105mg/L、NH_4^+-N 28～40mg/L。污水厂一期水力停留时间为 30h。接种污泥取自海宁某污水处理厂一期二沉池回流污泥，该污水处理厂一期采用 A/O 工艺，污泥容积指数（SVI）约为 66mL/g，接种泥量为 3000mg/L。

三、好氧污泥的颗粒化

　　反应器运行至第 21 天，发现出现细小颗粒，随后颗粒污泥逐步占优势，但运行至 35 天，仍然有部分絮体，并且颗粒粒径并未显著增大。通过改变工况，增大了进水负荷，同时减小了沉淀时间，运行至 90 天，倒向折流式连续流反应器中颗粒占主导优势，基本实现颗粒化，但此时颗粒粒径较小，平均粒径约为 130μm。当运行至 135 天，反应器中出现形状相对规则、结构完整、粒径较大的好氧颗粒污泥，平均粒径约为 205μm。反应器稳定运行 135 天，并且颗粒化后颗粒保持稳定 45 天。从显微镜观察可以发现，最终颗粒表面出现一定量的钟虫，这表明此时颗粒污泥有较好的生物活性与良好的生态种群（图 5.4）。

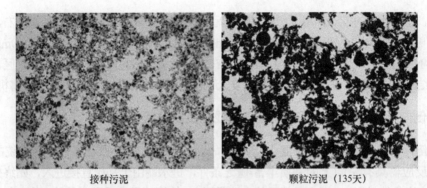

接种污泥　　　　　　　　　　　　颗粒污泥（135天）

图 5.4　倒向折流式连续流反应器中的污泥变化

　　培养到第 60 天的颗粒污泥扫描电镜结构如图 5.5 所示，可见形成了结构紧密、表面相对光滑规整的颗粒污泥，颗粒表面出现丝状菌。总之，随着颗粒化的进程，颗粒表面微生物逐渐丰富，结构逐渐变得紧密。

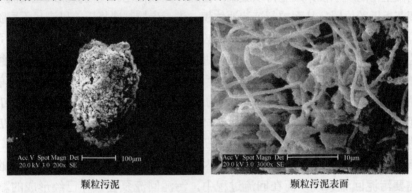

颗粒污泥　　　　　　　　　　　　颗粒污泥表面

图 5.5　颗粒污泥的表面结构

　　运行至第 135 天，MLSS 与 SVI 基本保持稳定，SVI 稳定在 34～35mL/g，而 MLSS 也达到 4380mg/L。最终出水 SS 也稳定在 50mg/L 左右。在显微镜下观察发现，此时颗粒粒径较大，表面规则，平均粒径达到 220μm。

　　颗粒污泥在形成的过程中，NH_4^+-N 基本得到全部去除，对 BOD_5 的去除率基本达到 90%，说明倒向折流式连续流反应器中颗粒污泥对 NH_4^+-N 和 BOD_5 有很好的去除效果。

　　初始周期从右往左进水，经过 90min 运行，污泥浓度呈递增趋势，污泥浓度从右端的 2067mg/L 递增至左端 5821mg/L，而 BOD_5 与 NH_4^+-N 呈递减趋势，BOD_5 从右端 30mg/L 降低至 10mg/L，NH_4^+-N 从右端 8.5mg/L 降低至 0mg/L，在反应器左端形成高污泥浓度，即基质匮乏区。下个周期开始时从左往右进水，进水基质与高浓度好氧颗粒污泥在搅拌装置的作用下充分混合，此时在左端形成高污泥浓度，即基质丰富区。在搅拌机的推动作用下，好氧颗粒污泥被推至右端，210min 后，从左往右，污泥浓度从左端 6112mg/L 降低至右端 2103mg/L，BOD_5 从左端 35mg/L 降低至 10mg/L，NH_4^+-N 从右端 13.2mg/L 降低至 0mg/L，在右端形成高污泥浓度，即基质匮乏区，此周期结束，从右往左进水，如此交替往复，形成了有效的周期性的基质匮乏-丰富机制。

四、倒向折流式连续流反应器颗粒形成的机制分析

倒向折流式连续流反应器中能形成周期性的基质丰富-匮乏条件。而传统的推流式反应器具有空间上的基质丰富-匮乏条件，进水端由于基质直接进入，始终处于基质丰富条件，而出水端由于基质基本被降解完，始终处于基质匮乏条件，无法像 SBR 那样形成周期性的基质丰富-匮乏条件。正是倒向折流式连续流反应器采用倒向的运行方式，从而使得在每个周期中形成异向的推流，并满足周期性的基质丰富-匮乏机制，这是影响好氧颗粒污泥形成的重要因素，因为周期性地满足基质丰富-匮乏机制，有利于提高微生物的疏水性，细胞得以凝聚，促进污泥颗粒化。倒向折流式连续流反应器可以调节折板的位置，从而控制沉淀池体积，进一步控制选择压，以满足不同阶段污泥颗粒化的需要。较短的沉淀时间能形成较大的选择压，将轻质絮体污泥排出系统，较重的颗粒污泥被留在反应器内，从而促进颗粒污泥的形成。在倒向折流式连续流反应器中加入导流板，这些导流板起到了将反应器分为多个单元格从而增大每个单元格的高径比（H/D）的作用，又能形成更好的水利条件，有利于基质与污泥的均匀混合，不出现短流的情况。而相关研究表明，倒向折流式连续流反应器具有较大的 H/D，这能促进微生物细胞分泌 EPS 从而有利于促进颗粒化，强化颗粒结构。

倒向折流式连续流反应器采用系统内回流，不需要污泥回流泵，而传统的 A/O 工艺需要污泥回流系统，而在回流过程中，污泥回流泵会破坏已经形成的颗粒。

综合以上几点，倒向折流式连续流反应器具有同时满足较大高径比、无需污泥回流、较短的沉淀时间及周期性基质丰富-匮乏机制的条件，这是传统连续流工艺无法满足的，同时也是该反应器能成功实现污泥颗粒化的重要原因。

第三节　好氧颗粒污泥合建式可变沉淀区氧化沟

一、反应器的设计

氧化沟工艺具备运行管理方便和构筑物简单方面的优点，在污水处理中被广泛采用。氧化沟中污水和活性污泥的混合液在其中循环流动，在流态上，氧化沟介于完全混合式与推流式之间（又称环行曝气池），对水温、水质和水量的变化有较强的适应性，污泥龄长，与传统活性污泥法相比，比增殖速率小的微生物更容易大量生存，并且有利于硝化细菌的生长，特别适合于污水的脱氮。而合建式氧

化沟集曝气和沉淀两种功能于一体，可免除污泥提升回流系统对颗粒污泥的破碎问题，减少占地面积，运行操作较简单，并且改造容易，更切合工程实际。

　　氧化沟由反应区和沉淀区合建在一起，通过两端的旋转搅拌器推动混合液循环流动，沉淀区设有斜板。沉淀池的设计沉淀时间低于1h，保证了较高的选择压，可能有利于好氧污泥颗粒化。沉淀池两侧设隔板，尤其是采用了可调容积式平流式-斜板结合的沉淀池，沉淀池容积可调，斜板的角度和高度可调，在沉淀池安装斜板主要是增加沉淀的水力负荷，有利于改善沉淀效果，泥水可以快速分离，同时也起到稳流的作用。可调式沉淀池根据试验进程缩小沉淀池容积，可以形成更大的选择压，可能有利于好氧颗粒污泥的形成，同时可以节约沉淀池面积，促进有效容积的利用。系统设计如图5.6所示。

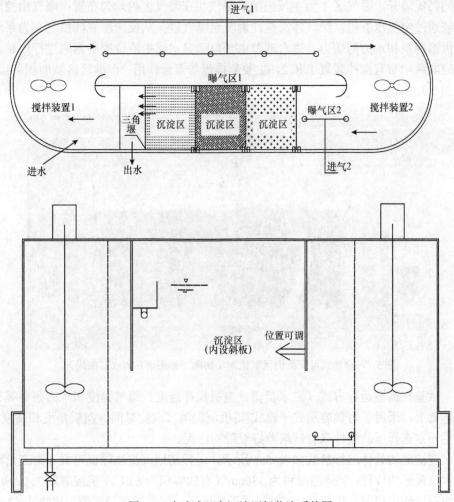

图 5.6　合建式可变沉淀区氧化沟系统图

采用实际城镇污水，在合建式氧化沟中培养好氧颗粒污泥，在控制进水负荷、曝气量和搅拌速度等运行方式的基础上，创新性地采用可调容积式沉淀池，控制一定的选择压，促进好氧颗粒污泥的形成，并对其颗粒特性、污染物去除效果和反应器内参数变化进行分析。

二、试验装置的建立

试验装置材料为有机玻璃，厚度为 8mm，总长 189cm，宽 22cm，高 40cm，弯道段内径为 11cm，有效容积为 60L。合建式氧化沟反应器包括反应器主体、进出水系统、曝气系统、搅拌系统。反应器主体内设有与气泵相连的曝气装置和电机控制的搅拌装置，其特征在于反应器主体包括曝气池和沉淀池两部分，两者由中间挡板隔开。曝气区 1 为主反应池，曝气头在曝气区内均匀布置；曝气由控制系统通过空气压缩机，经气体流量计调节至曝气砂头从反应器底部供气，为系统提供溶解氧和水力剪切力。进水液位由全自动缺水保护液位控制器来进行控制。反应器两端布有搅拌装置 1 和 2，主要起推流与混合作用；沉淀区区域面积可调，如图 5.7 所示。

图 5.7　合建式可变沉淀区氧化沟实物图（彩图请扫封底二维码）

试验在调整运行方式（进水负荷、电机搅拌速度、曝气强度和水力条件等）的基础上，采用了可调容积式平流式-斜板沉淀池（沉淀时间、斜板角度和高度）产生一定选择压的条件来尝试培养好氧颗粒污泥。

沉淀池的具体运行参数如表 5.3 所示。运行初期沉淀池隔板可置于离三角堰出水口最远的位置，沉淀池面积为 330cm² （有效容积为 6.6L），沉淀时间为 0.99h。三块斜板均以相同角度（45°～75°）置于液面下，逐步提高进水流量以增大 COD

进水负荷，可能形成较大的选择压选择出轻质的絮体污泥，从而保留大量的重质污泥，为后续颗粒化创造条件。当颗粒污泥出现并达到稳定时，在曝气量、电机转速及进水流量等运行不变条件下，缩短沉淀时间来增大选择压，逐步移动隔板位置和移除斜板来缩短沉淀区面积，直至将隔板放置在距三角堰出水口最近位置，此时沉淀区面积为 $110cm^2$（有效容积为 2.2L），沉淀时间为 0.33h，选择压最大。开启曝气区 2，不但满足反应区区域面积增加的需要，而且可以避免污泥在曝气区 2 发生堆积现象，这样既使反应区污泥充分混合，又保证了沉淀池流态稳定，有利于沉降性能差的絮体排出反应器外，从而可能促使好氧污泥完全颗粒化。

表 5.3　沉淀区的运行参数设置

运行天数	沉淀区隔板位置	沉淀区面积（cm^2）	有效容积（L）	流量（L/h）	沉淀时间（h）
1~92	位置 1	330	6.6	6.67	0.99
93~105	位置 2	220	4.4	6.67	0.66
106~120	位置 3	110	2.2	6.67	0.33

试验原水来自某工业园区废水处理厂。该污水处理厂收集的废水中生活污水约占 30%，工业废水约占 70%。其中工业废水主要包括印染、制革、化工等企业产生的，大部分为难降解物质，废水含有大量的无机杂质微粒。原水中 BOD_5 为 80~100mg/L，COD 为 200~400mg/L，NH_4^+-N 为 30~40mg/L。

接种污泥取自浙江某污水处理厂二沉池回流污泥，污泥中无机质成分较高，沉降性能较好；该厂污水处理采用 A/O 工艺，污泥结构松散，颜色为红褐色，污泥容积指数（SVI）为 78mL/g，沉速为 7.5m/h，MLVSS/MLSS 为 0.51。反应器的初始污泥浓度为 2500mg/L 左右。

三、好氧污泥的颗粒化

第 I 阶段，运行初期，逐步提高进水流量以增大进水负荷，同时调整电机搅拌速度、曝气量等形成一定的选择压促使颗粒污泥的形成。有机负荷控制在 0.4kg COD/（$m^3 \cdot d$），曝气量为 $1.0m^3/h$，对应曝气表面流速为 0.42cm/s，反应区 HRT 为 11h。这一阶段初期出水 SS 较高，最高可达 650mg/L，这是由于部分沉淀性能较差的絮体污泥随出水排出，反应器内 MLSS 急剧降低。随后反应器中开始出现细小颗粒，污泥粒径约为 140μm；SVI 明显降低，出水 SS 呈下降趋势，MLSS 缓慢增加，约为 1400mg/L。运行至第 17 天，SVI 已降低到 50mL/g。在第 29 天和第 58 天，有机负荷再次提高至 1.1kg COD/（$m^3 \cdot d$）和 2.5kg COD/（$m^3 \cdot d$），反应区水力停留时间缩短 3h，由于选择压的增大，沉降性能差的絮体与细小颗粒被选出反应器外，颗粒污泥逐渐占据主导，平均粒径达到了 380μm，SVI 稳定在

40mL/g 左右；出水 SS 缓慢降低，在第 92 天已降至 70mg/L；MLSS 达到 3210mg/L。

第 II 阶段，第 93 天将沉淀区的隔板移动以减小沉淀区面积为 220cm^2，出水 SS 立即增加到 450mg/L。随后出水 SS 逐渐降低，在第 102 天出水 SS 也降到了 70mg/L。此时颗粒平均粒径为 520μm，SVI 约为 43mL/g。

第 III 阶段，第 105 天将沉淀区的隔板移动以减小沉淀区面积为 110cm^2，沉淀时间为 0.33h。同时开启曝气区 2，增加反应区面积。水流由于更短的沉淀区停留时间，更多不易沉淀的污泥和小颗粒随出水排出，出水 SS 高达 680mg/L。直到第 120 天出水 SS 降至 180mg/L，SVI 达到了 44mL/g，污泥平均粒径达到 600μm，污泥浓度平均为 3800mg/L。

反应器运行至第 13 天，发现出现细小颗粒，随后颗粒污泥逐步占优势（沉淀池隔板置于位置 1 时）。运行至 92 天，颗粒平均粒径达到 380μm；通过移动沉淀池隔板位置和斜板来缩小沉淀区面积，从而缩短沉淀时间造成更大的选择压（沉淀池隔板置于位置 3 时）。当运行至 120 天，反应器中出现形状相对规则、形态完整、结构致密的成熟好氧颗粒污泥，平均粒径为 600μm。污泥形态的变化如图 5.8 所示。颗粒污泥在形成的过程中，NH$_4^+$-N 基本得到全部去除，对 BOD$_5$ 的去除率也达到了 90%以上，说明小试氧化沟反应器中颗粒污泥对 NH$_4^+$-N 和 BOD$_5$ 有很好的去除效果。

四、合建式可变沉淀区氧化沟颗粒形成的机制分析

设计成具有特殊功能的可调容积式平流式-斜板沉淀池的合建式氧化沟系统，无论反应器的设计、对环境的适应及应用的广泛性都有较大的优势。首先，合建式氧化沟将曝气和沉淀两种功能集于一体，可免除污泥回流系统，减少占地面积，运行操作较简单；其次，在流态上，氧化沟介于完全混合式与推流式之间，又称环行曝气池；最后，氧化沟对水温、水质和水量的变化有较强的适应性，污泥龄长。与传统活性污泥法相比，氧气沟比较有利于比增殖速率小的微生物生存，特别对硝化细菌的生长有利，对好氧颗粒污泥的形成也有很大的促进作用。

本试验合建式氧化沟是由反应区和沉淀区合建在一起的，通过两端的旋转搅拌器推动混合液循环流动，沉淀区设有斜板。沉淀池的初始沉淀设计时间低于 1h，保证试验在启动的过程中就有较高的选择压，容易选择出轻质污泥，这对污泥颗粒化有利。三块斜板（在同样的高度并采用相同的倾斜角度）将沉淀池从中间隔开等分为三个区域，混合液从底部流过，部分混合液则从斜板间隙上升进入沉淀区，沉降性能差的污泥经三角堰溢流出水，而沉降性能好的污泥则从斜板间隙回流至沉淀区底部随水流进入氧化沟反应区，这种设计不但保证了沉淀区流态稳定，泥水可以快速分离，而且在保证形成的颗粒污泥不被打碎的前提下无需其他回流装置可自动回流。

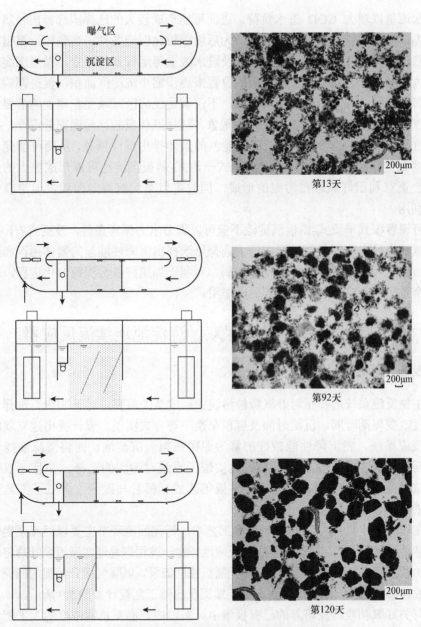

图 5.8　合建式可变沉淀区氧化沟运行阶段和污泥变化

　　在调整运行方式（进水负荷、电机搅拌速度、曝气强度和水力条件等）和可调容积式平流式-斜板沉淀池（沉淀时间、斜板角度和高度）的条件下培育好氧颗粒污泥。沉淀池不但容积可调，而且斜板的角度和高度可调，沉淀池范围可根据试验进度及污泥变化进行设置。沉淀区内斜板均以相同角度置于液面下，逐步提高进水流量以增大 COD 进水负荷，进而可能形成较大的选择压选择出轻质的絮体污泥，从而保留大量的重质污泥，为后续颗粒化创造条件。当颗粒污泥出现并达到稳定时，保持曝气量、电机转速及进水流量等运行条件不变，缩短沉淀时间来增大选择压，开始移动沉淀区板的位置来逐步缩小沉淀区面积，促进颗粒的形成和有效容积的利用。开启曝气区 2，不仅满足反应区区域面积增加的需要，而且可以避免污泥在曝气区 2 发生堆积现象，这样既使反应区污泥充分混合，又保证了沉淀池流态稳定，有利于沉降性能差的絮体排出反应器外，从而可能促使好氧污泥完全颗粒化。这样，可调容积式平流式-斜板沉淀池可以形成更大的选择压，会更有利于好氧颗粒污泥的形成，同时可以节约沉淀池面积，促进有效容积的利用。

可调容积式平流式-斜板沉淀池不但可以调节水力循环条件，改变流态，使沉淀区域流态稳定，而且可以形成较大选择压选择出沉降性能差的絮体污泥和细小颗粒，达到对泥水分离效果的有效控制，有利于加速好氧污泥颗粒化进程，同时对整个系统的稳定也起到一定的促进作用。

第四节　好氧颗粒污泥双区沉淀池连续流反应器

一、反应器的设计

生物反应系统选择压对好氧颗粒污泥的形成至关重要。对于 SBR，选择压可以通过改变周期时间、沉淀时间及容积交换率等方式实现。设计提出建立双区沉淀池反应系统，将沉降性能较好的重污泥留在第一沉淀池，而将沉降性能较差的轻污泥选择至第二沉淀区，很好地实现了系统对污泥的选择。并且，双区沉淀池选择系统，便于对实际污水厂常规工艺进行提升与改造，降低了工艺升级改造的成本。

在实际污水处理厂常规生物处理工艺中，污泥回流环节主要以回流泵提供动力，将回流污泥从沉淀池输送至生物反应池。这一过程容易造成回流泵叶片将已经形成的颗粒污泥打破的问题，故一种无需机械回流泵、以曝气提升污泥的回流方式能有效地解决这一问题。双区沉淀池连续流反应器工艺设计如图 5.9 所示。

有关好氧颗粒污泥培养的已有报道中，多以中、高有机物浓度的人工配水为主要处理对象，而以低有机物浓度的实际污水作为基质培养好氧颗粒污泥的研究较少。并且，随着城市建设的飞快发展，居民生活质量不断提升，用水量不断加大，一些污水管网收集系统不够完善及工业园区工厂污水排放标准不断提高，污水厂进水有机物浓度较低的现象普遍存在。故以较低有机物浓度的工业园区综合污水为营养基质培养颗粒污泥的研究更加具有应用价值。

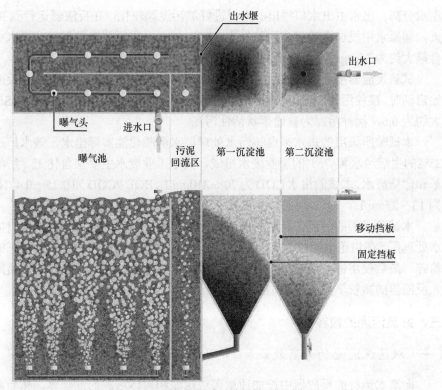

图 5.9 双区沉淀池连续流反应器工艺

二、试验装置的建立

试验所采用的双区沉淀池连续流反应器如图 5.10 所示。反应器有效容积为 26.8L，主要部分有 1 个曝气池（长 40cm、宽 15cm、高 49cm）、1 个污泥回流区（长 7.5cm、宽 4cm、高 49cm）和 2 个相同尺寸的沉淀池（长 15cm、宽 15cm、高 39cm）。试验采用鼓风曝气，曝气量为 6.7L/min，温度为 20~30℃。为避免污泥回流泵对好氧颗粒污泥的破损，试验采用气提式污泥回流系统（污泥回流区曝气量为 1.6L/min），将第一沉淀池的回流污泥经污泥回流区提升至曝气池。反应器采用蠕动泵进水，进水流量为 24.5mL/min，曝气池水力停留时间大约 18h。

原水从进水口进入曝气池，混合液在第一沉淀区和第二沉淀区进行污泥选择、

图 5.10 双区沉淀池连续流反应器实物图
（彩图请扫封底二维码）

泥水分离，出水由出水口排出。为促进好氧污泥颗粒化，在反应器运行到 32～72 天，向原水中投加微粉（平均粒径为 18μm±2μm）。投加微粉期间，进水中微粉含量大约为 38mg/L，相当于反应器中微粉投加量大约为 1.34g/d。

试验反应器接种污泥取自某污水处理厂 A/O 系统好氧池活性污泥。反应器开始启动时，接种污泥 SVI 为 270mL/g，污泥浓度 MLSS 为 3000mL/g，MLVSS/MLSS 大约为 0.6，接种污泥为普通絮状活性污泥。

本试验所采用的进水来自该污水处理厂水解酸化池实际出水，该水厂进水由 25%的生活污水和 75%的工业废水组成，其中工业废水主要来自化工、纺织、皮革和印染废水。本试验进水 COD 为 70～210mg/L，BOD_5/COD 为 0.25～0.4，NH_4^+-N 为 13～25mg/L。

本试验采用的污泥微粉制备方法：污泥为剩余污泥，与接种污泥取自同一污水处理厂，在烘箱中经过 105℃干燥 12h，然后用多功能粉碎机将已经烘干的污泥粉碎，最后使用标准筛选出所需粒径的微粉。用激光粒度仪测定其能够随原水进入反应器的微粉平均粒径为 18μm±2μm。

三、好氧污泥的颗粒化

（一）双区沉淀池的分离效果

向清水运行的反应器中投加适量颗粒污泥和絮体污泥的混合体。初始混合体中絮体污泥所占比例较多。保持反应器连续清水运行，比较曝气池、第一沉淀区和第二沉淀区污泥状态的区别。由图 5.11 可知，清水运行至 40h，相比于初始混合体，其曝气池和第一沉淀区的污泥中颗粒状污泥比例有所增加，第二沉淀区中污泥基本上全是絮体污泥，说明沉降性能较好的污泥在第一沉淀区得到很好的分离，并由气提式回流系统回流至曝气池，而进入第二沉淀区进行泥水分离的污泥为沉降性能较差的絮体污泥。清水模拟试验，验证了双区沉淀池选择系统在好氧颗粒污泥培养中的可行性，为之后在双区沉淀池连续流反应器中成功培养好氧颗粒污泥提供了依据。

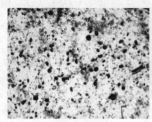 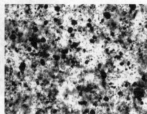 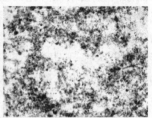

a. 曝气池污泥　　　　　　　b. 第一沉淀区污泥　　　　　　　c. 第二沉淀区污泥

图 5.11　双区沉淀池的污泥选择效果（彩图请扫封底二维码）

比较运行 150 天时第一沉淀区好氧颗粒污泥、第二沉淀区絮状轻污泥、接种污泥的 SVI_5、SVI_{30} 和比重，如表 5.4 所示。用蔗糖法测定污泥比重，双区沉淀池连续流反应器培养好氧颗粒污泥的接种污泥比重为 1.003 ± 0.001，反应器运行 150 天第一沉淀区好氧颗粒污泥比重为 1.008 ± 0.002，第二沉淀区絮体轻污泥比重为 1.006 ± 0.002，反应器中培养的好氧颗粒污泥比重明显大于接种絮状污泥和第二沉淀区絮状轻污泥的比重，说明经过双区沉淀池选择系统的作用，双区沉淀池连续流反应器中污泥比重不断变大，将比重较大的颗粒污泥选择保留在反应器中，而比重较小的絮状轻污泥被选择排至反应器第二沉淀区。

表 5.4　不同污泥比重和 SVI 的变化

污泥参数	接种污泥	第一沉淀区污泥	第二沉淀区污泥
比重	1.003 ± 0.001	1.008 ± 0.002	1.006 ± 0.002
SVI_5（mL/g）	—	42.5 ± 3.3	62.5 ± 7.3
SVI_{30}（mL/g）	270 ± 7.7	23.8 ± 1.9	36.5 ± 5.4

比较污泥容积指数 SVI_5 和 SVI_{30} 即可在一定程度上比较污泥沉降性能的好坏。双区沉淀池连续流反应器培养的接种污泥的 SVI_{30} 为（270 ± 7.7）mL/g，接种活性污泥沉降性能较差；反应器运行 150 天时第一沉淀区好氧颗粒污泥的 SVI_5 为（42.5 ± 3.3）mL/g，SVI_{30} 为（23.8 ± 1.9）mL/g，其沉降性能非常好；第二沉淀区絮状轻污泥的 SVI_5 为（62.5 ± 7.3）mL/g，SVI_{30} 为（36.5 ± 5.4）mL/g，其沉降性能介于接种污泥和第一沉淀区好氧颗粒污泥之间。比较反应器不同污泥的沉降性能可知，双区沉淀池连续流反应器好氧颗粒污泥的培养过程中，污泥经过反应器双区沉淀池，其沉降性能好的污泥在第一沉淀区沉淀回流至曝气池，而沉降性能较差的絮状轻污泥进入第二沉淀区作为剩余污泥，经过不断的"选择—生长—选择"循环过程，实现了好氧污泥颗粒化。双区沉淀池选择系统对污泥沉降性能和比重的选择效果很好，有效地促进了反应器中好氧颗粒污泥的形成。

（二）双区沉淀池对污泥 EPS 和荧光特性的选择效果分析

胞外聚合物（EPS）是微生物抵抗外界刺激或变化所分泌的黏性物质，其在好氧污泥颗粒化过程中扮演着黏结剂的角色，能够促进微生物自凝聚作用，有助于好氧颗粒污泥的形成，污泥 EPS 含量的变化可作为检测污泥颗粒化程度的一项指标。EPS 主要由 PS 和 PN 组成，对不同污泥中的 PS 和 PN 进行测定比较，结果如表 5.5 所示。双区沉淀池连续流反应器培养好氧颗粒污泥的接种污泥中 PS 含量为（0.9 ± 0.1）mg/g VSS，PN 含量为（42.9 ± 4.3）mg/g VSS，反应器接种活性污泥的 EPS 含量较低；反应器运行 150 天时第一沉淀区好氧颗粒污泥的 PS 含量为（0.4 ± 0.1）mg/g VSS，PN 含量为（70.7 ± 5.9）mg/g VSS，其好氧颗粒污泥的

EPS 含量明显增多；第二沉淀区絮状轻污泥的 PS 含量为（0.5±0.0）mg/g VSS，PN 含量为（44±1.3）mg/g VSS，絮状轻污泥的 EPS 含量明显小于第一沉淀区好氧颗粒污泥，稍高于接种污泥 EPS 含量。另外，本试验第一沉淀区颗粒重污泥的 PN/PS 远大于接种污泥和第二沉淀区絮状轻污泥，而第二沉淀区污泥 PN/PS 稍高于接种污泥。有报道称，细胞表面的疏水性和污泥的 PN/PS 有良好的线性正相关关系，由此推断第一沉淀区污泥细胞的疏水性明显高于接种污泥及第二沉淀区污泥，有助于提升污泥沉降性能，促进颗粒污泥的形成。

表 5.5 不同污泥 EPS 的变化

污泥参数	接种污泥	第一沉淀区污泥	第二沉淀区污泥
PS（mg/g VSS）	0.9±0.1	0.4±0.1	0.5±0.0
PN（mg/g VSS）	42.9±4.3	70.7±5.9	44±1.3

在反应器培养好氧颗粒污泥的过程中，双区沉淀池中污泥的 EPS 含量有明显差异，经过双区沉淀池选择系统对污泥的选择，进入第一沉淀区混合液中 EPS 含量较高的重污泥会沉淀回流至曝气池继续运行，而 EPS 含量较低的絮状轻污泥则作为剩余污泥在第二沉淀区进行泥水分离。本试验反应器中的双区沉淀池污泥选择系统有助于污泥表面 EPS 的积累，进而促进好氧污泥颗粒化，其对反应器中不同 EPS 含量的污泥有明显的选择效果。

本试验对不同污泥中提取出的 EPS 进行荧光特性分析，荧光特性指纹图谱差异如图 5.12 所示。根据荧光特性指纹图谱中荧光峰值位置可知，其荧光指纹越密集，荧光峰越明显，荧光强度越高，代表其测量样品中类蛋白质物质含量越高。通过比较图 5.12a～c 中荧光强度的差异，结果显示双区沉淀池连续流反应器启动的接种污泥的荧光强度最弱，反应器运行 150 天时第一沉淀区好氧颗粒污泥的荧光强度明显增强很多，而第二沉淀区絮状轻污泥的荧光强度明显比第一沉淀区重污泥弱很多，稍高于反应器接种污泥。荧光特性指纹图谱的比较，显示了反应器不同污泥 EPS 含量的差异。双区沉淀池连续流反应器中不同污泥的荧光特性变化同样体现了反应器双区沉淀池良好的污泥选择效果。

（三）双区沉淀池对污泥微生物种群的选择效果分析

通过对污泥微生物门和目水平上相对丰度的分析，结果可知，在双区沉淀池连续流反应器培养好氧颗粒污泥的过程中，污泥中微生物种群在门和目水平上分布的相对丰度发生了明显的变化，有些微生物门和目的相对丰度随着颗粒化不断变大，而有些则会随着颗粒化程度不断变小。双区沉淀池污泥选择系统对污泥中微生物丰度的变化起到了关键作用，在反应器的运行过程中，沉降性能较好的颗粒重污泥在第一沉淀区沉降回流至曝气池，则颗粒污泥中的优势菌群也会得到保

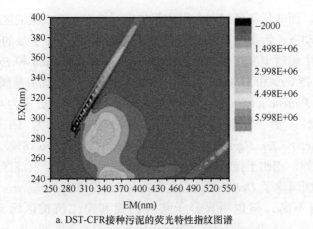

a. DST-CFR接种污泥的荧光特性指纹图谱

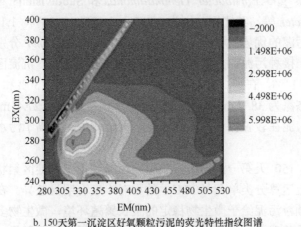

b. 150天第一沉淀区好氧颗粒污泥的荧光特性指纹图谱

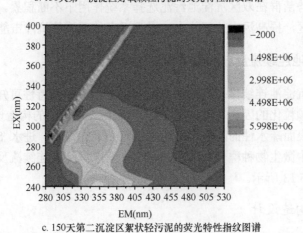

c. 150天第二沉淀区絮状轻污泥的荧光特性指纹图谱

图 5.12　DST-CFR 中不同污泥的荧光特性指纹图谱（彩图请扫封底二维码）

EM. 发射波长；EX. 激发波长

留并继续繁殖，而非优势菌群则会跟随絮状轻污泥进入第二沉淀区，在不断的生物选择动力推动下，污泥中微生物的丰度随着颗粒化发生了明显的变化。

接种污泥中相对丰度较大的微生物属有 *Chryseobacterium* 和 *Psychrobacter*，其比例分别为 18.09% 和 11.48%；而第一沉淀区颗粒污泥的优势菌属为 *Nitrospira*、*Denitratisoma*、*Phaeodactylibacter* 和 *Chryseolinea*，相对丰度分别为 4.15%、4.14%、3.41% 和 3.26%；第二沉淀区絮状轻污泥的优势菌属为 *Mizugakiibacter*、*Phaeodactylibacter*、*Tepidisphaera* 和 *Denitratisoma*，分别为 6.18%、4.54%、3.99% 和 3.87%。另外，相比于接种污泥和第二沉淀区污泥，第一沉淀区颗粒污泥中具有明显优势的菌属除了 *Denitratisoma*、*Nitrospira* 和 *Chryseolinea*，还有一些微生物菌属丰度值不高，但也明显异于接种污泥和第二沉淀区污泥，主要有：Armatimonadetes_gp5、*Portibacter*、*Gemmatimonas* 和 Subdivision3_genera_incertae_sedis、*Povalibacter* 等，其比例分别为 1.90%、2.05%、1.38%、1.16%、1.31%。

好氧颗粒污泥的优势菌群中，*Nitrospira* 和 *Denitratisoma* 分别为硝化细菌、反硝化细菌，在接种污泥中分别占 0.67% 和 0.06%，在第一沉淀区颗粒污泥中分别占 4.15% 和 4.14%，在第二沉淀区絮状轻污泥中分别占 2.30% 和 3.87%，100 天反应器出水硝态氮为 38.70mg/L，150 天时出水硝态氮降至 27.41mg/L，说明培养出的好氧颗粒污泥在较长世代周期和粒径增大过程中，提高了污水处理系统的除氮能力。

接种污泥、150 天第一沉淀区好氧颗粒污泥和第二沉淀区絮状轻污泥之间微生物在属水平上运算分类单元（OTU）的相对丰度有明显差异。在好氧污泥的颗粒化进程中，颗粒污泥给予微生物稳定的生长繁殖环境，微生物多样性变高，颗粒污泥中的优势菌群在双区沉淀池污泥选择系统作用下不断积累，并且会在颗粒内部形成厌氧区，提高污水处理能力，增强污水处理系统抗冲击能力。

四、双区沉淀池连续流反应器颗粒形成的机制分析

分析双区沉淀池连续流反应器培养的好氧颗粒污泥的特性可知，其促进好氧污泥成功实现颗粒化的因素有很多，主要有 DST-CFR 独特的构造设计、EPS 对污泥沉降性能和表面疏水性的影响、污泥中特定元素的富集、进水 SS 与污泥微粉的促进和污泥中微生物种群分布情况的变化。双区沉淀池连续流反应器实现颗粒化的机制如图 5.13 所示。

（一）独特的构造设计

反应器两大设计特点为气提式污泥回流系统和双区沉淀池污泥选择系统。气提式污泥回流系统很好地避免了机械污泥回流泵对颗粒污泥结构稳定性的破坏，双区沉淀池污泥选择系统为好氧颗粒污泥的形成提供了需要的选择压。运行过程

中，好氧颗粒污泥的比重较大，沉降性能较好，故在第一沉淀区得到有效的沉降，并经气提式污泥回流系统完整保留在反应器中继续生长；而比重较小、沉降性能较差的絮状轻污泥则被选择至第二沉淀区内进行泥水分离，经过"生长—选择—生长"的循环，逐步实现了颗粒化。

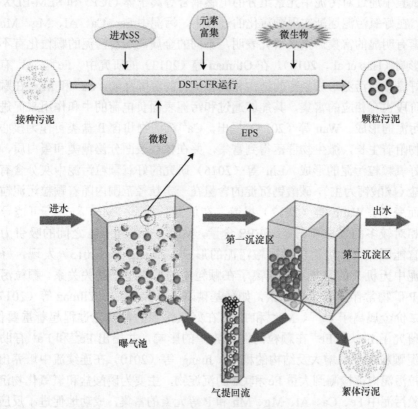

图 5.13　双区沉淀池连续流反应器实现颗粒化的机制

（二）EPS 促进好氧颗粒污泥的形成

本试验对污泥 EPS 含量的测定结果显示，培养出的好氧颗粒污泥 EPS 的含量明显高于接种污泥和第二沉淀区絮状轻污泥，EPS 有助于好氧污泥实现颗粒化。在好氧污泥实现颗粒化的进程中，污泥中微生物应对环境变化刺激所分泌的 EPS，在微生物间可扮演黏结剂的角色，有助于加强微生物之间的自凝聚作用，进而促进颗粒污泥的形成。同时，EPS 中的主要成分蛋白质和多糖可作为微生物饥饿期的内源性食物，EPS 含量的增加可大大促进颗粒污泥的产生，并提升其沉降性能。细胞表面疏水性和 PN/PS 有良好的线性正相关关系，本试验培养出的好氧颗粒污泥 PN/PS 远大于接种污泥和第二沉淀区絮状轻污泥，故培养出的好氧颗粒污泥细胞疏水性明显高于接种污泥和第二沉淀区污泥。细胞表面疏水性是细胞亲和力的重要力量，有助于提升污泥沉降性能，促进颗粒污泥的形成。

（三）污泥中特定元素的富集

试验中通过对污泥中元素组分的电感耦合等离子体（ICP）和 SEM-EDX 分析可知，在好氧污泥逐渐实现颗粒化的过程中，污泥中 Fe、Ca、Al、Mg、Mn 和 P 等元素有明显的富集。众多研究表明，不同的金属离子对污泥的颗粒化有不同程度的影响（Hao et al.，2016）。在 Othman 等（2013）的研究中，Fe^{2+}、Al^{3+}有助于促进好氧颗粒污泥形成紧密的结构和具备优良的沉降性能，Ca^{2+}和 Mg^{2+}在颗粒的成熟阶段也有相应的富集，其能够通过和污泥表面负电荷的中和作用来促进好氧颗粒污泥的形成。Wan 等（2015）提出，Ca^{2+}沉淀物和含 P 盐类可作为核心，供微生物附着生长，微生物群落得到富集，并在核心表面分泌糖类和蛋白质，进而促进好氧颗粒污泥的形成。Liu 等（2016）研究的好氧颗粒污泥中灰分含有较多的钙盐（碳酸钙为主），碳酸钙沉淀的含量在一定粒径范围内随着颗粒污泥粒径的增大而变多。Wang 等（2012）报道，在低温条件下，Mg^{2+}和 Al^{3+}可诱导污泥分泌相对较多的蛋白质，提高 EPS 含量，Mg^{2+}、Al^{3+}和 OH^-之间的吸引力能够带动官能团运动，进而促进颗粒污泥的形成。Huang 等（2015）发现，好氧颗粒污泥中无机 P 的富集和金属离子在颗粒中的富集呈正相关关系，颗粒污泥中主要 P 矿物常伴随着金属元素，如羟基磷灰石和磷酸铁。Yilmaz 等（2017）指出，二价金属离子 Ca^{2+}、Mg^{2+}和 Mn^{2+}在好氧污泥的颗粒化过程起着重要作用，重点研究了 Fe^{2+}和 Fe^{3+}在颗粒污泥培养中的影响，并指出 Fe^{2+}和 Fe^{3+}有助于好氧污泥颗粒粒径的增大及结构的稳定。Juang 等（2010）在连续流中培养出的好氧颗粒污泥内部检测到大量 Fe 和 Ca 的沉淀物，主要为磷酸盐和氢氧化物沉淀。本试验污泥中 Fe、Ca、Al、Mg、Mn 和 P 等元素的富集，成功地促进了反应器中好氧污泥的颗粒化。

（四）进水 SS 和污泥微粉的促进

本试验反应器的进水 SS 中含有较多的 Fe、Al 和 Ca 等元素，其含量分别为（91.56±7.20）mg/g VSS、（40.24±3.89）mg/g VSS 和（33.59±1.25）mg/g VSS，在好氧污泥的颗粒化进程中，进水 SS 一方面可作为微生物附着生长的核心载体，另一方面可为颗粒污泥 Fe、Al 和 Ca 等元素的富集做出贡献。在反应器运行到 32～72 天，向原水中投加污泥微粉（平均粒径为 18μm±2μm），污泥微粉一方面可作为载体供微生物生长繁殖，形成生物膜，另一方面可提供少量碳源、金属元素及胞外聚合物成分等物质，为微生物新陈代谢提供帮助。进水 SS 和污泥微粉促进了系统中好氧颗粒污泥的形成。

（五）好氧颗粒污泥微生物优势菌群的富集

本试验在培养好氧颗粒污泥的过程中，其好氧颗粒污泥所含微生物在门、目和属水平上的 OTU 相对丰度均发生了明显的变化，好氧颗粒污泥中的优势菌属和接种污泥中的优势菌属具有明显差异。随着颗粒化的进程，在属水平上 *Nitrospira* 和 *Denitratisoma* 逐渐成为颗粒污泥中的优势菌属，其分别为硝化细菌和反硝化细菌，说明其颗粒内部结构丰富，为硝化、反硝化细菌提供了生存条件，提高了反应系统的污水处理能力。通过对污泥微生物 α 多样性指数的分析，发现污泥颗粒化的过程中，好氧颗粒污泥中微生物多样性明显变高。好氧颗粒污泥中微生物种群分布的多样性，能够提高污泥的抗毒害和耐冲击能力，可以更好地保持颗粒污泥微生物生存环境的稳定性，有助于保持颗粒污泥的结构稳定性。

参 考 文 献

陈涛, Helen X L, 李军, 等. 2016. Garmerwolde 污水处理厂提标改造——新增好氧颗粒污泥系统、旁侧流 SHARON. 净水技术, 35(5): 11-16.

Ali M, Chai L Y, Min X B, et al. 2016. Performance and characteristics of a nitration air-lift reactor under long-term HRT shortening. International Biodeterioration & Biodegradation, 111: 45-53.

Bartroli A, Perez J, Carrera J. 2010. Applying ratio control in a continuous granular reactor to achieve full nitritation under stable operating conditions. Environmental Science & Technology, 44(23): 8930-8935.

Bruce S C R, Downing L, Young M, et al. 2014. Floc or granule? Evidence of granulation in a continuous flow system. In: Proceedings of WEFTEC 2014. New Orleans: Water Environment Federation: 2891-2897.

Bumbac C, Ionescu I A, Tiron O, et al. 2015. Continuous flow aerobic granular sludge reactor for dairy wastewater treatment. Water Science and Technology, 71(3): 440-445.

Carvajal-Arroy J M, Puyol D, Li G B, et al. 2014. Starved anammox cells are less resistant to NO_2-inhibition. Water Research, 65: 170-176.

Chen X, Yuan L J, Lu W J, et al. 2015. Cultivation of aerobic granular sludge in a conventional, continuous flow, completely mixed activated sludge system. Frontiers of Environmental Science & Engineering, 9(2): 324-333.

Chen Y C, Lin C J, Chen H L, et al. 2009. Cultivation of biogranules in a continuous flow reactor at low dissolved oxygen. Water, Air, & Soil Pollution, 9: 213-221.

Chen Y Y, Ju S P, Lee D J. 2016. Aerobic granulation of protein-rich granules from nitrogen-lean wastewaters. Bioresource Technology, 218: 469-475.

CoRino S F, Campo R, Di Bella G, et al. 2016. Study of aerobic granular sludge stability in a continuous-flow membrane bioreactor. Bioresource Technology, 200: 1055-1059.

Devlin T R, di Biase A, Kowalski M, et al. 2017. Granulation of activated sludge under low hydrodynamic shear and different wastewater characteristics. Bioresource Technology, 224: 229-235.

Gonzalez-Martinez A, Rodriguez-Sanchez A, Garcia-Ruiz M J, et al. 2016. Performance and bacterial community dynamics of a CANON bioreactor acclimated from high to low operational temperatures. Chemical Engineering Journal, 287: 557-567.

Hao W, Li Y C, Lv J P, et al. 2016. The biological effect of metal ions on the granulation of aerobic granular activated sludge. Journal of Environmental Sciences, 44: 252-259.

Hasebe Y, Meguro H, Kanai Y, et al. 2017. High-rate nitrification of electronic industry wastewater by using nitrifying granules. International Journal of Environmental Science and Technology, 76(11): 3171-3180.

Hou C, Shen J Y, Zhang D J, et al. 2017. Bioaugmentation of a continuous-flow self-forming dynamic membrane bioreactor for the treatment of wastewater containing high-strength pyridine. Journal of Environmental Science and Technology, 24(4): 3437-3447.

Huang W L, Cai W, Huang H, et al. 2015. Identification of inorganic and organic species of phosphorus and its bio-availability in nitrifying aerobic granular sludge. Water Research, 68: 423-431.

Jin R C, Zheng P, Mahmood Q, et al. 2008. Hydrodynamic characteristics of airlift nitrifying reactor using carrier-induced granular sludge. Journal of Hazardous Materials, 157(2-3): 367-373.

Juang Y C, Adav S S, Lee D J, et al. 2010. Stable aerobic granules for continuous-flow reactor: Precipitating calcium and iron salts in granular interior. Bioresource Technology, 101(21): 8051-8057.

Kishida N, Kono A, Yamashita Y, et al. 2010. Formation of aerobic granular sludge in a continuous-flow reactor-control strategy for the selection of well-settling granular sludge. Environmental Science: Water Research & Technology, 8(3): 251-258.

Kishida N, Totsuka N, Tsuneda S. 2012. Challenge for formation of aerobic granular sludge in a continuous-flow reactor. International Journal of Environmental Science and Technology, 10(2): 79-86.

Lee D J, Chen Y Y, Show K Y, et al. 2010. Advances in aerobic granule formation and granule stability in the course of storage and reactor operation. Biotechnology Advances, 28(6): 919-934.

Li D, Lv Y F, Cao M Z. 2016a. Optimized hydraulic retention time for phosphorus and COD removal from synthetic domestic sewage with granules in a continuous-flow reactor. Bioresource Technology, 216: 1083-1087.

Li D, Lv Y F, Zeng H P, et al. 2016b. Startup and long term operation of enhanced biological phosphorus removal in continuous-flow reactor with granules. Bioresource Technology, 212: 92-99.

Li D, Lv Y F, Zeng H P, et al. 2016c. Enhanced biological phosphorus removal using granules in continuous-flow reactor. Chemical Engineering Journal, 298: 107-116.

Li D, Lv Y F, Zeng H P, et al. 2016d. Long term operation of continuous-flow system with enhanced biological phosphorus removal granules at different COD loading. Bioresource Technology, 216: 761-767.

Li J, Cai A, Ding L B, et al. 2015. Aerobic sludge granulation in a reverse flow baffled reactor (RFBR) operated in continuous-flow mode for wastewater treatment. Separation and Purification Technology, 149: 437-444.

Li J, Cai A, Wang M, et al. 2014. Aerobic granulation in a modified oxidation ditch with an adjustable volume intraclarifier. Bioresource Technology, 157: 351-354.

Li J, Liu J, Wang D, et al. 2015. Accelerating aerobic sludge granulation by adding dry sewage sludge micropowder in sequencing batch reactors. International Journal of Environmental Research and Public Health, 12: 10056-10065.

Li X J, Sun S, Badgley B D, et al. 2016e. Nitrogen removal by granular nitritation-anammox in an upflow membrane-aerated biofilm reactor. Water Research, 94: 23-31.

Liu H B, Li Y J, Yang C Z, et al. 2012. Stable aerobic granules in continuous-flow bioreactor with self-forming dynamic membrane. Bioresource Technology, 121: 111-118.

Liu H B, Xiao H, Huang S, et al. 2014. Aerobic granules cultivated and operated in continuous-flow bioreactor under particle-size selective pressure. Journal of Environmental Sciences, 26(11): 2215-2221.

Liu W, Wu Y, Zhang S, et al. 2020. Successful granulation and microbial differentiation of activated sludge in anaerobic/anoxic/aerobic (A^2O) reactor with two-zone sedimentation tank treating municipal sewage. Water Research, 178: 115825.

Liu Y Q, Lan G H, Zeng P. 2015. Excessive precipitation of $CaCO_3$ as aragonite in a continuous aerobic granular sludge reactor. Appl Microbiol Biotechnol, 99(19): 8225-8234.

Liu Y Q, Lan G H, Zeng P. 2016. Size-dependent calcium carbonate precipitation induced microbiologically in aerobic granules. Chemical Engineering Journal, 285: 341-348.

Long B, Yang C Z, Pu W H, et al. 2015b. Tolerance to organic loading rate by aerobic granular sludge in a cyclic aerobic granular reactor. Bioresource Technology, 182: 314-322.

Martin K A S, de Clippeleir H, Sturm B. 2016. "Accidental granular sludge?" Understanding process design and operational conditions that lead to low SVI-30 values through a survey of full scale facilities in north America. *In*: Proceedings of WEFTEC 2016. New Orleans: Water Environment Federation: 3396-3405.

Othman I, Anuar A N, Ujang Z, et al. 2013. Livestock wastewater treatment using aerobic granular sludge. Bioresource Technology, 133: 630-634.

Oueslati A, Megriche A, Hannachi A, et al. 2017. Performance study of humidification-dehumidification system operating on the principle of an airlift pump with tunable height. Process Safety and Environmental Protection, 111: 65-74.

Poot V, Hoekstra M, Geleijnse M A A, et al. 2016. Effects of the residual ammonium concentration on NOB repression during partial nitritation with granular sludge. Water Research, 106: 518-530.

Qian F Y, Wang J F, Shen Y L, et al. 2017. Achieving high performance completely autotrophic nitrogen removal in a continuous granular sludge reactor. Biochemical Engineering Journal, 118: 97-104.

Ramos C, Suarez-Ojeda M E, Carrera J. 2016. Biodegradation of a high-strength wastewater containing a mixture of ammonium, aromatic compounds and salts with simultaneous nitritation in an aerobic granular reactor. Process Biochemistry, 51(3): 399-407.

Rodriguez-Sanchez A, Margareto A, Robledo-Mahon T, et al. 2017. Performance and bacterial community structure of a granular autotrophic nitrogen removal bioreactor amended with high antibiotic concentrations. Chemical Engineering Journal, 325: 257-269.

Sajjad M, Kim I S, Kim K S. 2016. Development of a novel process to mitigate membrane fouling in a continuous sludge system by seeding aerobic granules at pilot plant. Journal of Membrane Science, 497: 90-98.

Tsuneda S, Nagano T, Hoshino T, et al. 2003. Characterization of nitrifying granules produced in an aerobic upflow fluidized bed reactor. Water Research, 37(20): 4965-4973.

Van Winckel T, De Clippeleir H, Mancell-Egala A, et al. 2016. Balancing flocs and granules by external selectors to increase capacity in high-rate activated sludge systems. *In*: Proceedings of WEFTEC 2016. New Orleans: Water Environment Federation: 5628-5633.

Varas R, Guzman-Fierro V, Giustinianovich E, et al. 2015. Startup and oxygen concentration effects in a continuous granular mixed flow autotrophic nitrogen removal reactor. Bioresource Technology, 190: 345-351.

Wagner J, Weissbrodt D G, Manguin V, et al. 2015. Effect of particulate organic substrate on aerobic granulation and operating conditions of sequencing batch reactors. Water Research, 85: 158-166.

Wan C L, Lee D J, Yang X, et al. 2014a. Saline storage of aerobic granules and subsequent reactivation. Bioresource Technology, 172: 418-422.

Wan C L, Lee D J, Yang X, et al. 2015. Calcium precipitate induced aerobic granulation. Bioresource Technology, 176: 32-37.

Wan C L, Sun S P, Lee D J, et al. 2013. Partial nitrification using aerobic granules in continuous-flow reactor: rapid startup. Bioresource Technology, 142: 517-522.

Wan C L, Yang X, Lee D J, et al. 2014b. Partial nitrification using aerobic granule continuous-flow reactor: operations and microbial community. Journal of the Taiwan Institute of Chemical Engineers, 45(5): 2681-2687.

Wang S, Shi W X, Yu S L, et al. 2012. Formation of aerobic granules by Mg^{2+} and Al^{3+} augmentation in sequencing batch airlift reactor at low temperature. Bioprocess and Biosystems Engineering, 35(7): 1049-1055.

Wang Y, Peng D C. 2008. Conditions of cultivating and characteristics of aerobic granular sludge in a completely mixed reactor. *In*: Proceedings of International Conference on Advances in Chemical Technologies for Water and Wastewater Treatment. Xian: Shaanxi Sci: 535-540.

Willoughby A, Houweling D, Constantine T, et al. 2016. Protocols for researching the impact of sludge granulation on BNR processes. *In*: Proceedings of WEFTEC 2016. New Orleans: Water Environment Federation: 5876-5888.

Xin X, Lu H, Yao L, et al. 2017. Rapid formation of aerobic granular sludge and its mechanism in a continuous-flow bioreactor. Applied Microbiology and Biotechnology, 181(1): 424-433.

Xu D, Li J, Liu J, et al. 2020. Rapid aerobic sludge granulation in an integrated oxidation ditch with two-zone clarifiers. Water Research, 175: 115704.

Yang Y, Zhou D D, Xu Z X, et al. 2014. Enhanced aerobic granulation, stabilization, and nitrification in a continuous-flow bioreactor by inoculating biofilms. Applied Microbiology and Biotechnology, 98(12): 5737-5745.

Yilmaz G, Bozkurt U, Magden K A. 2017. Effect of iron ions (Fe^{2+}, Fe^{3+}) on the formation and structure of aerobic granular sludge. Biodegradation, 28(1): 53-68.

Yulianto A, Soewondo P, Handajani M, et al. 2017. Preliminary study on aerobic granular biomass formation with aerobic continuous flow reactor. *In*: Proceedings of IC3PE 2017. AIP Publishing, Yogyakarta, Indonesia(020113-1-020113-5).

Zhao X, Chen Z L, Wang X C, et al. 2014. PPCPs removal by aerobic granular sludge membrane bioreactor. Applied Microbiology and Biotechnology, 98(23): 9843-9848.

Zhou D D, Dong S S, Gao L L, et al. 2013a. Distribution characteristics of extracellular polymeric substances and cells of aerobic granules cultivated in a continuous-flow airlift reactor. Journal of Chemical Technology and Biotechnology, 88(5): 942-947.

Zhou D D, Liu M Y, Gao L L, et al. 2013b. Calcium accumulation characterization in the aerobic granules cultivated in a continuous-flow airlift bioreactor. Biotechnology Letters, 35(6): 871-877.

Zhou D D, Liu M Y, Wang J, et al. 2013c. Granulation of activated sludge in a continuous flow airlift reactor by strong drag force. Biotechnology Journal of Bioprocess Engineering and Biorefinery, 18(2): 289-299.

Zhou D D, Niu S, Xiong Y J, et al. 2014. Microbial selection pressure is not a prerequisite for granulation: dynamic granulation and microbial community study in a complete mixing bioreactor. Bioresource Technology, 161: 102-108.

Zou J T, Pan J Y, Wu S Y, et al. 2019. Rapid control of activated sludge bulking and simultaneous acceleration of aerobic granulation by adding intact aerobic granular sludge. Science of the Total Environment, 674: 105-113.

Zou J T, Tao Y Q, Li J, et al. 2018. Cultivating aerobic granular sludge in a developed continuous-flow reactor with two-zone sedimentation tank treating real and low-strength wastewater. Bioresource Technology, 247: 776-783.

第六章　好氧颗粒污泥的稳定运行研究

第一节　好氧颗粒污泥的丝状菌控制

一、引言

好氧颗粒污泥是通过微生物自凝聚作用形成的颗粒状污泥，其形成是一个逐步的过程（Liu and Tay，2004；Lee et al.，2010）。丝状菌将菌胶团、微小絮体连接成较大的絮团或颗粒，从而加速了污泥颗粒化进程，另外，互相缠绕构成的颗粒骨架是形成好氧颗粒污泥的关键因素（Liu and Tay，2004；Zhu and Wilderer，2003；Liu and Liu，2006）。

丝状菌因污泥老化、溶解氧和营养物质缺乏等易发生膨胀（Metcalf Eddy，2003；Rossetti et al.，2005；Martins et al.，2004；Liu and Liu，2006），导致颗粒污泥的沉降性能变差，系统处理效率降低甚至瘫痪。为此，在颗粒污泥系统中如何有效控制丝状菌膨胀一直是学者研究的热点。本章节主要研究了添加干污泥微粉对 SBR 污水处理工艺中丝状菌控制的作用，对引起污泥沉降的丝状菌也进行了研究（Liu et al.，2019）。

二、试验材料与方法

（一）试验系统的建立

试验采用的 SBR 反应器为高 50cm、内径 20cm、有效容积为 11L 的钢化玻璃圆柱。SBR 运行工序包括进水、曝气、沉淀和出水 4 个阶段，且均由时控开关自动控制。SBR 每天运行 6 个周期，每个周期进水量与出水量均控制在 7L，出水比为 7/11。试验水源来自小区化粪池内的实际生活污水，通过水泵与管道进入进水水箱。进水阶段，试验原水通过水箱中的潜水泵进入反应器，水量达 11L 后由水位控制仪控制自动停止进水。曝气阶段，通过气泵对反应器的混合液进行曝气，同时通过转子流量计控制曝气量。沉淀阶段，停止曝气，使污泥混合液泥水分离。出水阶段，泥水分离后的上清液通过电磁阀控制经出水口排出。试验期间，气速基本保持在 1.2cm/s 左右，室内温度控制在 15~30℃。定期对反应器内壁进行洗刷，保持反应器内良好运行环境，减小试验误差，此外通过反应器底部的球阀定期排泥以减缓污泥老化。

（二）接种污泥和进水水质

以某污水处理厂二沉池内的回流污泥作为接种污泥进行培养（污泥呈黄褐色），接种后反应器内的污泥浓度约为 2000mg/L，SVI 约为 105mL/g。由于化粪池内污水有机碳源含量过低，阻碍了污泥中微生物的生长及对营养物质的吸收，因此通过在试验原水中添加可溶性淀粉和磷酸二氢钾调节碳、氮及磷间的相对含量，控制进水水质中的 C∶N∶P 约为 100∶5∶1，以适应污泥中微生物的生长。

（三）分析方法

延伸出颗粒污泥表面的丝状菌会影响颗粒的沉降性能，一般采用丝状菌指数（filament index，FI）来表示丝状菌的数量。丝状菌指数按照延伸出颗粒的丝状菌数量分为 0～5 六个等级。FI 为 0 时，颗粒污泥中几乎无丝状菌；FI 为 1 时，颗粒污泥中存在少量丝状菌；FI 为 2 时，颗粒污泥中存在中量丝状菌，总量略小于菌胶团细菌；FI 为 3 时，颗粒污泥中丝状菌数量和菌胶团数量大概相等；FI 为 4 时，颗粒污泥中丝状菌数量超过菌胶团；FI 为 5 时，丝状菌数量占绝对优势。研究证明，当 FI 越大，说明丝状菌相对数量越多，污泥沉降性能也相应会变差。

革兰氏染色法是一种鉴别丝状菌类型的通用方法。细菌经过染色与脱色，以细菌颜色是否被脱去为界，可把细菌分为两大类，一类称为革兰氏阳性菌，另一类称为革兰氏阴性菌。为区分方便，脱色后进行复染，阳性菌仍带紫色，阴性菌则被染上红色。革兰氏染色具体操作步骤为：①涂片与固定；②染色——将经固定后的涂片用结晶紫染液染 1min，水洗，使干；③媒染——用碘液媒染 1min，水洗，直至无色；④脱色——连续滴加 95%乙醇使其脱色，直至滴下的乙醇无色为止（约 0.5min），水洗，吸干；⑤复染——用藏花红复染 1min，水洗，使干；⑥镜检——用高倍镜及油镜观察染色情况，革兰氏阳性呈紫色，革兰氏阴性呈红色。纳氏染色具体操作步骤为：①涂片、固定；②A、B 染色——取二份纳氏染色 A 液、一份纳氏染色 B 液相混，染色 10～15s，水洗，吸干；③C 染色——取纳氏染色 C 液染色 15s；④镜检——水冲，干燥后镜检。镜检中，纳氏阴性丝状菌呈浅棕色至微黄色，阳性菌含有深色颗粒或整个丝状体染成蓝灰色。

三、结果与讨论

（一）好氧颗粒污泥的形成与外伸型丝状菌的出现

系统接种污泥后，在运行开始阶段，以真实生活污水为试验用水运行，系统沉淀时间为 3min。培养初期，污泥结构松散，呈深褐色，沉淀性能较差，外加反应器较短的沉淀时间所形成的较大选择压，导致一些轻质絮体被排出反应器，MLSS 由接种时的 1968mg/L 降至 1472mg/L。可能由于接种污泥需要一定适应过程和新生污泥特点，污泥的平均 SVI 从接种时的 106.7mL/g 升至 131.4mL/g。运行 10 天后，污泥生长速度加快，污泥质量浓度保持在 2000mg/L 左右。SBR 运行 30 天左右，观察到反应器内污泥形态发生变化，初步实现颗粒化，SVI 逐步减到 60mL/g 左右。此时系统内部的颗粒平均粒径较小，形状不规则，表面有少量丝状菌生长，颗粒周围可见较多游动的轮虫。系统运行 42 天时，颗粒周围可见大量丝状菌呈放射状延伸，颗粒直径较大，但是结构松散，有解体的趋势，颗粒表面可见大量原生动物、后生动物附着，SVI 升高至 115.6mL/g，并有部分颗粒污泥随出水流出，MLSS 减少到 1643mg/L。颗粒污泥丝状菌丰度为 5，COD 去除效率显著下降，此状态持续运行了 23 天，放射状丝状菌仍大量存在，如图 6.1 所示。

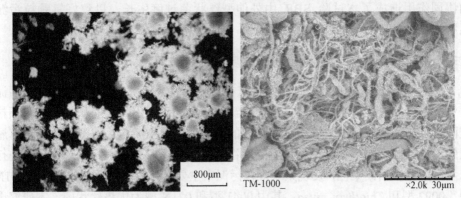

图 6.1　表面丝状菌颗粒污泥（彩图请扫封底二维码）

（二）颗粒污泥丝状菌过度生长的原因分析

在 SBR 系统运行至第 35 天时，COD 的浓度从 0min 时的 288mg/L 经过 15min 曝气就下降至 112mg/L，前 15min 的去除率达到 61.1%，在 15min 以后，COD 浓度的下降幅度不断减小，在 30min、60min、120min 与 180min 的去除率分别为 66.6%、68.0%、69.4% 与 70.8%。可见 COD 浓度在曝气开始 15min 内的下降幅度较大，15min 后，COD 浓度的下降幅度趋于平缓，维持在 80mg/L～90mg/L。与此同时，NH_4^+-N 的浓度从 0min 的 45.1mg/L 经过 3h 的曝气，降至 15.8mg/L，且 NH_4^+-N 的浓度曲线下降幅度较为均匀、缓和。由此推测，SBR 试验进水中的 COD 在曝气阶段开始 15min 内就已被去除 61.1%，曝气阶段结束时的 COD 去除率为 70.8%，说明在 15min 至 180min 这一阶段，污泥对试验进水中 COD 的去除效果不明显，说明有相当一部分难降解的 COD。在曝气 15～180min 这一阶段，SBR 系统中能被颗粒污泥利用的碳源较少，又因为污泥浓度提高和颗粒粒径增大，内部传质阻力的增加，从而使得颗粒污泥中细菌长期处于低有机负荷状态下的饥饿状态，造成丝状菌的优势增长和絮成菌的抑制，丝状菌会大量外伸并快速生长，容易使颗粒表面形成散花状，导致颗粒污泥失去稳定性。

此外试验采用高 50cm、内径 20cm 的序批式反应器，其高径比（H/D）比高度相同且内径小于 20cm 的反应器小。此试验较小的高径比造成的颗粒污泥外伸型丝状菌过度生长现象正好验证了 Liu 等（2004）的研究观点：在相同运行条件下，直径 20cm 的 SBR 内部所产生的混合式流态，相对于直径 5cm 的 SBR 内部产生的理想推流式流态，更容易形成系统低浓度梯度环境，从而促进丝状菌的过度生长。

综上所述，系统颗粒污泥中的细菌长期处于低有机负荷的饥饿状态，以及由 SBR 系统的低高径比（H/D）所造成的混合式流态，推测以上两种诱导因素的协同作用造成了本试验 SBR 中外伸型丝状菌过度生长，以致好氧颗粒污泥系统失稳。

（三）好氧颗粒污泥外伸型丝状菌过度生长特征

在运行至第 65 天时，大量的丝状菌在颗粒污泥表面呈放射状生长，此时污泥丝状菌丰度（FI）为 5，颗粒已经部分解体，边缘呈现出蓬松的状态。部分颗粒表面也可见大量的钟虫附着，且有较多的轮虫和草履虫游走，较多的轮虫和草履虫的出现都预示着系统中颗粒污泥处理性能的恶化。对系统中好氧颗粒污泥进行革兰氏染色和纳氏染色，发现系统颗粒污泥中主要有 4 种丝状菌：0041 型、021N 型、0092 型和 *Thiothrix nivea*，其中 0041 型和 021N 型为优势丝状菌。本研究选用 4 张系统颗粒污泥的纳氏染色与革兰氏染色图片（图 6.2～图 6.5）来直观地展示这 4 种丝状菌的形态。

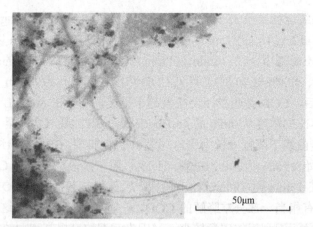

图 6.2　系统第 65 天取样 *Thiothrix nivea*（纳氏染色）（彩图请扫封底二维码）

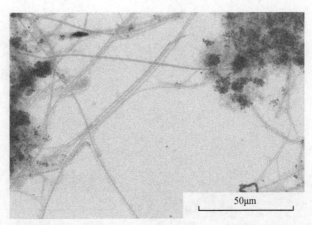

图 6.3　系统第 65 天取样 021N 型（纳氏染色）（彩图请扫封底二维码）

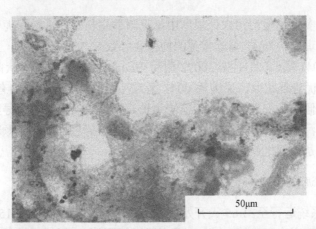

图 6.4　系统第 65 天取样 0041 型（革兰氏染色）（彩图请扫封底二维码）

Thiothrix nivea，隶属于发硫菌属，纳氏染色脱色后菌体上有黑点，其菌丝是直的或者弧形的，大部分会从菌胶团中伸出，通常附着生长在菌胶团上，以脂肪酸类的低分子化合物和还原性硫化合物作为营养源。大量的 *Thiothrix nivea* 会引发污泥膨胀，可能出现在高污泥负荷的工业废水处理厂。021N 型，菌丝可见分节，上面几乎不附着其他菌，无明显分支，革兰氏、纳氏染色呈阴性，其菌丝是直的或者弧形的，菌丝长度大于 200μm，在活性污泥中很常见，当污泥负荷大于 0.1kg BOD_5/（kg MLSS·d）、缺乏营养物质及 DO 过低时可能大量繁殖，且严格好氧，经常导致工业废水和没有脱氮除磷能力的污水处理厂发生污泥膨胀，Emmrich 等（1983）发现，021N 型丝状菌是活性污泥系统中最常见的导致污泥丝状菌膨胀的细菌。0041 型，其菌丝上可附着生长其他细菌等，可见分节，革兰氏、纳氏染色均呈阴性，菌丝是直的或有轻微弯曲，在水中游离存在或附着在菌胶团

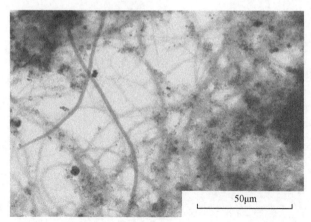

图 6.5　系统第 65 天取样 0092 型（纳氏染色）（彩图请扫封底二维码）

上，菌丝长度多样，生活污水处理厂中常见附着生长。在活性污泥中非常普遍，在工业废水处理厂中 0041 型丝状菌的增殖会导致 SVI 很高。

由于在 0041 型、021N 型、0092 型和 *Thiothrix nivea* 4 种丝状菌中，0041 型和 021N 型为优势丝状菌，又因为 0041 型对污泥的沉降性能影响有限，而 021N 型丝状菌一般倾向于向菌胶团外部延伸生长，其过量增殖通常会导致污泥絮体快速膨胀，引发污泥沉降性能变差的问题。由此提出猜想：本系统颗粒污泥松散的状态可能主要是由 021N 型丝状菌的存在造成的。

（四）投加污泥微粉后好氧颗粒污泥特性的变化

从 SBR 系统运行至第 65 天开始，每隔 3 天向反应器内投加 15g 污泥微粉，同时保持气升速率在 1.2cm/s 左右。反应器运行到第 85 天时，较前一阶段颗粒污泥性状发生了明显的变化，原本濒临解体的颗粒污泥重新絮凝，并且颗粒形态规则，结构密实，原有大量外伸型丝状菌已经不复存在，可见部分颗粒外部有少量丝状菌延伸出来，颗粒表面有一定量的原生动物及后生动物存在，颗粒污泥丝状菌丰度下降至 0～1，颗粒污泥的平均沉降速度由丝状菌爆发时的 44.1m/h 上升至 52.7m/h，沉速提高 19.5%，说明随着丝状菌过度生长情况的消失，颗粒的沉降性能逐渐变好。污泥 SVI 逐步下降至 55mL/g 左右，污泥浓度上升并稳定在 4000mg/L 左右，颗粒污泥外伸型丝状菌的生长得到了有效抑制，使得 SBR 系统维持其稳定运行。

投加污泥微粉后，系统颗粒污泥丝状菌的过度生长得到了抑制，外伸型丝状菌数量急剧减少，菌胶团得以黏附更紧密，重新絮凝成颗粒。另外，污泥微粉对丝状菌的伤害作用可能大于原生动物及后生动物，因为投加污泥微粉后系统内仍然能够观察到大量累枝虫的存在，而累枝虫的存在有利于污泥的絮凝作用，这可能也是加剧系统内颗粒恢复成形的另外一个原因。

在系统运行至第 85 天，再次对成形的好氧颗粒污泥进行革兰氏染色和纳氏染色。根据丝状菌的染色反应，成形的好氧颗粒污泥中主要有 3 种丝状菌（图 6.6～图 6.8）：诺卡氏Ⅲ型（*Nostocoida limicola* Ⅲ）、0041 型和 *Thiothrix nivea*，其中以诺卡氏Ⅲ型为主，但是总体数量很少，原有的 0041 型经过处理后数量也急剧减少，原有的 021N 型丝状菌在投加微粉处理后的系统内部没有观察到，由此可推断 021N 型丝状菌的存在是造成系统颗粒污泥松散状态进而导致沉降性能变差的主要原因。

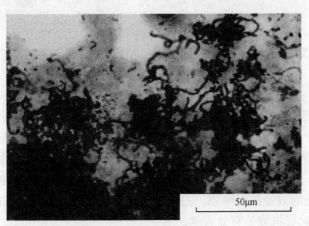

图 6.6　系统第 85 天取样 *Nostocoida limicola* Ⅲ（纳氏染色）（彩图请扫封底二维码）

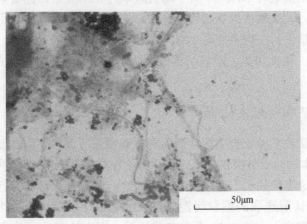

图 6.7　系统第 85 天取样 0041 型（革兰氏染色）（彩图请扫封底二维码）

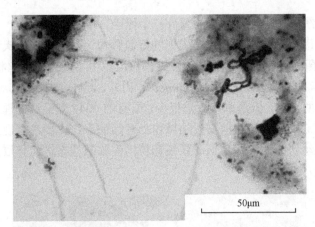

50μm

图 6.8 系统第 85 天取样 *Thiothrix nivea*（纳氏染色）（彩图请扫封底二维码）

（五）COD 和 NH$_4^+$-N 处理效率对比

在初期反应器对 COD 的降解效果不稳定，这是由污泥处于驯化阶段和沉降时间缩短引起污泥流失造成的，而后随着污泥的颗粒化，去除率有所上升。但在颗粒污泥丝状菌爆发期间，COD 去除率有所下降，平均 COD 去除率仅为 70%，随着投加微粉，抑制了颗粒污泥表面丝状菌的疯长，颗粒污泥恢复常态后，反应器对 COD 的去除效能逐渐增强，去除率达到 85% 左右，出水 COD 降至 100mg/L 以下，实现了对有机物的有效去除。

在运行初期系统对 NH$_4^+$-N 的平均去除率为 90% 左右，随着絮体污泥逐渐向颗粒污泥转化，其去除效果继续保持高效；在随后的运行阶段，尽管颗粒污泥外伸型丝状菌大量生长，但系统对 NH$_4^+$-N 仍具有较高的去除能力，平均去除率维持在 90% 左右。由此可见，颗粒污泥外伸型丝状菌的爆发对系统去除 NH$_4^+$-N 的影响不明显。

（六）投加污泥微粉批次试验

设置批次试验来验证投加污泥微粉对好氧颗粒污泥丝状菌过度生长的抑制作用并非偶然。本试验具体操作如下：采用规格为 1.5～2.0mm 的筛网在反应器的泥水混合液中筛选出粒径在 1.5～2.0mm 的颗粒污泥，颗粒来源于运行至第 100 天的反应器内，确认所选取的颗粒污泥表面在显微镜下观察均无丝状菌后在 2 个 250mL 的锥形瓶中分别投加 10 颗左右的污泥，并放在 HY-5A 型回旋式振荡器上以 200r/min 的速度摇动，溶液成分均与反应器进水相同。本试验属于双水平双因素试验，试验分为两个阶段：①基质与氧匮乏培养丝状菌；②投加污泥微粉抑制好氧颗粒污泥丝状菌过度生长。其中，基质匮乏条件即将原水稀释至 COD 浓度在 20～40mg/L；氧匮乏为 DO 小于 1.2mg/L。

如图 6.9 所示，阶段①在低负荷与低氧情况下，3 天后颗粒外表面被大量丝状菌覆盖，分析其原因：丝状菌具有巨大的比表面积，对基质中的碳源有较强的亲和力，能优先利用基质中的碳源，造成竞争优势。接下来进入阶段②，一号锥形瓶加入 5g 污泥微粉，二号锥形瓶不加污泥微粉。经过 3 天的运行，通过光学显微镜和扫描电子显微镜，观察投加污泥微粉前后颗粒污泥外部结构的变化。

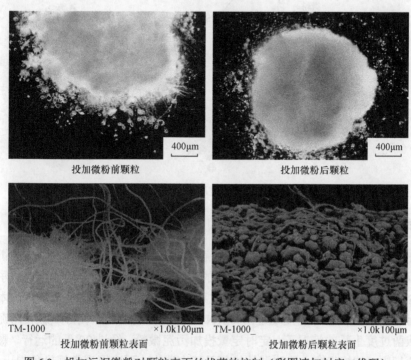

图 6.9　投加污泥微粉对颗粒表面丝状菌的控制（彩图请扫封底二维码）

（七）投加微粉控制丝状菌及促进污泥颗粒化的机制与推测

大量研究表明，丝状菌成为反应器内主体优势菌种后，系统中好氧颗粒污泥的沉降性能便会减弱，甚至导致污泥颗粒解体，最终系统崩溃。丝状菌的过度生长造成好氧颗粒污泥系统失稳，这也是限制好氧颗粒污泥技术投入实际运用的关键。本次试验，系统通过投加污泥微粉能够有效抑制好氧颗粒污泥外伸型丝状菌的过度生长，一方面，由于微粉中有机物的快速溶解，系统有机负荷瞬时增加，所产生的高有机物浓度使得丝状菌无需再向外延伸摄取营养，从而外伸型丝状菌开始渐渐向内收缩、弯曲；另一方面，尺寸较为合适的污泥微粉，在水流和气流的剪切力作用下，对外伸型丝状菌进行剪切与摩擦，使外伸型丝状菌向内收缩卷曲，从而抑制了丝状菌的发散，收缩的丝状菌作为颗粒的网架和包裹，有利于提升颗粒的结构强度和稳定性。此外，根据晶核理论，污泥微粉作为凝聚核且部分向内收缩的丝状菌作为骨架的情况下，以 EPS 作为黏合剂，成为新的晶核。在以上三种因素共同作用下逐步形成粒径较大的成熟颗粒污泥。投加微粉控制丝状菌过度生长及促进污泥颗粒化的机制如图 6.10 所示。

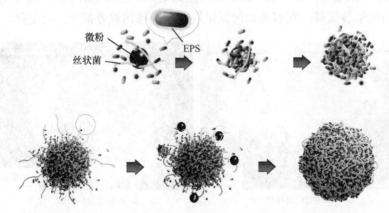

图 6.10　投加微粉控制丝状菌过度生长及促进污泥颗粒化的机制

四、结论

在 SBR 系统第二次运行中，颗粒污泥中的细菌长期处于低有机负荷的饥饿状态，以及 SBR 低高径比（H/D）所造成的混合式流态，两者共同作用造成了本次试验 SBR 中外伸型丝状菌爆发进而导致系统失稳。根据常规染色初步推测本系统颗粒污泥松散的状态可能主要是由 021N 型丝状菌造成的。在好氧颗粒污泥外伸型丝状菌过度生长的情况下，定时定量投加污泥微粉，经过 20 天的运行，颗粒形态恢复规则，结构密实，外伸型丝状菌已基本消失，再次根据常规染色得出 021N 型丝状菌的存在是造成系统颗粒污泥松散状态的主要原因。此外，污泥微粉作为晶核且部分向内收缩的丝状菌作为骨架的情况下，通过 EPS 作为黏合剂，成为新的晶核。综上所述，污泥微粉与颗粒表面丝状菌的共同作用促进形成结构密实、稳定的好氧颗粒污泥。

第二节　好氧颗粒污泥的粒径控制

一、引言

好氧颗粒污泥的不稳定性限制了该技术的工程化应用，其中一个重要原因是颗粒粒径的不断增大导致其解体，处理效果也随之下降。研究表明，随着颗粒粒径的不断增大，会加大颗粒由表面向内部的传质阻力，内部形成厌氧区域并不断加大，同时由于内部缺少营养物质，颗粒内部厌氧水解从而使颗粒污泥解体，最终引起反应器运行失败。国内外大量研究分析了不同粒径好氧颗粒污泥的物化性能和处理效果，但控制颗粒粒径的方法鲜有报道。Toh 等（2003）在 SBR 中分离出不同粒径的好氧颗粒污泥并研究其性质，得出颗粒最佳性能和最经济有效的粒径范围是 1.0～3.0mm 的结论。Li 等（2006）在 4 组不同污泥负荷的反应器中研究了污泥负荷对好氧颗粒污泥粒径的影响。在完全颗粒化后，颗粒的平均粒径在 1.2～4.5mm，与污泥负荷呈线性关系。然而目前国内外研究并没有找到有效可行的控制好氧颗粒污泥粒径的方法。为了研究探索如何控制好氧颗粒污泥的粒径，本试验提出采用一种带刺型曝气头控制好氧颗粒污泥粒径的方法，解决由颗粒粒径过大而导致其不稳定的问题（Yang et al.，2016）。

二、试验材料与方法

（一）接种污泥及进水

接种污泥取自海宁某皮革废水处理厂脱氮池 A/O 中的 O 池，该污泥的 MLSS 约为 8300mg/L，SVI 约为 75mL/g。反应器进水取自脱氮池 A/O 的进水，进水 COD 为 550～800mg/L，NH_4^+-N 为 105～160mg/L。

（二）试验方案

第一个试验采用 HY-5A 型回旋式振荡器（摇床）作为反应器提供曝气和剪切力，反应器如图 6.11 所示。试验以 250mL 锥形瓶为反应容器，锥形瓶编号 T_1 和 T_2，其中 T_2 中加刺用以控制颗粒污泥的粒径。试验在摇床中进行，旋转转速设置在 240～260r/min，在旋转过程中为混合液提供溶解氧和一定的水力剪切力。反应器的运行采用序批式操作：进水、旋转曝气、沉淀、出水和静置，运行周期为 12h。

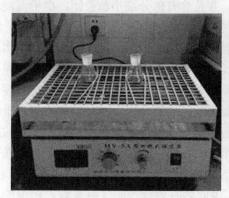

图 6.11　锥形瓶反应器和摇床系统（彩图请扫封底二维码）

其中旋转曝气时间为11h，沉淀时间为30s。反应器的有效容积为110mL，每次进出水为100mL。

第二个试验采用两个相同的序批式反应器，R1中采用普通曝气头，R2中采用带刺型曝气头，如图6.12所示。带刺型曝气头主体由塑料材料制成，用以控制好氧颗粒污泥的粒径。反应器内径为20cm，高为50cm，有效容积为11L，出水比为7/11。每个周期为12h，包括5min进水，11h曝气，5min沉淀，20min出水和30min静置。曝气量均控制在$0.7m^3/h$左右。试验期间，室内温度保持在15～30℃。

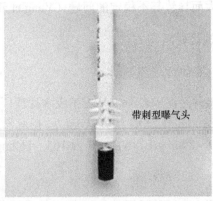

带刺型曝气头

图6.12 两个SBR对比系统和带刺型曝气头（彩图请扫封底二维码）

三、结果与讨论

（一）摇床初步试验结果

接种污泥结构松散，主要呈絮状，并且含有部分细小菌胶团。由于沉淀时间为较短的30s，因此沉降性能差的污泥在出水时被淘洗出去，而粒径较大、沉降性能较好的污泥继续留在反应器中。运行3天后，T_1中污泥聚集成团开始实现颗粒化。T_2中污泥在第10天开始凝聚成团，比T_1迟7天。由于T_2中刺对污泥的切割阻碍了污泥的凝聚，从而减缓了颗粒化进程。运行至第18天，T_1中污泥已经完全实现颗粒化，颗粒结构致密，表面光滑，轮廓分明，粒径分布均匀，平均粒径约为650μm。T_2中污泥粒径变大，但是污泥表面不光滑且有絮体，平均粒径约为170μm，颗粒粒径明显小于T_1。运行至38天，T_1中污泥颗粒粒径明显变大，最大粒径达到了1500μm，平均粒径为1100μm。T_2中污泥颗粒粒径也有所增大，但颗粒平均粒径稳定在220μm左右，说明刺有效地控制了好氧颗粒污泥的粒径（图6.13）。

T₁：普通锥形瓶　　　　　　　　T₂：装刺锥形瓶

图 6.13　刺对好氧颗粒污泥粒径的影响（彩图请扫封底二维码）

（二）SBR 试验结果

将等量的污泥分别接种到 R1 和 R2 反应器中，接种后两个反应器的污泥浓度均约为 1750mg/L。接种污泥主要呈絮状。运行 15 天后，反应器内开始出现少量细小的颗粒，但仍然以絮体污泥为主，R1 中颗粒尺寸要略大于 R2，R1 中颗粒数量也略多于 R2。运行 23 天后，R1 中好氧污泥开始颗粒化，而 R2 中污泥出现好氧颗粒污泥的时间比 R1 迟 6 天。运行到第 35 天，R1 和 R2 中颗粒污泥都有变大，但还是有大量的絮体。运行 62 天后，R1 中污泥已基本实现颗粒化，颗粒轮廓分明，R2 中颗粒污泥轮廓也清晰，但还是含有部分絮体，并且颗粒粒径明显小于R1。R1 中颗粒污泥的平均粒径为 285mm，R2 中污泥的平均粒径为 190mm。可见，带刺型曝气头通过对污泥的切割有效地控制了好氧颗粒污泥的粒径（图 6.14）。

两个 SBR 系统在刚启动阶段，初始的污泥浓度 MLSS 都为 1750mg/L，污泥容积指数（SVI）为 73mL/g。总体上两个反应器中的 MLSS 呈上升趋势，SVI 呈现下降趋势，R1 的 MLSS 和 SVI 均低于 R2。前 4 天，由于沉淀时间为较短的 5min，R1 和 R2 中沉降性能较差的污泥都被淘洗出反应器，因此 R1 和 R2 中的 MLSS 分别由接种污泥时的 1750mg/L 降到 1733mg/L 和 1730mg/L。随后 4 天，R1 和 R2 中

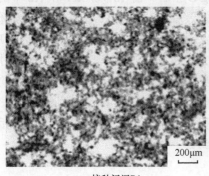
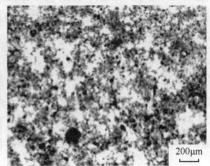

接种污泥R1　　　　　　　　　　接种污泥R2

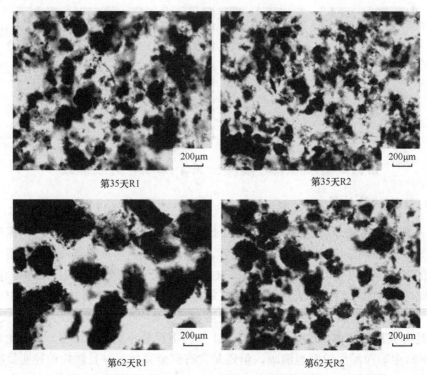

第35天R1　　　　　　　　　　　　　　　第35天R2

第62天R1　　　　　　　　　　　　　　　第62天R2

图 6.14　颗粒化过程中污泥形态的变化（彩图请扫封底二维码）

MLSS 均有所增加，分别增长到 1819mg/L 和 1967mg/L。第 8 天，R1 和 R2 中的 MLSS 均有所降低，由于污泥沉降性能变差，SVI 升高。运行到第 25 天，R1 和 R2 的 MLSS 均呈增长趋势，分别增加到 2003mg/L 和 2396mg/L。运行 25 天后，R1 中的 MLSS 基本处于持续增长的状态，到第 65 天基本稳定在 2400mg/L 左右。第 25~45 天，R2 的 MLSS 由 2396mg/L 降到 2105mg/L。45 天后，R2 中 MLSS 开始增加，到第 65 天基本稳定在 2450mg/L 左右。前 13 天，R1 和 R2 中的 SVI 分别上升到 100mL/g 和 92mL/g。运行 13 天后，R1 的 SVI 基本处于持续降低的状态，运行到 65 天时，SVI 基本稳定在 45mL/g 左右；而运行到 35 天时，R2 中的 SVI 上升到 80mL/g。运行 35 天后，R2 中的 SVI 开始降低，在第 65 天时基本稳定在 50mL/g。R2 的 SVI 降低的速度要比 R1 慢，最终 R2 中颗粒污泥的 SVI 要略高于 R1。R1 和 R2 的出水 COD 一直在 300mg/L 以下。运行 49 天后，出水 NH_4^+-N 基本低于 70mg/L。总体上，R1 和 R2 的 COD、NH_4^+-N 去除效果相差不大，但两者之间的形态相差巨大（图 6.15）。

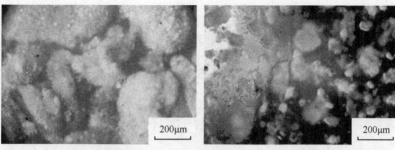

R1：普通SBR　　　　　　　　　　　　R2：装刺SBR

图 6.15　SBR 中刺对好氧颗粒污泥形态的影响（彩图请扫封底二维码）

四、结论

  SBR 系统中成功实现了好氧污泥在皮革废水中的颗粒化，颗粒污泥的结构密实，形态规则，轮廓分明。采用带刺型曝气头作为颗粒污泥粒径的控制方法，能够成功地限制颗粒的过大。带刺型曝气头在曝气的同时不断地切割颗粒污泥从而有效地控制了颗粒的粒径，并且对污染物的去除效果基本没有影响，但延迟了颗粒化的时间。刺的形状、数量和使用时间等参数需要进一步优化，以利于颗粒的形成和稳定化。

参 考 文 献

Lee D J, Chen Y Y, Show K Y, et al. 2010. Advances in aerobic granule formation and granule stability in the course of storage and reactor operation. Biotechnology Advance, 28: 919-934.

Li Z H, Kuba T, Kusuda T. 2006. Selective force and mature phase affect the stability of aerobic granule: an experimental study by applying different removal methods of sludge. Enzyme & Microbial Technology, 39: 976-981.

Liu J, Li J, Xie K, et al. 2019. Role of adding dried sludge micropowder in aerobic granular sludge reactor with extended filamentous bacteria. Bioresource Technology Reports, 5: 51-58.

Liu Y, Liu Q S. 2006. Causes and control of filamentous bacteria growth in aerobic granular sludge sequencing batch reactors. Biotechnology Advance, 24: 115-117.

Liu Y, Tay J H. 2004. State of the art of biogranulation technology for wastewater treatment. Biotechnology Advance, 22: 533-563.

Martins A M P, Pagilla K, Heijnen J J, et al. 2004. Filamentous bulking sludge-a critical review. Water Research, 34: 793-817.

Metcalf Eddy I. 2003. Wastewater engineering: treatment and reuse. Wastewater Engineering: Treatment and Reuse. New York: McGraw-Hill Higher Education.

Rossetti S, Tomei M C, Nielsen P H, et al. 2005. "*Microthrix parvicella*", a filamentous bacterium causing bulking and foaming in activated sludge systems: a review of current knowledge. FEMS Microbiology Reviews, 29: 49-64.

Toh S K, Tay J H, Moy B Y P, et al. 2003. Size-effect on the physical characteristics of the aerobic granule in a SBR. Applied Microbiology & Biotechnology, 60: 687-695.

Yang H G, Li J, Liu J, et al. 2016. A case for aerobic sludge granulation: from pilot to full scale. Journal of Water Reuse & Desalination, 6(1): 72-81.

Zhu J R, Wilderer P A. 2003. Effect of extended idle conditions on structure and activity of granular activated sludge. Water Research, 38(14-15): 3465-3466.

第七章 好氧颗粒污泥的现场中试

第一节 好氧颗粒污泥中试研究进展

荷兰代尔夫特理工大学与荷兰 DHV 公司于 2003 年在荷兰 Ede 污水处理厂建造了一套好氧颗粒污泥 SBR 中试系统。反应器直径 0.6m，高 6m，工作容积 1.5m³，原水为经过预沉淀池与砂滤池后的生活污水。运行方式为：同时进出水 60～70min，出水 5min，曝气 100～165min，反硝化 0～10min，沉淀 10～25min。结果表明，经 10 个月，颗粒化程度达到 80%，污泥浓度为 9～10g/L，SVI 为 60mL/g，污泥粒径大于 0.6mm。该系统采用 SBR 方式运行，其较大的高径比（H/D=10）、高有机负荷和较短的沉淀时间是实现污泥颗粒化的主要原因。该系统对 NH_4^+-N 有较好的处理效果，但出水 SS 浓度无法达到当地的排放标准。

Ni 等于 2009 年报道在城市污水处理厂利用 SBR 工艺培养好氧颗粒污泥，反应器容积为 1m³，原水为城市污水。接种城镇污水厂活性污泥，经 80 天培养出现 0.3mm 颗粒污泥；培养 300 天后，污泥浓度为 9.5g/L，SVI 为 35mL/g，粒径在 0.2～0.8mm，污泥沉速 18～40m/h。该系统的 COD 去除率可保持在 85%～95%，NH_4^+-N 去除率稳定在 90%～99%。试验结果表明，SBR 的充水比和沉淀时间是影响低浓度城市污水中污泥颗粒化的两个关键因素。

丁立斌等于 2014 年报道在实际污水处理厂以 SBR 形式培养好氧颗粒污泥。反应器容积为 18.84m³，接种污泥为污水处理厂活性污泥，原水为含有工业污水的城市污水。反应器在启动阶段（前 7 天），沉淀时间为 60min，在稳定运行阶段，沉淀时间缩短为 20min。结果表明，经 87 天即成功培养出成熟的颗粒污泥，污泥浓度为 8.5g/L，SVI 为 38mL/g，污泥粒径达到 300μm 左右。之后，该系统连续运行 400 余天，对 NH_4^+-N 和 BOD_5 的去除率分别达到 99%、95% 以上。分析认为，系统以 SBR 方式运行、初期采用较短的沉淀时间、较高的有机负荷和原水富含 Ca^{2+}、Mg^{2+}、Na^+ 等离子及微小悬浮固体是颗粒污泥形成的主要原因。

Farooqi 等于 2017 年开展了一项采用中试 SBR 处理造纸和纸浆工业废水的研究。进水可吸附有机卤化物（AOX）的重钙离子浓度为 15～20mg/L，COD 浓度为 2000～3000mg/L。SBR 直径为 600mm，有效高度为 3000mm，H/D 为 5，水力停留时间为 6h，COD 负荷为 4.5kg/（m³·d）。反应器采用顶部进水/中间出水的运行方式，经过 780 天的成功运行，培养了成熟的颗粒污泥，污泥浓度为 7～8g/L，

SVI 为 60～70mL/g，污泥粒径达到 2～4mm，COD 去除率为 88%，AOX 去除率为 79%。形成颗粒的主要原因如下：以 SBR 方式运行，有较大的高径比且 AOX 能促进胞外聚合物分泌。

对好氧颗粒污泥中试研究进展情况进行比较分析，见表 7.1。

表 7.1 好氧颗粒污泥中试研究情况

报道年份	主要研究者	反应器形式	容积（m³）	接种污泥	原水水质	污泥浓度（g/L）	颗粒粒径（mm）	SVI（mL/g）
2003	Kreuk M	SBR	1.5	活性污泥	生活污水	9～10	>0.6	60
2009	Ni BJ	SBR	1.0	城市污水厂污泥	城市污水，COD 90～200mg/L	9.5	0.2～0.8	35
2010	季民	SBR	0.226	城市污水厂污泥	城市污水，COD 91.3～157.1mg/L	4.0	0.245	45～55
2010	涂响	SBR	6.0	城市污水厂厌氧硝化污泥	城市污水，COD 200～350mg/L	8.0	0.33	30
2010	Tu X	SBR	6.0	活性污泥	城市污水	7.8	0.275	30
2010	Liu YQ	SBR	0.03	城市污水厂污泥	40%生活污水和 60%工业废水，COD 250～1800mg/L	20	0.8	30
2010	刘绍根	SBR	1.0	城市污水厂污泥	城市污水，COD 100～400mg/L	8.0	0.8	40
2011	Jungles M	SBR	0.1	城市污水厂污泥	人工配制污水（乙酸）	3.5	3.5	
2011	Liu YQ	SBR	0.032	城市污水厂污泥	40%生活污水和 60%工业废水，COD 360～1832mg/L	7.0～9.0	1.976	25～85
2011	Su BS	SBR	0.085	城市污水厂厌氧硝化污泥	生活污水，COD 200～320mg/L	5.9	0.75	20～35
2011	Wei D	SBR	1.47	污水处理厂污泥	大豆蛋白废水厌氧出水 COD 700～2400mg/L	7.02	1.2～2.0	42.99
2011	李志华	SBR	5.95	城市污水厂污泥	含工业废水的城市污水 COD 271～1839mg/L	2.236		65.02
2012	Wei D	SBR	1.47	大豆蛋白废水处理厂污泥	大豆蛋白废水厌氧出水，COD 800～1800mg/L		0.5～1.0	
2012	Isanta E	SBR	0.1		人工配制污水（乙酸钠），COD 400mg/L	12±4	2.4	13±6
2013	Morales N	SBR	0.1	城市污水厂活性污泥	养猪废水	11～13	2.0～2.8	
2013	杨淑芳	SBR	3.5	实际污水处理厂污泥	城市污水，COD 100～450mg/L	1.2	1.0	
2014	Long B	SBR	0.105	实验室培养污泥	人工模拟污水（乙酸钠），COD 8000mg/L	5.0	1.58	80
2014	Rocktaschel T	SBR	4	污水强化生物除磷污泥	投加乙酸钠的城市污水	12	1.1	
2014	丁立斌	SBR	20	污水处理厂污泥	70%工业废水和30%生活污水，COD 500～1000mg/L	8.55	0.3	38
2016	Sajjad M	MBR	14	城市污水处理厂污泥	城市污水，COD（300±25）mg/L	7	0.2	30
2016	Guimaraes L	SBR	0.098	城市污水处理厂污泥	生活污水，COD 150～450g/L		0.29	67

报道年份	主要研究者	反应器形式	容积（m³）	接种污泥	原水水质	污泥浓度（g/L）	颗粒粒径（mm）	SVI（mL/g）
2017	高永青	SBR	0.16	城市污水处理厂污泥	城市污水，COD 300mg/L	12.19	1.269	21.3
2017	Farooqi H	SBR	3.394	工业污水曝气池好氧污泥	造纸和纸浆工业废水，COD 7～8 2000～3000mg/L		2～4	60～70

第二节 好氧颗粒污泥序批式中试研究

一、系统的设计

中试系统建立在浙江某污水处理厂内。进水中生活污水占70%，工业废水占30%，进水水质：COD 为 500～1000mg/L、NH_4^+-N 为 30～80mg/L、TP 为 2～4mg/L，色度达到 300～600 度。

中试系统设计日处理污水量为 120m³/d。该系统为 SBR 工艺，直径为 2m、高6m，系统的进水取自该污水厂污水分配池。中试装置流程如图 7.1 所示，系统包括一座沉砂池、一座配水池和两座 SBR 池，进水泵把原水打入沉砂池，经过一段时间沉淀后，上层含 SS 较低的污水流入配水池。污水在配水池内，经过潜水泵分配提升进入两个 SBR 内。中试系统在污水处理厂的取水点、出水点和处理装置如图 7.2 所示。中试装置平面图、沉砂池剖面图、配水池剖面图、SBR 剖面图和底部曝气管平面布置图分别如图 7.3～图 7.7 所示。

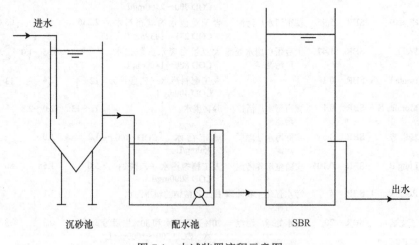

图 7.1 中试装置流程示意图

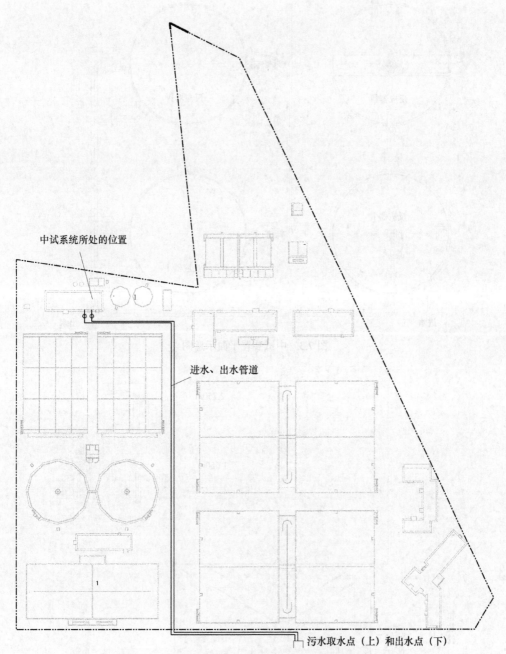

中试系统所处的位置

进水、出水管道

污水取水点（上）和出水点（下）

图 7.2 中试系统在污水处理厂内的平面布置示意图

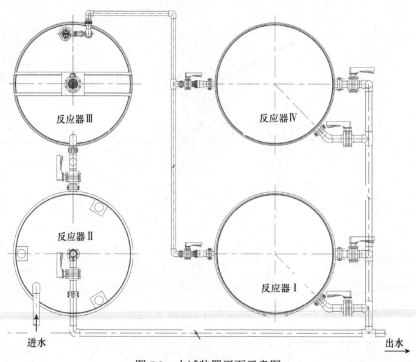

图 7.3　中试装置平面示意图

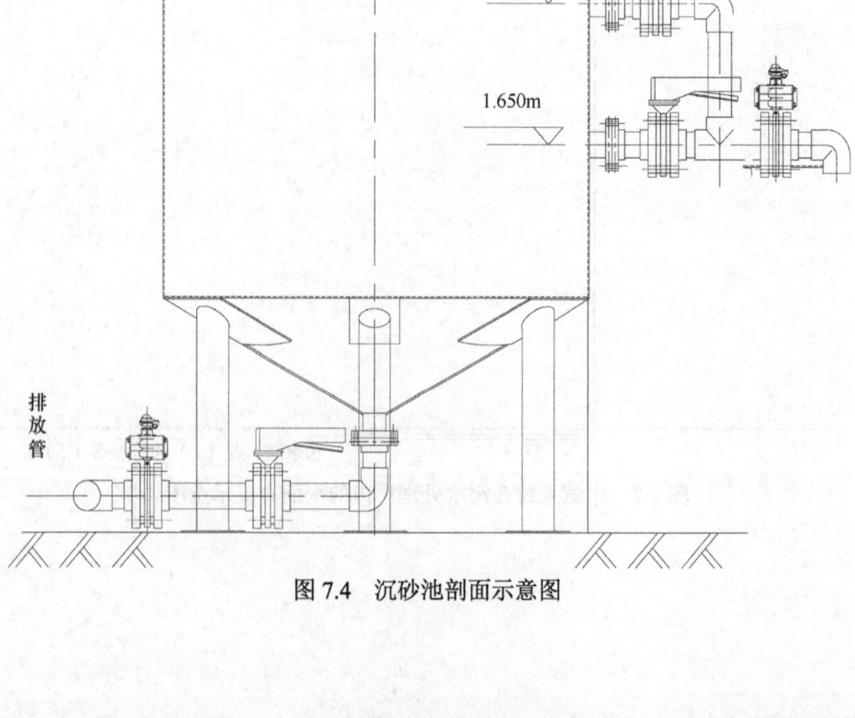

图 7.4　沉砂池剖面示意图

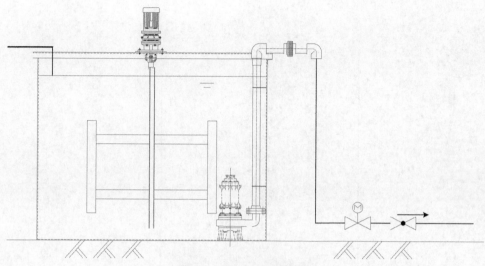

图 7.5 配水池剖面示意图

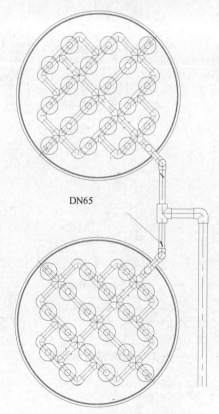

DN65

图 7.6 SBR底部曝气管平面布置图

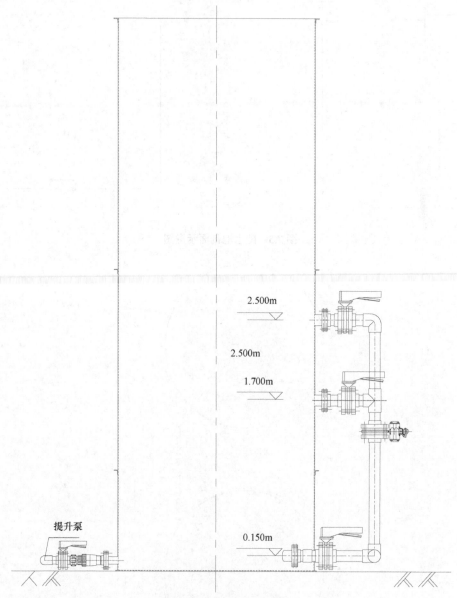

图 7.7 SBR 剖面示意图

二、系统的安装

该系统的曝气系统为特制的倒刺型曝气装置，与普通的微孔曝气装置有很大的不同，如图 7.8 所示。该曝气装置用来控制好氧颗粒污泥的粒径。取水在污水分配池上游采用 QYF100-12-5.5 型潜水泵抽取，出水通过 100GW85-10-4 型立式单吸离心泵提升后排放到污水分配池下游。

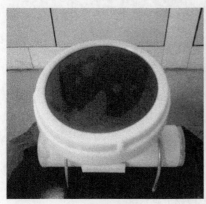

a. 微孔曝气装置　　　　　　　　　b. 倒刺型曝气装置

图 7.8　曝气装置对比图

中试系统进水直接来自该污水厂三期的原水井（图 7.9），其由生活污水和工业废水组成，原水中生活污水和工业废水的具体比例在中试系统运行时期变动较大且频繁，其中工业废水主要包括印染污水、制革污水和化工污水等。好氧颗粒污泥中试系统现场安装后的实际装置图如图 7.10 所示，其控制柜如图 7.11 所示。

图 7.9　中试系统进水取水口

图 7.10 好氧颗粒污泥中试系统

图 7.11 中试系统控制柜

三、系统运行方式

反应器由顶部进水,每周期进出水 7.5m³。试验前期——污泥驯化阶段(0~15 天),反应器的运行周期为:进水 10min,曝气 120min,沉淀 60min,出水 30min,闲置 20min。试验后期——颗粒污泥培养阶段(15~85 天),反应器的运行周期为:进水 20min,曝气 180min,沉淀 20min,出水 50min,闲置 90min。反应器的有机负荷为 2.5~3.1kg/(m·d),曝气速率为 1.3cm/s,操作温度为 17~22℃。接种污泥为该污水处理厂二期处理工艺的二沉池回流污泥。

四、系统运行效果

（一）污泥形态的变化

在颗粒污泥培养过程中，采用光学显微镜对反应器中颗粒污泥的形态进行了观察，其变化如图 7.12 所示，可以看出，随着培养时间的进行，絮体污泥凝聚成为细小不规则的颗粒污泥初体，并逐渐转化成形状饱满、个体较大的颗粒污泥，最终形成椭球形、边界清晰的深褐色成熟好氧颗粒污泥。

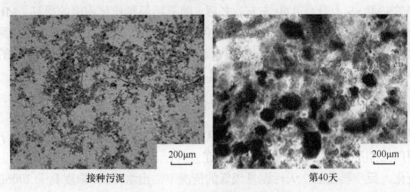

接种污泥　　　　　　　　　　　　　第40天

图 7.12　中试系统污泥形态变化

污泥培养过程中，通过逐步提高进水有机负荷、减少运行周期并缩短沉降时间等方法，系统的污泥性能得到较大改善，其中污泥的生物活性和沉降能力大为提高，同时污泥浓度逐渐增加，SVI 迅速下降。系统连续运行 85 天后，反应器内污泥的 SVI 降低为 40mL/g 左右。

相比于污泥驯化阶段，污泥的 MLSS、MLVSS 和 MLVSS/MLSS 在颗粒污泥培养阶段呈现出不同的变化趋势。在颗粒污泥培养阶段初期，污泥的 MLSS 浓度由于反应器沉降时间的缩短而略微降低，但污泥能够快速适应新的培养条件，沉降性能不断提高，当污泥的增长量高于因沉降时间缩短而引起的污泥流失量时，反应器内污泥的 MLSS 浓度呈现出逐渐上升的趋势，由 3850mg/L 不断增加到 7563mg/L。沉降时间缩短造成的选择压使得系统中存留下来的污泥都是沉降性能较好的颗粒污泥，因为絮体污泥所需的沉淀时间较长，当反应器沉降时间缩短到一定值后，絮体污泥只有通过自凝聚形成密度更大、沉降性能更好的颗粒污泥，才能免于被淘汰出系统。

在试验后期反应器连续运行 7 天后，系统内开始出现了肉眼可见的细小颗粒污泥；之后在该阶段 7～20 天的运行时间内，由于沉降时间的减少，只有粒径较大、沉速较快的颗粒污泥才能在系统中存留下来，故反应器内污泥的 MLSS 浓度有所下降；当系统运行到该阶段第 20 天时，反应器内颗粒污泥的增长速度和排泥速度达到平衡，MLSS 浓度进入稳定期，保持在 3850mg/L 左右；当系统运行到该阶段第 40 天时，颗粒污泥在系统中占据优势，并逐渐成长为更加饱满的椭球形成熟颗粒污泥（图 7.12）；最后，再经过 10 天左右的连续培养，肉眼和镜检均未观察到该颗粒污泥外观形态的明显变化，同时污泥的 MLSS 浓度稳定在 7500mg/L 左右，因此认为该系统内的颗粒污泥进入成熟期。

中试系统的接种污泥为该污水处理厂二期工艺的二沉池剩余污泥，MLVSS/MLSS 为 0.45。通过污泥驯化，活性污泥的生物量不断增加，驯化阶段末期 MLVSS/MLSS 上升到 0.60 左右。之后，随着污泥颗粒化程度的提高，MLVSS/MLSS 得到进一步增加，最终稳定到 0.70 左右。因此，根据污泥指数和污泥外观的变化，好氧颗粒污泥的培养可以分为前 15 天的污泥驯化期、15～45 天的颗粒污泥形成期和 45 天后的颗粒污泥成熟期。

（二）中试系统对污水处理的结果分析

反应器运行初期，系统对 COD 和 BOD_5 的处理效果不佳，这可能是由于该污水处理厂二期进水和三期进水的水质存在差异，该接种污泥的生存环境发生了较大的变化。反应器在前 7 天污泥量较低的情况下，出水 COD 浓度高于 200mg/L，出水 BOD_5 浓度也大于 35mg/L。当反应器运行到第 7～15 天时，由于系统内污泥量得到增长且微生物逐渐适应了新的生长环境，系统对 COD 和 BOD_5 的处理效果稍微有所提高，第 15 天时，系统出水的 COD 和 BOD_5 浓度分别为 198mg/L、32mg/L。

随后，由于反应器曝气时间的延长和沉淀时间的缩短，一些沉降性能较差的活性污泥逐渐被排出反应器，好氧颗粒污泥逐步形成并慢慢成熟，系统的 COD 和 BOD_5 去除效果得到大大改善。在系统运行的第 16～31 天时，好氧颗粒污泥逐步形成，系统 COD 和 BOD_5 的去除效果均优于试验前期的反应器状态，出水 COD 和 BOD_5 浓度分别达到 123～150mg/L、23～28mg/L。在此阶段，随着颗粒污泥的成熟和稳定，反应器内好氧颗粒污泥逐渐占据了主导地位，同时污泥浓度和代谢活性得到大幅度提高，系统出水 COD 和 BOD_5 浓度进一步降低，分别为 98.3～111mg/L、19～25mg/L，此时 COD 和 BOD_5 的去除率分别达到 88.0%、92.6%。上述结果表明，好氧颗粒污泥的形成有助于促进中试 SBR 系统对进水有机物的去除，提高系统出水中 COD 和 BOD_5 的处理效果。

在运行前期，反应器中的出水 NH_4^+-N 浓度随着反应器运行时间的增加而逐渐降低，由第 1 天的 23.8mg/L 下降到第 15 天的 5.5mg/L。该阶段出水 NH_4^+-N 浓度的下降主要是由于反应器运行前期以污泥驯化为主要目的，此阶段系统进水的 COD 浓度较低，较短的曝气时间能避免活性污泥进入内源呼吸阶段，使污泥中的微生物得以稳定地增殖。该阶段随着反应器的运行，微生物逐渐适应了新的生长环境，污泥量得到大幅度的提升，其内部的硝化细菌也得到了稳步的增长，因此，

该阶段系统 NH_4^+-N 的去除效果逐渐上升。进入试验后期，随着好氧污泥的颗粒化，系统的 NH_4^+-N 去除率得到进一步提高，由试验结果可知，在系统运行的第 30～64 天，出水 NH_4^+-N 浓度平均值稳定在 0.57mg/L 左右，这说明中试 SBR 颗粒污泥系统即使在进水水质波动的情况下，也可以保持出水 NH_4^+-N 浓度的长期稳定达标。对于除磷而言，在系统运行的前期阶段，中试 SBR 系统对 TP 的去除率仅为 35.0%左右，在系统运行的后期阶段，随着好氧污泥的颗粒化程度和 MLSS 浓度的增加，系统出水 TP 浓度保持在 1.2～1.8mg/L。

第三节 好氧颗粒污泥连续流中试研究

一、连续流中试系统的设计

连续流中试系统建立在北京某污水处理厂内。该污水处理厂进水为实际城市污水，每日处理水量为 $10^6 m^3$，污水的主要理化性质为 pH 7.0～7.4，COD 浓度为 198.4～290.6mg/L，NH_4^+-N 浓度为 33.1～42.7mg/L，TN 浓度为 36.3～48.7mg/L，TP 浓度为 4.7～6.3mg/L，悬浮物浓度为 137～203mg/L。由于进水中溶解性 COD 浓度的含量较低，不利于系统出水水质达标和快速颗粒化效果的实现，因此，在试验过程中，向进水中加入主要成分为丙酸钠的外碳源来提高进水有机负荷。接种污泥取自该污水处理厂的二沉池回流污泥，接种后，系统的初始 MLSS 浓度为（4000±100）mg/L，接种污泥的 SVI 和平均粒径分别为（75.1±2.0）mL/g 和 42μm。

试验所使用的中试规模的厌氧/缺氧/好氧-双区沉淀池（A^2O-TST）反应器主体由有机玻璃构成（83cm×74cm×60cm），有效容积为 202L，分别设有厌氧区、缺氧区和好氧区，容积分别为 30L、45L 和 127L（图 7.13）。双区沉淀池由两个相同的区域（分别记为 ST-1 和 ST-2）组成，该沉淀池的工作原理与平流式沉淀池类似，即允许混合液在水平方向上单向运动并在竖直方向上进行泥水分离。分区回流的运行方式可为连续流颗粒化提供合适的选择压，同时在 ST-1 区上部设置可移动的挡板，用以进行选择压的调节。沉淀污泥和硝化液的回流均采用隔膜泵进行，可有效降低颗粒污泥在输送过程中的机械破损。厌氧区和缺氧区均设有搅拌器以保证混合均匀。好氧区底部设有穿孔曝气软管用以给混合液充氧。

图 7.13 A^2O-TST 中试装置实物图
（彩图请扫封底二维码）

试验分为三个阶段，运行参数如表 7.2 所示。从阶段二开始，通过投加外碳源将进水 COD 浓度由（341±20）mg/L 增加到（441±35）mg/L，同时将 HRT 由 13.5h 降低为 10.1h，因而反应器的 OLR 由 0.61kg/（m³·d）相应增加为 1.05kg/（m³·d）。反应器运行至阶段三时，取消 ST-1 区的上挡板，使得双区沉淀池的选择压达到最大，以进一步筛选沉降性能较好的颗粒污泥。在每个阶段末期（分别为第 40 天、第 70 天和第 115 天），在反应器的好氧区进行污泥样本的取样，用以研究颗粒化过程中污泥粒径和 EPS 含量的变化。试验结束（第 115 天）时，分别从两个沉淀区收集污泥样本进行污泥理化性质（如粒径和 EPS 含量）的测定和微生物种群多样性分析。在整个试验过程中，曝气池的 DO 浓度控制在 3～4mg/L，温度随季节变化在 20～30℃。系统的污泥回流比和硝化液回流比分别为 100% 和 200%。

表 7.2 反应器各阶段运行参数

阶段	阶段一	阶段二	阶段三
时间（天）	1～40	41～70	71～115
挡板的设置	有	有	无
进水流量（L/h）	15	20	20
水力停留时间（h）	13.5	10.1	10.1
有机负荷[kg COD/（m³·d）]	0.61±0.06	1.05±0.07	1.05±0.08

二、连续流中试系统的运行效果

（一）颗粒化过程

经过 115 天的连续运行，成功实现了连续流 A^2O-TST 中试系统的污泥颗粒化。在试验过程中，反应器内的污泥主要由颗粒和絮体两种形态的污泥混合而成。对比絮体污泥，颗粒污泥具有较大的体积和密度，受水流干扰较小，因此具有较快的沉降速率。混合污泥在进入双区沉淀池后，颗粒污泥大多沉淀在 ST-1 区，并通过隔膜泵收集回流至前端厌氧区域，而沉降速率较慢的絮体污泥大多沉淀在 ST-2 区，并通过定期排泥排出中试系统。这种选择性污泥排放的运行方式可有效促进连续流颗粒污泥的形成。由图 7.14a 可见，接种污泥多由絮体污泥构成，结构疏松，且颗粒污泥含量较低。阶段一期（0～20 天），系统的 MLSS 浓度由 3980mg/L 急剧下降到 1637mg/L，可见在双区沉淀池选择压的作用下，大约 60% 的接种污泥从反应器中得到淘洗。随着试验的进行，污泥的 MLSS 浓度逐渐升高，在阶段一末期稳定在（2303±136）mg/L，同时污泥的平均粒径由 42μm 增加至 114μm，SVI 由 73.4mL/g 下降至 49.0mL/g。污泥浓度和粒径的增加，同时 SVI 的降低表明了污泥中颗粒和絮体的比例已经发生了明显的改变，污泥的沉降性能也得到较大的改善。

阶段二期间，系统进水量的增加及外碳源的投入，提升了系统的进水有机负荷，污泥的沉降性得到进一步改善。系统中污泥的 MLSS 浓度从 2282mg/L 增加到 3448mg/L，污泥平均粒径进一步扩大到 154μm，且 SVI_5/SVI_{30} 稳定在 1.0 左右。如图 7.14b 和图 7.14c 所示，与阶段一相比，阶段二形成的颗粒污泥平均粒径更大，形状较不规则且颗粒表面较为粗糙。体积较大的颗粒污泥拥有更大的传质阻力，而较高的进水有机负荷能进入颗粒污泥内部，使得内部微生物能够生存，避免大型颗粒污泥因内部无机化而解体（Gao et al.，2010；Li et al.，2016）。阶段三，撤销了放置于 ST-1 区域上端的挡板，双区沉淀池的选择压达到最大值，更多的污泥被排出反应器系统。因此，阶段三初期，系统的污泥浓度急剧下降，并在经过一周时间的适应后，系统的 MLSS 浓度才逐渐恢复到 3490mg/L 左右。阶段三末期，反应器内污泥的 MLSS 浓度和 SVI 分别稳定在（3540±58）mg/L 和（47.5±1.0）mL/g，同时颗粒污泥的表面由粗糙变得光滑，反应器内颗粒尺寸也变得更加均匀（图 7.14d）。阶段三末期，污泥粒径分布结果表明较大尺寸的 AGS 更倾向于沉淀在 ST-1 区，而尺寸较小的 AGS 则易于沉淀在 ST-2 区。此时反应器内的 AGS 平均粒径增加到 210μm。这些研究结果表明该反应器内双区沉淀池创造的选择压有效地促进了连续流反应器中好氧颗粒污泥的形成。

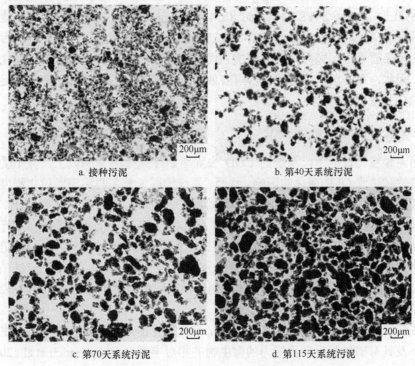

a. 接种污泥   b. 第40天系统污泥

c. 第70天系统污泥   d. 第115天系统污泥

图 7.14　系统各阶段污泥镜检照片（彩图请扫封底二维码）

颗粒污泥的尺寸大小与沉降速度和 EPS 含量呈正相关关系，同时污泥的 EPS

含量也与污泥的颗粒化程度密切相关（Qin et al.，2004）。由此可见，研究污泥颗粒化过程中 EPS 含量的变化对于分析颗粒化成因有着重大意义。活性污泥的 EPS 主要由 PS 和 PN 构成，其中某些 PS 成分具有一定的黏结性，能够有效地促进污泥团聚成粒，还可在贫营养状态下作为底物供微生物消耗，而 PN 含量主要影响颗粒污泥的疏水性（Luo et al.，2016），较高的 PN 含量对颗粒污泥结构的稳定性具有较大影响。有文献表明 PN/PS 较高的颗粒污泥具有更好的稳定性（He et al.，2017）。在好氧颗粒污泥培养过程中，污泥中 PS 和 PN 的含量由第 1 天的（34.4±3.4）mg/g VSS 和（54.1±8.4）mg/g VSS 分别逐渐增加到第 70 天的（68.4±2.9）mg/g VSS 和（137.7±13.2）mg/g VSS。前人研究表明高 OLR 可诱导微生物大量分泌 EPS（Zhou et al.，2013），EPS 含量的升高对细胞表面电荷中和与细胞疏水性有积极作用，从而导致絮体污泥相互团聚，形成初始聚集体。阶段三末期，污泥中 EPS 含量有轻微下降，PS 和 PN 含量分别为（62.7±4.6）mg/g VSS 和（126.2±10.0）mg/g VSS，这证明了在颗粒污泥培养过程中，污泥的 EPS 含量会在颗粒污泥成熟后呈现出一定的下降趋势。试验末期，ST-1 区污泥的 EPS 中 PS 和 PN 含量[（74.4±3.1）mg/g VSS 和（144.9⊥4.6）mg/g VSS]明显高于 ST-2 区[（53.9±6.7）mg/g VSS 和（101.8±4.5）mg/g VSS]，这表明双区沉淀池能够有效保留高 EPS 含量的颗粒污泥，淘洗低 EPS 含量的絮体污泥。此外，污泥中 EPS 含量会随着污泥颗粒化程度的增强而逐渐升高，而且 PN 较 PS 含量变化更加明显。因此，双区沉淀池的选择压可有效提升污泥中 EPS 含量和 PN/PS，促进污泥颗粒化并保持稳定。

（二）反应器对污染物的去除

污泥颗粒化过程中，系统的 COD 去除率始终保持在 90%以上，并不受系统污泥特性和进水 OLR 变化的影响。然而，系统的脱氮效率与污泥颗粒化程度呈正相关关系，反应器的平均 TN 去除率在阶段一、阶段二和阶段三逐级上升，分别达到（82.3±3.7）%、（86.8±3.9）%和（91.4±3.4）%。同样，系统在运行过程中的平均 TP 去除率逐渐由（88.0±2.3）%上升至（95.8±1.2）%。系统稳定运行后，出水中 COD、TN 和 TP 浓度分别为（22.8±5.9）mg/L、（3.5±1.2）mg/L 和（0.2±0.1）mg/L，达到《城镇污水处理厂污染物排放标准》（GB 18918—2002）中一级 A 污水排放标准。

在传统基于絮体污泥的 A^2O 工艺中，系统脱氮的效果主要取决于污泥生物量的大小及具有硝化和反硝化能力的微生物的相对丰度（Lashkarizadeh et al.，2013）。不同的是，AGS 具有密实的颗粒化形态，其层状结构和传质阻力的存在能够允许颗粒内外层处于不同的 DO 浓度状态，因而 AGS 可以在好氧条件下通过同步硝化反硝化作用来缩短脱氮所需的反应时间，节省碳源并提升脱氮效率（De Kreuk et al.，2005）。在曝气池内，颗粒污泥表层处于好氧状态，NH_4^+-N 通过 AOB、AOA 和 NOB 等硝化细菌的氧化作用转化为硝酸盐并向颗粒内部传递；而颗粒内部处于缺氧状态，具有反硝化能力的微生物能利用在富营养阶段储存的内碳源来进行内源反硝化脱氮作用。由于阶段二进水 COD 浓度的增加（400～500mg/L），颗粒污泥在厌氧区停留时能够将更多的碳源转化为内碳源储存在细胞内，同时污泥粒径的增长使得内部缺氧区体积进一步变大，在一定程度上强化了系统同步硝化反硝化的效果。此外，沿程数据显示在反应器缺氧池内 TN 和 TP 的浓度均表现出一定程度的下降，这表明系统中可能存在一定量的反硝化除磷微生物（denitrifying polyphosphate-accumulating organism，DPAO）。DPAO 能够在厌氧条件下储存外碳源，在缺氧条件下利用硝态氮和磷酸盐进行反硝化吸磷反应，实现氮磷的同步去除。可见，好氧区的同步硝化反硝化与缺氧区反硝化吸磷的协同作用优化了系统对氮、磷污染物的去除能力，同时多元化的污染物去除途径也有助于保障系统的稳定运行。

三、双区沉淀池内微生物种群差异及脱氮除磷的机制分析

（一）物种多样性及均匀度分析

采用基于细菌 16S rRNA 的高通量测序分析了种泥、ST-1 和 ST-2 中污泥（于第 115 天取样）的微生物群落结构变化。结果表明，测序能够涵盖每个样本中 98% 以上的微生物，能够较好地体现样本中的微生物群落构成。各个样本基于 OTU 的 Chao1 指数分别为 1282（种泥）、786（ST-1 污泥）和 708（ST-2 污泥），这说明在污泥颗粒化过程中，一部分不能适应选择压的微生物逐渐被淘洗出反应器，污泥生物多样性随着 CFR 颗粒化过程的进行而逐渐减少。种泥的 Shannon 指数（8.42）高于 ST-1 污泥（7.92）和 ST-2 污泥（6.58），这说明种泥的物种丰度和均匀度在颗粒化过程中也有所下降。此外，ST-1 污泥与 ST-2 污泥的 Shannon 指数存在差异，分析认为这可能是由两种污泥在反应器不同沉淀区中 SRT 不同所导致的。

（二）门水平微生物种群丰度分析

高通量数据分析表明，三个污泥样品中（种泥、ST-1 和 ST-2 污泥）含量最丰富的两门分别为 Proteobacteria（44.66%、50.79% 和 60.58%）和 Bacteroidetes（20.63%、20.48% 和 33.51%）。Proteobacteria 在水体的 C、N、P 循环中发挥着重要的作用，很多研究均表明 Proteobacteria 为城市污水处理厂的活性污泥中最常见的门（Nogueira et al.，2002；Kersters et al.，2006）。Bacteroidetes 普遍存在于人体的排泄物中，因此也十分多见于市政污水处理厂的活性污泥中（Kent et al.，2019）。种泥中的其他优势菌门还包括 Chloroflexi（12.16%）、Acidobacteria（4.70%）和 Actinobacteria（3.18%），而 ST-1 和 ST-2 污泥中的其他优势菌门为 Firmicutes

（分别为 6.63%和 2.24%）、Nitrospirae（分别为 4.70%和 0.27%）和 Chloroflexi（分别为 4.18%和 0.69%）。在门水平上，ST-1 和 ST-2 污泥中的微生物群落有一定的相似性，但与种泥的差异较大，这说明在选择压的作用下，污泥中的微生物群落在颗粒化过程中发生了较大变化。

（三）属水平微生物种群丰度分析

在属水平上，挑选三个污泥样品中丰度较高的菌属（相对丰度>1.0%）进行研究分析。如图 7.15 所示，在种泥中丰度较大的菌属（或种群）分别为 Nitrosomonas（2.80%）、Dokdonella（2.68%）、Haliangium（2.51%）、Zoogloea（2.20%）、OM27-clade（2.19%）、Denitratisoma（1.84%）、Nitrospira（1.58%）。经过 115 天的连续运行后，ST-1 污泥的优势菌属（或种群）转化为 Nitrospira（4.70%）、OM27-clade（4.13%）、Thauera（3.00%）、Dokdonella（2.47%）。ST-2 污泥的优势菌属则转变为 Flavobacterium（8.56%）、Arcobacter（7.69%）、Dechloromonas（7.47%）、Halomonas（3.51%）和 Ca. Accumulibacter（2.71%）。结果表明，污泥的微生物群落在 AGS 形成过程中发生了较大的变化，污泥样品在两个沉降区（ST-1 区和 ST-2 区）的优势菌属也存在明显差异。亚硝化单胞菌（Nitrosomonas）和硝化螺旋菌（Nitrospira）分别是典型的氨氧化菌（AOB）、亚硝酸盐氧化菌（NOB），AOB 能利用水中的溶解氧将 NH_4^+-N 氧化为亚硝态氮，而 NOB 能将亚硝态氮氧化为硝态氮。与种泥相比，ST-1 污泥中 AOB 的相对丰度从 2.80%下降到 1.12%，NOB 从 1.58%上升至 4.70%，而 ST-2 污泥中硝化细菌几乎全部消失（AOB 为 0.28%，NOB 为 0.27%）。相对而言，ST-2 污泥中丰度含量较高的菌属主要表现为与磷酸盐和有机物降解相关的功能菌上，如 Ca. Accumulibacter 是一种典型的聚磷菌，在实际污水处理厂或实验室内生物强化除磷反应器中均可见。Ca. Accumulibacter 在厌氧条件下可分解体内的多聚磷酸盐产生 ATP，利用 ATP 以主动运输方式吸收外碳源进入细胞内合成 PHA，同时将分解产生的磷酸盐释放至环境中；随后在好氧条件下，该微生物分解体内的 PHA，产生质子驱动力将体外的磷酸根输送到体内合成 ATP 和核酸，将过剩的磷酸根聚合成多聚磷酸盐并储存在细胞中。检测结果表明 PAO 在 ST-2 污泥中含量较为丰富（2.71%），但在 ST-1 污泥中所占比例较少（0.06%）。此外，有研究表明 Dechloromonas 菌属微生物能通过反硝化产生的能量超量吸磷，在反硝化吸磷过程中起着重要作用（De Oliveira et al.，2009），其在 ST-2 污泥中相对丰度最高（7.47%），种泥次之（0.59%），ST-1 污泥中丰度最低（0.25%）。Thauera、Dokdonella 和 Zoogloea 能够利用碳源将硝态氮还原成 N_2，同时释放能量以供生命活动，在反应器的脱氮过程中起到重要作用。此外，前人研究还表明上述三个菌属微生物具有分泌黏性 EPS 促进污泥团聚的功能（Shinoda et al.，2004；Pishgar et al.，2019）。检测结果表明这三种微生物在 ST-1 污泥中的丰度（分别为 3.00%、2.47%和 0.99%）远高于 ST-2 污泥中（分别为 1.21%、0.01%和 0.14%）。Ca. *Competibacter* 和 *Defluviicoccus* 属于聚糖菌（glycogen-accumulating organism，GAO），在 ST-2 污泥中的丰度（0.96%和 1.05%）远高于 ST-1 污泥中（0.29%和 0.00%）。与 PAO 类似，GAO 能在厌氧条件下吸收有机碳源，合成 PHA 储存在细胞内，在富氧条件下氧化之前储存的PHA 用以供给能量，不同的是在代谢过程中没有磷的吸收和释放。*Flavobacterium*、*Arcobacter* 和 *Halomona*s 作为普通异养微生物，具有有机物降解作用，其在 ST-2污泥中的丰度也高于 ST-1 污泥和种泥，这些微生物在污泥颗粒化过程中的丰度上升可能与外碳源的投加有关。

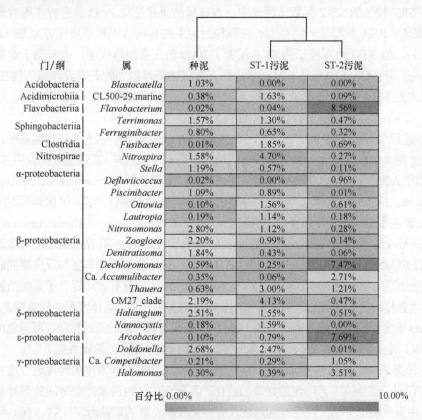

门/纲	属	种泥	ST-1污泥	ST-2污泥
Acidobacteria	*Blastocatella*	1.03%	0.00%	0.00%
Acidimicrobiia	CL500-29.marine	0.38%	1.63%	0.09%
Flavobacteriia	*Flavobacterium*	0.02%	0.04%	8.56%
Sphingobacteriia	*Terrimonas*	1.57%	1.30%	0.47%
	Ferruginibacter	0.80%	0.65%	0.32%
Clostridia	*Fusibacter*	0.01%	1.85%	0.69%
Nitrospirae	*Nitrospira*	1.58%	4.70%	0.27%
α-proteobacteria	*Stella*	1.19%	0.57%	0.11%
	Defluviicoccus	0.02%	0.00%	0.96%
	Piscinibacter	1.09%	0.89%	0.01%
	Ottowia	0.10%	1.56%	0.61%
	Lautropia	0.19%	1.14%	0.18%
	Nitrosomonas	2.80%	1.12%	0.28%
β-proteobacteria	*Zoogloea*	2.20%	0.99%	0.14%
	Denitratisoma	1.84%	0.43%	0.06%
	Dechloromonas	0.59%	0.25%	7.47%
	Ca. *Accumulibacter*	0.35%	0.06%	2.71%
	Thauera	0.63%	3.00%	1.21%
δ-proteobacteria	OM27_clade	2.19%	4.13%	0.47%
	Haliangium	2.51%	1.55%	0.51%
	Nannocystis	0.18%	1.59%	0.00%
ε-proteobacteria	*Arcobacter*	0.10%	0.79%	7.69%
	Dokdonella	2.68%	2.47%	0.01%
γ-proteobacteria	Ca. *Competibacter*	0.21%	0.29%	1.05%
	Halomonas	0.30%	0.39%	3.51%

百分比 0.00%　　　　　　　　　　　　　　　　　　　　　　10.00%

图 7.15　种泥、ST-1 污泥和 ST-2 污泥的微生物群落丰度热图（OUT 相对丰度大于 1%的菌属）（彩图请扫封底二维码）

（四）停留时间对微生物种群的影响

　　传统观点认为 AOB 和 NOB 等硝化细菌属于世代时间较长的化能自养菌，需要较长的污泥龄来进行富集培养；而 PAO 和 GAO 等为增殖速率较快的化能异养菌，富集培养所需要的 SRT 相对较短（Onnis-Hayden et al.，2011）。因此，传统连续流 A²O 工艺中不可避免地在污泥龄方面会存在脱氮功能菌与除磷功能菌的矛盾。在 A²O-TST 反应器中，由于颗粒污泥的沉淀速率较快，可迅速沉淀在 ST-1 区并回流至前端厌氧区，从而避免从反应器中被淘洗出去，故而颗粒污泥具有较长的停留时间，因此，硝化细菌易于将 ST-1 区颗粒污泥作为载体在其表面进行富集生长。然而，PAO 作为世代时间较短的异养细菌，在生物除磷过程中往往需要较短的 SRT 来保证 PAO 超量吸磷反应的发生，同时避免污泥在反应器中出现二次释磷现象，而本研究通过定期排泥的方式及时将 ST-2 区内的絮体污泥从反应器中排出，造成系统中絮体污泥的停留时间相对较短，因此，增殖速率较快的微生物（如 PAO 和 GAO 等）更易生长在 SRT 较短的 ST-2 区絮体污泥中。该试验结果虽然与 PAO 具有较多胞内聚合物（如聚磷、PHA 和糖原）更易生长在颗粒污泥中的传统认识相矛盾（Winkler et al.，2011），但 ST-2 污泥较低的 SRT 保障了 PAO 的正常新陈代谢，也有助于维持系统中 PAO 高于 GAO 的相对丰度。此外，具有有机物降解能力的普通异养微生物在 ST-2 污泥中的大量存在也表明进水中的碳源有机物大多可被絮体污泥吸附利用。

双区沉淀池通过分区沉淀，不断回流 AGS 并排出絮体污泥，通过在 ST-1 区和 ST-2 区营造不同 SRT 的方式，在一个连续流 A²O 反应器中创造了双污泥系统，从而导致了两个沉淀区污泥中微生物群落结构和丰度的较大差异。高通量数据表明 ST-1 区持留的 AGS 中细菌以缓慢生长型自养菌为主，主要包括 *Nitrosomonas*、*Nitrospira*、*Thauera*、*Dokdonella* 和 *Zoogloea* 等硝化、反硝化功能细菌；ST-2 区絮体污泥中细菌以快速生长型异养菌为主，主要包括 Ca. *Accumulibacter*、*Dechloromonas*、Ca. *Competibacter*、*Defluviicoccus*、*Flavobacterium*、*Arcobacter* 和 *Halomonas* 等除磷及除有机物功能细菌。ST-1 区颗粒污泥中硝化细菌和反硝化细菌的丰度与反应器的脱氮能力紧密相关，颗粒污泥中较高的 AOB、NOB 和 DNB 丰度有效地提升了系统的脱氮效率，而絮体污泥中富集的聚磷菌对磷的去除起着重要作用，絮体污泥中较高的 PAO 和 DPAO 丰度保障了系统的除磷效果，而且 ST-2 区富磷污泥的及时排放，可避免由沉淀池 HRT 过长造成磷二次释放的现象发生，从而强化了系统的除磷性能。

结果表明，通过双区沉淀池产生的选择压对不同粒径和密度的污泥进行选择性分离，有利于连续流工艺污泥的好氧颗粒化，不同沉淀区内污泥停留时间的差异导致了污泥中微生物的分化，进而分别形成具有强化脱氮功能的颗粒污泥（ST-1 区）和具有强化除磷功能的絮体污泥（ST-2 区），一定程度上解决了连续流工艺中脱氮除磷功能菌对污泥龄要求的固有矛盾，优化了连续流 A²O-TST 反应器对污染物的去除效果。

四、双区沉淀池流体力学数值模拟

（一）双区沉淀池数学模型的建立

采用计算流体力学-离散元法（CFD-DEM）进行双区沉淀池的数学模拟，在

CFD-DEM 模型中，流体和颗粒污泥分别被视为连续相、离散相，它们的运动通过纳维-斯托克斯方程（Navier-Stokes equation）和牛顿第二定律分别描述。流体和颗粒之间的作用力通过欧拉方程计算。在运算前，需要通过前处理软件将流场区域划分为若干个独立单元，每个单元内流体的运动状态处处相等。之后利用给定的参数求解器和初始条件对流场进行逐步的迭代计算。在每个时间步长内，使用之前设置的求解器求解单元内的流体流动，然后将 CFD 运算产生的物理参数（如速度和压力）导入 DEM 软件，利用 DEM 软件计算每个颗粒之间及颗粒和流体之间的相互作用，并通过这些参数进一步确定颗粒在下个时间步长内的运动状态，之后将产生的数据反馈给 CFD，然后进行下一步迭代，通过若干步的迭代运算最终得出颗粒和流体在给定时间内的运动状态及运动轨迹。

1. 几何模型的建立

本试验中使用的沉淀池由两个沉淀区域构成，每个区域有效容积为 22L。泥水混合液由入口进入 ST-1 区，部分污泥沉淀在 ST-1 后由底部回流口回流至反应器前端；之后混合液进入 ST-2 区继续沉淀，底部污泥作为剩余污泥排出，上层清水由右侧出水口排出。

2. 网格的划分及边界条件的设置

对流体区域进行网格划分是模拟的基础和前提，网格质量直接影响计算效率和结果的收敛性。对于结构较为复杂的模型则更需要通过合理的网格划分来保证结果的准确。常用的网格生成软件有 ICEM、MESHING 等，本次使用 ICEM 软件进行网格划分，并对物理量变化较大的一些位置进行加密处理。网格分为非结构化网格和结构化网格两种类型，非结构化网格是指网格单元内的点不具有相同的毗邻单元，即与网格划分区域内不同内部点相连的网格数目不同，通常是三角形与四面体；结构化网格是指网格区域内所有的内部点都具有相同的毗邻单元，可以很容易地实现区域的边界拟合，通常是四边形与六面体。结构化网格的优势在于网格生成的速度快、数据结构简单。因为本文使用的双区沉淀池结构较不规则，且存在圆形、方形和锥形等多种区域，为使网格与模型更加契合，采用非结构化网格。本书使用的网格和边界条件如图 7.16 所示。考虑到模拟精度及运算量，双区沉淀池的流体区域最终被划分为 373 218 个四面体单元。流体相为在 20℃ 下不可压缩的水相。入口流速和回流比分别设置为 5×10^{-2}m/s、100%，出口为充分发展的自由出水口。对于离散相，AGS 和絮体从进水口的随机位置进入双区沉淀池，初始速度均为 5×10^{-2}m/s。AGS 与絮体的主要区别在于 AGS 具有更完整的球形形态、更致密的结构和更高的密度。因此，为了在模拟中简单区分两种颗粒，AGS 的形状简化为球体，絮体被拟合为由 4 个球体组成的不规则几何形状，分别如图 7.17a 和图 7.17b 所示。在计算结束后，通过统计 ST-1 和 ST-2 之间颗粒及絮体的数量比来评价 TST 所产生选择压的大小。颗粒污泥和絮体污泥模型的参数如表 7.3 所示。

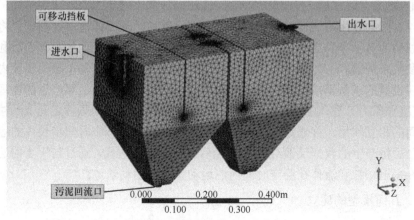

图 7.16　CFD-DEM 模拟的网格模型（彩图请扫封底二维码）

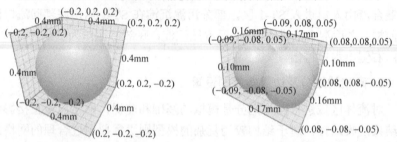

a. 颗粒污泥模型　　　　　　　b. 絮体污泥模型

图 7.17　颗粒污泥和絮体污泥模型的参数（彩图请扫封底二维码）

表 7.3　模拟中用到的颗粒污泥和絮体污泥的物理参数

参数	颗粒污泥	絮体污泥
密度（kg/m³）	1.020	1.003
粒径最大值（μm）	1000	200
粒径最小值（μm）	220	50
每秒粒子生成数	200	200
泊松比	0.42	0.42
滚动摩擦系数	0.5	0.01
滑动摩擦系数	0.5	0.01
杨氏模量（MPa）	0.18	0.18

（二）不同粒子在双区沉淀池的沉降特点分析

采用筛网筛选粒径分别为 100μm、200μm、300μm 和 400μm 的典型 AGS 进行双区沉淀池模型的可靠性验证试验，结果表明不同粒径 AGS 在沉淀池内的分布比例与模型呈现较高相关性，证实了模型具有较高的预测精度。模拟显示密度和粒径较大的粒子（密度>1.011kg/m³和粒径>350μm）更倾向于都沉淀在 ST-1 区，而密度和粒径较小的微粒（密度<1.011kg/m³和粒径<350μm）则随机分布在两个区域内。此外，对于密度和粒径较小的粒子而言，在 ST-2 区的沉降比例与粒子的密度和粒径呈负相关关系。当粒子密度为 1.001kg/m³、接近水的密度时，该絮体在 ST-1（52.2%）和 ST-2（48.8%）区域的颗粒数量分布相似，再次证明基于 CFD-DEM 模拟的双区沉淀池模型具有较高的可靠性。此外，该结果也表明双区沉淀池产生的选择压能有效地收集并保留密度和体积较大且沉降速率较快的粒子，并将一部分絮体污泥进行选择性排除，故而在淘洗污泥加速颗粒化的同时也能够保证反应器内存在足够的生物量，保障连续流双区沉淀池系统在颗粒化初期不会因絮体污泥的过量淘洗导致污泥浓度过低而崩溃。

（三）双区沉淀池内粒子流态分析

通过模拟粒子在流体区的流动，追踪絮体污泥和颗粒污泥在双区沉淀池内的沉降速率及运动轨迹。沉淀池内，流体主要通过水平方向和纵向方向上的速度产生的曳力促使颗粒由入口向出口移动。流体速度的水平分量在挡板附近减小，而在沉淀区连通孔等截面面积缩小的位置增大。此外，粒子在纵向上的速度受到重力、浮力、流体曳力及粒子间碰撞产生的相互作用力的共同影响，从而产生的合力促使粒子上升或下沉（Ma et al.，2019）。模拟结果表明在 ST-1 流体区域内存在两个明显的纵向速度向下的区域，分别存在于挡板附近和回流口位置，向下的速度分量有利于粒子的分层和沉降。同时，粒子的轴向速度除进水口附近区域有轻微的波动外，在 TST 沉淀区其他区域随流场的变化可以忽略不计，这说明双区沉淀池内流体的运动较为稳定，有利于颗粒污泥实现稳定的泥水分离。

在一般的固液两相流系统中，颗粒的运动趋势主要受到流体曳力、颗粒间相互作用力和自身重力综合作用的影响。与絮体污泥相比，AGS 具有较快的沉降速率，因此沉降过程受流体的干扰较小。因此，颗粒污泥和絮体污泥沉降速率的差异为双区沉淀池进行污泥的选择性分离提供了条件。一般来说，流体的运动状态分为层流和湍流两种，层流表示流体在速度方向上的平稳运动，湍流表示流体在垂直于速度方向上的径向脉动。湍流的大小通过湍流强度来衡量，过大湍流产生的曳力会导致流体内颗粒的无规则运动，不利于颗粒的自由沉降。湍流强度模拟图表明双区沉淀池内湍流强度较大的区域主要出现在回流出口、出水出口和两个沉降区之间的连通孔这些流速突变的区域。沉淀池内其他区域均呈现稳定的层流状态，为颗粒分离提供了良好的分层环境。

根据追踪典型粒子在双区沉淀池的运动轨迹，可以看出密度较大（1.020kg/m³）的 AGS 在 ST-1 区快速沉降，而密度较小（1.003kg/m³）絮体的沉淀区域与入口位置有关。模拟结果表明从入口上方进入的絮体可以沿挡板运动，并绕过回流控制区域，然后随着流体的流动进入 ST-2 区，并最终在 ST-2 区沉降，而从入口下方位置进入反应器的絮体多数被回流口产生的下沉速度控制，直接沉降至 ST-1 底部并通过隔膜泵回流至反应器前端。AGS 在 ST-1 沉淀池内的最大模拟沉降速率可达到 72～144m/h，该值在 AGS-SBR 颗粒污泥系统所需的颗粒沉降速率范围（12～145m/h）内，而絮体污泥的模拟沉降速率仅为 0～14.4m/h，因而 ST-1 沉淀区内无法实现絮体污泥的有效持留。

参 考 文 献

丁立斌, 马俊杰, 李军, 等. 2014. 好氧颗粒污泥 SBR 中试运行效能评价. 中国给水排水, 30(21): 87-90.

高永青, 张帅, 张树军, 等. 2017. 实际城市污水培养好氧颗粒污泥的中试研究. 中国给水排水, 33(5): 22-25.

季民, 李超, 张云霞, 等. 2010. 厌氧-好氧颗粒污泥 SBR 处理城市污水的中试研究. 环境工程学报, 4(6): 1276-1282.

李志华, 付进芳, 李胜, 等. 2011. 好氧颗粒污泥处理综合城市污水的中试研究. 中国给水排水, 27(15): 4-8.

刘绍根, 梅子鲲, 谢文明, 等. 2010. 处理城市污水的好氧颗粒污泥培养及形成过程. 环境科学研究, 23(7): 918-923.

涂响, 苏本生, 孔云华, 等. 2010. 城市污水培养好氧颗粒污泥的中试研究. 环境科学, 31(9): 2118-2123.

杨淑芳, 张健君, 邹高龙, 等. 2014. 实际污水培养好氧颗粒污泥及其特性研究. 环境科学, 35(5): 1850-1856.

de Kreuk M K, Heijnen J J, van Loosdrecht M C. 2005. Simultaneous COD, nitrogen, and phosphate removal by aerobic granular sludge. Biotechnology and Bioengineering, 90: 761-769.

de Kreuk M K. 2016. Aerobic granular sludge: Scaling up a new technology. Delft: Delft University of Technology.

De Oliveira L L, Duarte I C S, Varesche M B A. 2009. Microbial characterization of Linear Alkylbenzene Sulfonate degradation in fixed bed anaerobic reactor. Current Research Topics in Applied Microbiology and Microbial Biotechnology: 286-290.

Farooqi I H, Basheer F. 2017. Treatment of absorbable organic halide (AOX) from pulp and paper industry wastewater using aerobic granules in pilot scale SBR. Journal of Water Process Engineering, 19: 60-66.

Gao J F, Zhang Q, Su K, et al. 2010. Biosorption of Acid Yellow 17 from aqueous solution by non-living aerobic granular sludge. Journal of Hazardous Materials, 174: 215-225.

Guimaraes L B, Mezzari M P, Daudt G C, et al. 2017. Microbial pathways of nitrogen removal in aerobic granular sludge treating domestic wastewater. Journal of Chemical Technology and Biotechnology, 92(7): 1756-1765.

He Q L, Yuan Z, Zhang J, et al. 2017. Insight into the impact of ZnO nanoparticles on aerobic granular sludge under shock loading. Chemosphere, 173: 411-416.

Isanta E, Suarez-Ojeda M E, del Río A V, et al. 2012. Long term operation of a granular sequencing batch reactor at pilot scale treating a low-strength wastewater. Chemical Engineering Journal, 198-199: 163-170.

Jungles M K, Figueroa M, Morales N, et al. 2011. Start up of a pilot scale aerobic granular reactor for organic matter and nitrogen removal. Journal of Chemical Technology and Biotechnology, 86(5): 763-768.

Kent J, Tay J H. 2019. Treatment of 17 alpha-ethinylestradiol, 4-nonylphenol, and carbamazepine in wastewater using an aerobic granular sludge sequencing batch reactor. Science of the Total Environment, 652: 1270-1278.

Kersters K, De Vos P, Gillis M, et al. 2006. Introduction to the Proteobacteria. The Prokaryotes: 3-37.

Lashkarizadeh M, Yuan Q Y, Oleszkiewicz J A. 2015. Influence of carbon source on nutrient removal performance and physical-chemical characteristics of aerobic granular sludge. Environmental Technology, 36: 2161-2167.

Li D, Lv Y, Zeng H, et al. 2016. Startup and long term operation of enhanced biological phosphorus removal in continuous-flow reactor with granular. Bioresource Technology, 212: 92-99.

Liu Y Q, Kong Y H, Tay J H, et al. 2011. Enhancement of start-up of pilot-scale granular SBR fed with real wastewater. Separation and Purification Technology, 82: 190-196.

Liu Y Q, Moy B, Kong Y H, et al. 2010. Formation, physical characteristics and microbial community structure of aerobic granules in a pilot-scale sequencing batch reactor for real wastewater treatment. Enzyme and Microbial Technology, 46(6): 520-525.

Long B, Yang C Z, Pu W H, et al. 2014. Rapid cultivation of aerobic granular sludge in a pilot scale sequencing batch reactor. Bioresource Technology, 166: 57-63.

Luo J H, Hao T W, Zhang J H., et al. 2016. Enhancement of denitrifying phosphorus removal and microbial community of long-term operation in an anaerobic anoxic oxic-biological contact oxidation system. Journal of Bioscience and Bioengineering, 122: 456-466.

Ma L, Wei L, Pei X, et al. 2019. CFD-DEM simulations of particle separation characteristic in centrifugal compounding force field. Powder Technology, 343: 11-18.

Morales N, Figueroa M, Fra-Vázquez A, et al. 2013. Operation of an aerobic granular pilot scale SBR plant to treat swine slurry. Process Biochemistry, 48(8): 1216-1221.

Ni B J, Xie W M, Liu S G, et al. 2009. Granulation of activated sludge in a pilot-scale sequencing batch reactor for the treatment of low-strength municipal wastewater. Water Research, 43(3): 751-761.

Nogueira R, Melo L F, Purkhold U, et al. 2002. Nitrifying and heterotrophic population dynamics in biofilm reactors: effects of hydraulic retention time and the presence of organic carbon. Water Research, 36: 469-481.

Onnis-Hayden A, Majed N, Schramm A, et al. 2011. Process optimization by decoupled control of key microbial populations: distribution of activity and abundance of polyphosphate-accumulating organisms and nitrifying populations in a full-scale IFAS-EBPR plant. Water Research, 45: 3845-3854.

Pishgar R, Dominic J A, Sheng Z Y, et al. 2019. Denitrification performance and microbial versatility in response to different selection pressures. Bioresource Technology, 281: 72-83.

Qin L, Tay J H, Liu Y. 2004. Selection pressure is a driving force of aerobic granulation in sequencing batch reactor. Process Biochemistry, 39: 579-584.

Rocktaschel T, Klarmann C, Ochoa J, et al. 2015. Influence of the granulation grade on the concentration of suspended solids in the effluent of a pilot scale sequencing batch reactor operated with aerobic granular sludge. Separation and Purification Technology, 142: 234-241.

Shinoda Y, Sakai Y, Uenishi H, et al. 2004. Aerobic and anaerobic toluene degradation by a newly isolated denitrifying bacterium, *Thauera* sp. strain DNT-1. Applied and Environmental Microbiology, 70: 1385-1392.

Su B S, Cui X J, Zhu J R. 2012. Optimal cultivation and characteristics of aerobic granules with typical domestic sewage in an alternating anaerobic /aerobic sequencing batch reactor. Bioresource Technology, 110: 125-129.

Tu X, Su B S, Li X N, et al. 2010. Characteristics of extracellular fluorescent substances of aerobic granular sludge in pilot-scale sequencing batch reactor. Journal of Central South University of Technology, 17(3): 522-528.

Wei D, Qiao Z M, Zhang Y F, et al. 2013. Effect of COD/N ratio on cultivation of aerobic granular sludge in a pilot-scale sequencing batch reactor. Applied Microbiology and Biotechnology, 97(4): 1745-1753.

Wei D, Si W, Zhang Y F, et al. 2012. Aerobic granulation and nitrogen removal with the effluent of internal circulation reactor in start-up of a pilot-scale sequencing batch reactor. Bioprocess and Biosystems Engineering, 35(9): 1489-1496.

Winkler M K, Bassin J P, Kleerebezem R, et al. 2011. Selective sludge removal in a segregated aerobic granular biomass system as a strategy to control PAO—GAO competition at high temperatures. Water Research, 45(11): 3291-3299.

Zhou M, Gong J Y, Yang C Z, et al. 2013. Simulation of the performance of aerobic granular sludge SBR using modified ASM3 model. Bioresource Technology, 127: 473-481.

第八章 好氧颗粒污泥技术的应用探索

第一节 基 本 情 况

2005 年，荷兰 DHV 公司首先采用了好氧颗粒污泥 Nereda 工艺，处理规模为 250m³/d 的食品污水。2008 年 Nereda 技术运用到南非 Gansbaai 污水处理厂的升级改造当中。2012 年，采用 Nereda 技术设计的荷兰 Ede 污水处理厂正式投入运行，该厂处理能力为 1500m³/h，其中原水大部分来自屠宰场，该污水处理厂节约用地和运行成本，出水满足 TN＜5mg/L 和 TP＜0.3mg/L 的排放标准（Giesen et al.，2013）。目前 DHV 公司报道称在全球运用好氧颗粒污泥技术的设施有几十处，全部采用的 SBR 工艺。有详细报道的有荷兰 Garmerwolde 污水处理厂于 2013 年启动的提标改造项目，其单个周期运行方式为同时进出水（底部进水和上部出水）、曝气、沉淀，该工艺有利于好氧颗粒污泥形成的主要原因是其通过控制进水时间、流速和沉淀时间等形成适当选择压、洗出轻污泥、底部进水形成厌氧和基质丰富机制以增强聚磷菌的生长（Pronk et al.，2015）。

浙江某污水处理厂于 2010 年扩建三期工程，采用 SBR 工艺，并成功运行好氧颗粒污泥技术处理工业园区工业废水和城镇生活污水，规模达到 5 万 m³/d（Li et al.，2014）。2015 年开始，该工程改造为连续流 A²O 处理工艺，原好氧颗粒污泥 SBR 已不复存在。杭州某环保公司制膜废水处理工艺为三级活性污泥法和膜分离（A/O+MBR），日均处理生产废水约 500m³（Guo et al.，2020）。近几年来，对好氧颗粒污泥技术的应用研究也一直没有停滞，以下案例并非是完整的工程项目，只是对好氧颗粒污泥技术应用的探索和尝试。

第二节 浙江某污水处理厂

一、污水处理厂概况

浙江某污水处理厂位于浙江省海宁市，服务范围为该城市的西区。污水处理厂进水组成以工业废水为主，约占进水总量的 70%，包括印染废水、制革废水、化工废水等，其余约 30% 为生活污水。原污水处理厂已经建成和运行了一期、二期处理系统，研究工作主要在三期工程进行。

（一）一期 A/O 处理工艺

该厂一期设计规模为 1.0 万 m³/d，采用 A/O 推流式工艺运行，污水处理厂一期主体构筑物如图 8.1 所示。当年出水水质达到《城镇污水处理厂污染物排放标准》（GB 18918-2002）二级标准。一期 A/O 推流式工艺流程主要包括细格栅及调节池、提升泵房、初沉池、A/O 生化反应池、接触氧化池、二沉池和终沉池等。在二沉池的后面增加终沉池，向池内投加混凝剂以进一步去除不溶性有机物，从而提高出水水质。其中 A/O 生化反应池缺氧段（A 段）水力停留时间 8h，好氧段（O 段）水力停留时间 16h。

图 8.1　污水处理厂一期 A/O 工艺主体构筑物（彩图请扫封底二维码）

连续两个月对一期设施的处理效果进行检测，结果发现，进水 COD 的波动范围较大，基本在 400～700mg/L 波动，出水 COD 为 50～100mg/L，COD 的平均去除率为 82.2%；进水 NH_4^+-N 在 15～40mg/L 波动，出水 NH_4^+-N 基本能维持在 0～2mg/L，NH_4^+-N 的平均去除率为 94.3%。

观察 A/O 工艺好氧段内污泥的形态，如图 8.2 所示，可以看到污泥基本上是以絮状形态为主，但是絮体污泥中夹杂着许多细小的颗粒，颗粒粒径在 30～80μm。污泥的 SVI 平均为 61.1mL/g，沉降性能较传统絮体污泥好，混合液悬浮固体浓度 MLSS 平均为 5471mg/L，污泥沉速为 10.4m/h。污泥挥发性固体占总固体的比值（MLVSS/MLSS）为 0.563，说明污泥中无机物的含量较高。另外，对污泥 EPS 中 PN 和 PS 含量进行了测定，PN 含量为 263.9mg/g，PS 含量为 13.3mg/g。

图 8.2　一期 A/O 工艺污泥在照相机下的形态（彩图请扫封底二维码）

（二）二期氧化沟处理工艺

该污水处理厂扩建工程采用氧化沟工艺，设计规模为 5.0 万 m³/d，污水处理厂二期主体构筑物实物如图 8.3 所示。当年出水水质达到国家污水二级排放标准。氧化沟工艺流程主要包括细格栅及调节池、初沉池、厌氧池、氧化沟、二沉池和终沉池等。在二沉池的后面增加终沉池，在池内投加混凝剂进一步去除不溶性有机物，从而提高出水水质。

图 8.3　污水处理厂二期氧化沟工艺主体构筑物（彩图请扫封底二维码）

经过连续两个月的检测，二期设施进水 COD 在 400～700mg/L 波动，出水 COD 为 50～100mg/L，COD 的平均去除率为 81.3%；进水 NH_4^+-N 在 15～40mg/L 波动，出水 NH_4^+-N 基本能维持在 0～2mg/L，NH_4^+-N 的平均去除率为 94.8%。

观察氧化沟工艺主反应池内污泥形态，如图 8.4 所示，可以看出与 A/O 工艺中污泥类似，污泥以松散的絮体污泥为主，但絮体中含有许多细小的颗粒，污泥的平均 SVI 为 60.7mL/g，平均 MLSS 为 5818mg/L，污泥沉速为 9.2m/h。污泥中无机物的含量也相对较高，MLVSS/MLSS 为 0.572。污泥 EPS 中 PN 含量为 288.2mg/g，PS 含量为 15.2mg/g。

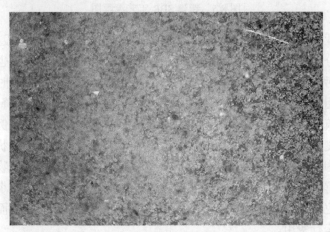

图 8.4　二期氧化沟工艺污泥在照相机下的形态（彩图请扫封底二维码）

二、新建好氧颗粒污泥 SBR 工程

随着该区域的发展和西区污水收集系统的进一步完善，污水收集率将更高。处理规模已经无法满足需要，因此需要建设污水处理厂三期。

根据一期 A/O 和二期氧化沟工艺的调查分析，三期工程设计生化处理部分采用 SBR。结合小试 SBR 和中试 SBR 内成功培养出好氧颗粒污泥的情况，计划在新建 SBR 内试验研究实现好氧污泥颗粒化的可行性。为降低工程风险，设计时按照传统 SBR 工艺进行。

新建 SBR 工程设计污水处理能力为 10 万 m^3/d，分两个阶段建设，第一阶段设计污水处理能力为 50 000m^3/d，远期第二阶段设计污水处理能力为 50 000m^3/d。新建 SBR 工艺流程如图 8.5 所示，主要包括细格栅及调节池、提升泵房、初沉池、水解酸化池、改进型 SBR 池和后物化池等。近期出水水质应满足城镇污水二级排放标准，远期出水水质达到一级 A 排放标准。

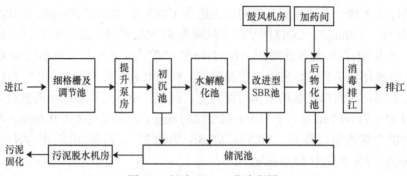

图 8.5　新建 SBR 工艺流程图

针对工业企业水量随时间排放不均匀及水质波动较大的特点,设置了调节池。由于进行了分隔设置,可以储存事故污水以应对水质的突然变化,也可储存较易处理的生活污水以满足后续流程的要求。为避免池内污泥沉降,同时减少设备的维护量,采用潜水搅拌器。考虑到本工程进水中 SS 含量较高,为降低 SS、减小后续处理构筑物体量设置初沉池。该污水处理厂进水中含有较大比例的难降解工业废水且色度较高,故针对性地设置了水解酸化池。该池处于厌氧状态,平均水力停留时间为 6h,使污水处于厌氧水解酸化阶段,该阶段特殊的生物特性可以使颗粒物质水解为溶解性物质,难降解的大分子物质转化为易降解的小分子物质,去除大部分色度。水解酸化提高了难生物降解有机物的去除率,从而降低了好氧停留时间和运行费用。

改进型 SBR 池如图 8.6 所示,主要由生物选择池和主反应池组成。SBR 主反应池由 4 座独立的单池组成,设计每座单池长 55m、宽 38m、深 6m,每座单池容积为 12 540m³。污泥回流到生物选择池,回流比为 25%,内回流液在生物选择池中与进水混合,在厌氧状态下聚磷菌释放磷酸盐,同时将可快速生物降解的有机物转化为聚 β-羟基丁酸酯(PHB)储存在细胞中,一方面为后续好氧阶段过量吸收磷酸盐创造条件,另一方面可以防止丝状菌的过量繁殖,起到生物选择器的作用。主反应池中装有滗水器和曝气头,微生物可利用氧和有机底物同时完成有机污染物的降解及有机氮、NH_4^+-N 的硝化、反硝化。反应完成后,混合液在主反应池中静置沉淀,通过滗水器排出。

为进一步提高出水水质,需要对 SBR 出水进行后续处理,该工艺采用后物化处理的方式。为节约占地,后物化采用集絮凝、沉淀于一体的斜板沉淀池,以提高污泥的沉降性能。在 SBR 池出水进入后物化池之前,首先通过 PAC 计量泵投加混凝剂,然后经过混合搅拌后进入后物化池,使悬浮物沉淀下来。另外,针对本污水处理厂大部分为工业废水的特点,在加药间设置碱液投加装置,对来水 pH 进行调节。后物化出水经紫外消毒后排江。

图 8.6　三期改进型 SBR 池（彩图请扫封底二维码）

三、好氧颗粒污泥的形成与运行

（一）运行方式

污水处理厂三期 SBR 的接种污泥取自氧化沟工艺中二沉池内回流污泥。进水水质特点如下：COD 为 200～700mg/L，BOD$_5$ 为 50～150mg/L，NH$_4^+$-N 为 28～40mg/L，TP 为 2～4mg/L，水温为 20～35℃。进水 BOD$_5$/COD 平均为 0.23 左右，属于难生化降解污水。

在新建 SBR 运行初期，每个周期包括 40min 进水、240min 曝气、60min 沉淀和 30min 出水。运行 25 天后，缩短沉淀时间，此时一个周期的运行时间包括 40min 进水、240min 曝气、40min 沉淀和 30min 出水。运行 6 个月后，一个周期的运行时间调整为 40min 进水、240min 曝气、50min 沉淀和 30min 出水。其中，在曝气阶段气量的大小根据池内溶解氧浓度的变化来确定。

（二）MLSS 和 SVI 的变化

SBR 在刚启动阶段，由于接种污泥为氧化沟工艺中二沉池的回流污泥，因此污泥形态基本上以絮状、松散的结构为主，并且含有许多细小的颗粒状污泥，粒径在 30～80μm，初始污泥浓度 MLSS 为 2673mg/L，SVI 为 75.5mL/g。由于运行初期选用的沉淀时间为 60min，和普通 SBR 相比沉淀时间较短，因此沉降性能较差的絮体污泥被淘洗出去，使得运行初期出水 SS 相对较高。随着 SBR 的持续运行，尽管沉降性能较差的絮体污泥被洗出反应器，但 MLSS 仍然具有较快增长的趋势，MLSS 从刚启动时的 2673mg/L 上升到第 30 天时的 5005mg/L；污泥的沉降性能逐渐变好，SVI 由接种污泥时的 75.5mL/g 下降到第 30 天时的 43mL/g。由于进水成分大部分为工业废水，水量和水质变化都具有不确定性，另外含有毒性物质的污水会影响污泥的活性进而影响污泥的沉降性能，因此 SBR 中前 30 天的 MLSS 波动比较大，但总体趋势还是上升的。刚启动时，SBR 内污泥形态以絮体污泥为主，当运行至第 30 天时污泥形态开始发生变化，逐渐由絮体污泥转变为凝聚成团的污泥，轮廓较为清晰，但污泥结构并不密实。

随着 SBR 中污泥的沉降性能逐渐变好，从第 25 天开始，一个周期内的运行时间分布调整为进水 40min、曝气 240min、沉淀 40min、出水 30min。运行 6 个月后，SBR 的沉淀时间又回调至 50min。

从 SBR 刚启动到运行至第 38 天，MLSS 浓度一直处于上升状态，由接种污泥时的 2673mg/L 上升至 6583mg/L，SVI 从接种污泥时的 75.5mL/g 下降到 53.2mL/g。污水处理厂出于稳定性考虑，没有采取高污泥量的运行方式，所以通过排泥将污泥浓度控制在与传统活性污泥浓度相当的水平。另外，好氧污泥颗粒化未完成，污泥浓度过高导致污泥沉降不够充分，部分絮体污泥被洗出反应池，容易导致出水 SS 偏高，影响出水水质，故进行不定期排泥。因此，当运行至第 53 天时，MLSS 浓度下降至 4337mg/L，SVI 为 50.7mL/g。从第 53 天开始减少排泥量，当运行至第 68 天时，MLSS 浓度又上升至 6250mg/L，此时 SVI 为 59.2mL/g，因此又加大排泥量，此后 MLSS 浓度逐渐降低，当 SBR 工艺运行至第 180 天时，MLSS 浓度降低到 2900mg/L，此时 SVI 为 52.3mL/g。之后从第 180 天开始，沉淀时间增加到 50min，因此 MLSS 浓度略有增加。此后，MLSS 浓度基本维持在 2800~4000mg/L，但是污泥的 SVI 相对较稳定，基本在 40~55mL/g 波动。

（三）颗粒化过程中污泥形态的变化

当运行至第 25 天，污泥开始凝聚成团，但结构仍然比较松散，并且含有许多细小的颗粒，此时污泥沉降性能逐渐变好。此后，污泥逐渐从以松散的凝聚结构为主转变为以颗粒状污泥为主，且污泥具有良好的沉降性能。当 SBR 运行至第 337 天时，已基本实现颗粒化，好氧颗粒污泥形态如图 8.7 所示，基本以好氧颗粒状污泥为主，颗粒具有清晰的轮廓、密实的结构，但颗粒形状不规则，颗粒粒径变化范围较大。

SBR 内好氧污泥基本实现颗粒化后，在此后两年时间的运行过程中，颗粒污泥的形态结构基本保持稳定，沉降性能良好，平均粒径为 0.5mm 左右。颗粒形态逐渐由不规则形状趋于椭球形，且颗粒上存在少量钟虫，污泥中仍然存在一定的絮体。

在扫描电镜下分析其结构，显示出好氧颗粒污泥结构紧密，其中表面呈片状结构，颗粒主要由球菌组成，没有发现丝状菌（图 8.8）。

图 8.7　运行至第 337 天时 SBR 内的好氧颗粒污泥（彩图请扫封底二维码）

图 8.8　颗粒化后 SBR 内好氧颗粒污泥 SEM 图

（四）处理效果分析

SBR 从刚启动到运行至第 30 天时，出水 COD 比较稳定，一般能够维持在 100mg/L 左右。出水 NH_4^+-N 基本处于降低趋势，其中从刚启动到运行至第 10 天为止，NH_4^+-N 为 4～8mg/L。此后，出水 NH_4^+-N 明显降低，基本能维持在 0.6～2mg/L，平均粒径为 0.5mm。之后，出水 COD 能基本维持在 90mg/L 左右，出水 NH_4^+-N 基本在 1mg/L 以下，达到了设计要求。重要的发现是，颗粒形成稳定后，出水的 TN 基本在 15mg/L 以下，可以达到《城镇污水处理厂污染物排放标准》中的一级 A 标准。

研究 NH_4^+-N、NO_2^--N、NO_3^--N、TN、BOD 和 DO 在一个周期内随时间的变化情况，结果发现一个周期运行时间为 6h，其中包括进水 40min、曝气 240min、沉淀 50min、出水 30min。该周期内进水水质如下：NH_4^+-N 为 28.2mg/L，TN 为 34.5mg/L，BOD 为 85mg/L。从第 0min 开始，SBR 只进水不曝气，因此池内溶解氧浓度接近零，处于缺氧状态。由于在上一个 SBR 运行周期结束后，池内还存在大量的硝化液，当进入下一个运行周期后，在缺氧条件及进水中有机碳源的补充下，池内的反硝化细菌利用有机碳源和硝态氮进行反硝化脱氮。从第 40min 开始进水结束，进入曝气阶段。在曝气刚开始 60min 内，池内 DO 浓度仍然处于较低的水平，这是由于曝气初期 SBR 池内有机底物浓度很高，异养好氧型细菌消耗溶解氧速率很快，有机氮和 NH_4^+-N 在好氧条件下转化成亚硝酸盐氮并进一步转化为硝酸盐氮。因此，从第 40min 曝气刚开始至第 100min 时，池内 NH_4^+-N 浓度迅速降低，从曝气初期的 17.2mg/L 降低到 3.1mg/L，但在此段时间内亚硝酸盐氮没有积累，几乎为零。BOD 浓度从 25mg/L 降低到 15mg/L，硝酸盐氮从 8.2mg/L 增加到 10.1mg/L。TN 从曝气开始时的 28.5mg/L 下降到 13.8mg/L，这是由于此阶段 SBR 池内可被微生物利用的碳源比较丰富、溶解氧浓度处于较低水平，易进行反硝化脱氮。另外，尽管在进水阶段碳源更为丰富且处于缺氧状态，但是反硝化脱氮效果没有曝气开始阶段（第 40～100min）明显，这是因为曝气能把池内沉入池底的污泥搅动起来，使实际参加生化反应的污泥浓度远大于进水阶段，且池内好氧污泥已基本实现颗粒化，好氧颗粒污泥在径向上从外到内依次分为好氧区、缺氧区和厌氧区，可进行同步硝化反硝化。因此，在曝气刚开始阶段（第 40～100min）脱氮效果比进水阶段好。第 100～160min 时，由于 SBR 池内易降解的有机物逐渐匮乏，微生物溶解氧消耗速率明显降低，DO 浓度迅速上升，从第 100min 时的 0.3mg/L 上升至第 160min 时的 3.5mg/L。此阶段内，NH_4^+-N 浓度进一步降低，从第 100min 时的 3.1mg/L 下降至第 160min 时的 1.0mg/L，硝酸盐氮浓度从 10.1mg/L 上升至 12.9mg/L，BOD 浓度基本保持不变。TN 和前阶段相比基本保持不变，这是因为此阶段可利用碳源匮乏，而反硝化菌进行脱氮需要碳源，因此反硝化作用受到抑制，脱氮效果不明显。从第 160min 开始至第 280min 时，由于池内可降解碳源基本消耗完，因此溶解氧消耗量很小，DO 浓度基本维持在 3.5mg/L 至 4.5mg/L 之间，NH_4^+-N 浓度从第 160min 时的 1.0mg/L 降至第 280min 时的 0mg/L，硝酸盐氮从 13.2mg/L 上升至 14.0mg/L，BOD 保持不变，TN 也基本维持稳定。从第 280min

开始，曝气阶段结束进入沉淀阶段，溶解氧浓度随之也迅速下降，经过 50min 的沉淀，进入出水阶段。

四、好氧颗粒污泥形成原因分析

（一）进水水质

在很多关于颗粒污泥的研究中发现，金属阳离子在好氧颗粒污泥的形成过程中起到一定的促进作用，特别是对 Ca^{2+}、Mg^{2+} 等的研究，都认为其在好氧颗粒污泥的形成中起到重要作用。为了分析在该污水处理厂 SBR 中好氧颗粒污泥的形成原因，有必要对好氧颗粒污泥的进水和成熟颗粒污泥元素组成进行分析与研究。

通过 XRF 分析可知，进水中 Na 和 Cl 的含量很高，这与污水处理厂进水组成主要为工业废水有关。另外，该污水处理厂地处沿海地区，盐分较高的地下水可以通过污水管网渗入，也是造成进水中 Na 和 Cl 含量高的因素之一。目前，有研究报道了含盐废水对好氧颗粒污泥形成及去除效果的影响，如 Figueroa 等（2008）在高含盐废水的条件下在 SBR 中经过 75 天的培养，仍然能够培养出直径达 3.4mm、SVI 为 30mL/g 的好氧颗粒污泥，颗粒表面光滑但其轮廓不规则。Pronk 等（2013）研究发现，随着盐度的增加，好氧颗粒污泥的形态结构能维持稳定状态，但在高盐度条件下颗粒的粒径有所下降，出水浊度上升，氨化细菌在盐度从低到高的变化过程中未受影响，而在高盐度条件下磷的去除受到抑制。本研究在该污水处理厂 SBR 内成功培养出好氧颗粒污泥的结果也表明，盐度对颗粒污泥形成的影响较小。

Fe、Si、Ca 和 P 等元素在 SBR 内的好氧颗粒污泥中得到积累，其含量远大于进水中的含量。其中 Fe 积累的最多，在好氧颗粒污泥中占 14.4%，而进水中 Fe 只占 0.5%。Fe 在好氧颗粒污泥中得到积累也有报道，如 Othman 等（2013）研究表明，在其培养出的成熟好氧颗粒污泥中 Fe 有所积累，Fe 的存在对培养结构密实、沉降性能良好的颗粒污泥是很有必要的。Agridiotis 等（2007）也注意到 Fe 的投加能够改善絮体的沉降性能，促使丝状菌结构活性污泥转化成具有密实结构的非絮体污泥。在本研究 SBR 内好氧颗粒污泥中大量 Fe 富集，说明 Fe 在颗粒化过程中对维持颗粒污泥的形态及稳定性起到重要的作用。进水中 Si 在好氧颗粒污泥内也有大量积累，进水中 Si 含量仅占 0.5%，而颗粒污泥中占 11.2%。Othman 等（2013）在其培养出的颗粒污泥内发现 Si 也大量积累，并且发现 Si 有利于微生物的代谢、建立稳定结构和增加颗粒强度。Ca^{2+} 在促进微生物的自凝聚方面起到的作用被广泛认同，近年来的研究表明，在微生物凝聚时出现大量 Ca^{2+} 的积累。Jiang 等（2003）通过投加一定量的 Ca^{2+} 使得好氧污泥颗粒化时间缩短，培养出的好氧颗粒污泥具有更加密实的结构及良好的沉降性能。Liu 等（2010）研究表明，

Ca^{2+}的投加能够加速好氧颗粒污泥的形成。有关 Ca^{2+}对好氧颗粒污泥形成的影响的研究较多，这是因为钙盐易被微生物利用，其来源广、价格实惠，归结起来对好氧颗粒污泥的作用表现在：Ca^{2+}可以嵌在胞外聚合物的多糖或蛋白质中，在羧基和磷酸基团之间起到架桥作用；Ca^{2+}易形成 $CaCO_3$ 沉淀，可为微生物吸附提供附着面，即碳酸钙可作为颗粒污泥形成的晶核加速污泥的颗粒化进程；研究中还发现金属离子的投加可促进污泥中 EPS 的分泌，从而有利于微生物的凝聚，形成颗粒污泥。

此外，污水处理厂 SBR 进水中含有大量的细小悬浮颗粒物质，这些惰性物质可作为好氧颗粒污泥形成的内核，以促进好氧颗粒污泥的形成。图 8.9 为 SBR 内干燥后的好氧颗粒污泥，通过显微镜观察可以发现颗粒污泥表面或内部存在大量白色的结晶物质，如图中箭头所指，该物质极可能是碳酸钙，附着在颗粒污泥表面或内部以作为颗粒污泥的内核，对颗粒污泥的形成起到重要的作用。Huishoff（1989）也发现，惰性载体颗粒在颗粒化过程中具有重要作用。Yu 等（1999）研究了颗粒活性炭和粉末活性炭对 UASB 反应器启动阶段的作用，结果表明颗粒活性炭或粉末活性炭的添加能明显加强污泥颗粒化的过程并加速工艺启动。Li 等（2011）在低有机负荷的条件下通过投加粉末活性炭成功实现了快速的好氧颗粒化。

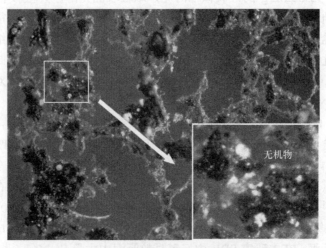

图 8.9　SBR 内好氧颗粒污泥干燥后的形态

Adav 等（2008）和 Seviour 等（2009）研究表明好氧颗粒污泥的形成及稳定性和 EPS 有关。在本研究中，A/O 工艺和氧化沟工艺内污泥 EPS 中蛋白质含量较高，分别为 263.9mg/g 和 288.2mg/g，SBR 工艺内污泥 EPS 中蛋白质含量为253.8mg/g，而 SBR 内多糖含量为 20.8mg/g，A/O 和氧化沟工艺内污泥多糖分别为 13.0mg/g、15.2mg/g。由此可知，A/O、氧化沟和 SBR 污泥中蛋白质含量相对于多糖高很多，这可能与该污水处理厂进水水质有关。

测试分析结果如图 8.10 和图 8.11 所示,可知 SBR 进水中元素 Na 的含量能达到 35.5%,其次是 Cl,占 17.6%,然后依次是 Mg、Ca、Fe、Si 和 P,分别占 4.1%、3.4%、0.5%、0.4% 和 0.1%,其他元素所占百分比为 38.4%,主要包括 O 等元素及微量元素。而好氧颗粒污泥内元素的组成成分较进水中有很大不同,元素含量较高的元素种类比进水多,其中 Na 含量仅占元素总量的 3.2%,Cl 仅占总量的 0.8%,含量最高的为 Fe,占 14.4%,其次是 Si,占 11.2%,然后依次是 Ca、P、Na、Mg 和 Cl,分别占 7.4%、6.4%、3.2%、1.1% 和 0.8%,其他元素占 55.5%。对比进水和颗粒污泥中元素的组成,结果发现在好氧污泥颗粒化过程中,Na、Cl 等轻质元素被洗出反应池,而 Fe、Ca、Si、P 等元素在颗粒中富集起来,是好氧颗粒污泥组成的主要元素。

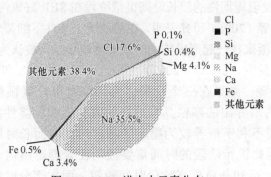

图 8.10　SBR 进水中元素分布

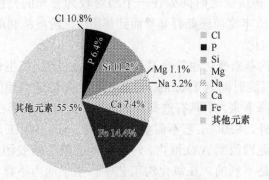

图 8.11　好氧颗粒污泥内元素分布

对进水气相色谱-质谱(GC-MS)分析的结果表明,进水中含有多种有毒有害物质,如甲基苯胺、苯胺和异喹啉等。Sheng 等(2005)研究表明,污泥中蛋白质的含量在有毒有害的环境下大大增加。因此,在该污水处理厂进水有毒有害物质的作用下,污泥 EPS 中蛋白质的分泌量增加。此外,SBR 污泥中多糖的含量要大于 A/O 和氧化沟内的污泥。Tay 等（2001）研究发现多糖可以在细菌之间起到黏附和连接的作用，对维持好氧颗粒污泥的稳定性具有重要作用。

（二）操作模式

间歇性进出水的运行方式使 SBR 池内在进水初期处于基质丰富状态，微生物生长旺盛。随着运行，营养基质被逐渐消耗，负荷逐渐降低并逐渐转化为贫营养状态。SBR 在运行过程中处于基质丰富和基质匮乏两个交替状态，这恰好符合基质丰富-匮乏机制。这种交替式的基质丰富-匮乏状态会对微生物产生一个选择压，选择那些能在基质丰富阶段吸收并储存基质、基质匮乏阶段能够利用这些储存的物质的微生物，如聚磷菌和聚糖菌的生长速率相对较为较慢，有利于微生物聚集在一起形成稳定的颗粒污泥，而不具备这种能力的微生物将被淘汰出反应器。Tay 等（2001）研究发现周期性的较长时间饥饿阶段在 SBR 好氧污泥颗粒化中扮演着重要的角色。Li 等（2006）研究表明，在基质匮乏条件下细菌表面的疏水性增强，这有利于微生物凝聚在一起形成较大的聚集体或颗粒，被认为是微生物为适应生存条件而做出的反应。Liu 等（2007）分别选用 0.8h、3.3h 和 7.3h 的饥饿时间来培养好氧颗粒污泥，结果在三个反应器内均培养出好氧颗粒污泥，但在饥饿 3.3h 的反应器内培养出的颗粒具有最好的密实度和沉降性能，试验表明相对较短的饥饿时间不利于培养较为稳定的颗粒污泥，而长时间的饥饿条件不利于实际应用，因此饥饿阶段的时间需要控制在合理范围内。在本研究的污水处理厂 SBR 中，可知基质丰富阶段时间较短，而大部分时间处于基质匮乏阶段，大约在 3h，基质匮乏时间处在一个相对较为合理的范围之内，因此有利于选择一些在基质丰富阶段储存基质而到基质匮乏阶段能利用的微生物，从而有利于好氧污泥颗粒化。

尽管 A/O 池内基质变化也符合基质丰富-匮乏机制，但生化反应池内的污泥进入二沉池后，沉淀时间为 150min，这就使得沉降性能较差的絮体污泥也能在该沉淀时间内沉降下来，不具有选择压的作用，因此不利于在 A/O 内实现好氧污泥颗粒化。另外，SBR 工艺不需要污泥回流，而 A/O 工艺中需要用回流泵把二沉池中的污泥回流到 A/O 池内，污泥回流会破坏菌胶团的形态，对好氧颗粒污泥的形成也是不利的。在氧化沟工艺中，由于池内不存在基质浓度梯度，且生化池出水经过二沉池沉淀 150min，选择压基本不存在，不满足好氧颗粒污泥形成需要提供较大选择压的条件，因此好氧污泥颗粒化在氧化沟连续流工艺中很难实现。

此外，A/O、氧化沟和 SBR 工艺在操作模式上的差异，使得污泥内微生物的种类和组成也有很大差异，一些具有絮凝功能的细菌在 SBR 操作条件下成为反应器内的优势菌种，促进污泥的絮凝及好氧颗粒污泥的形成。

第三节 杭州某制膜工业废水处理站

一、工程概况

杭州某环保公司制膜废水处理工艺为：日均处理生产废水约 500m³，包括生产过程中的生产废水、冷却水和洗涤用水等。废水水质：COD 为（4100±1000）mg/L，TN 为（150±30）mg/L，NH_4^+-N 为（15±2）mg/L 和 BOD_5 为（900±100）mg/L，pH 5.3±0.4。根据原有工艺的运行情况和废水水质，本工艺拟采用铁碳耦合好氧颗粒污泥技术处理制膜废水，考虑到降低工程风险，决定首先在原污水处理站新增旁侧流进行小规模的应用，与现有处理站并行运行。该工程也可以看成一个中试系统，但处理系统具有完整的处理单元并达标排放。

新上工艺日处理污水能力为 3m³，工艺流程图如 8.12 所示，主要包括铁碳滤池、中间池、水解酸化池、SBR1、SBR2 和 MBR 等。废水通过压力管道进入连续运行的铁碳滤池（高 3m，容积 1.5m³），出水被储存在中间池内（图 8.13）。4 个生化池（高 3m，容积 3m³）（图 8.14）均为序批式运行，一个周期为 12h，包括进水、反应、沉淀、出水和闲置 5 个阶段，换水比为 1/2，根据需要可对沉淀时间进行调节，其中 SBR1 和 SBR2 被用来培育好氧颗粒污泥。接种污泥取自某污水处理厂的脱水污泥，同时向每个生物反应器接种一定量的原污水处理站中经驯化的污泥。

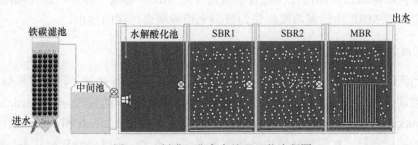

图 8.12 制膜工业废水处理工艺流程图

二、工艺的启动与运行

（一）MLSS 和 SVI 的变化

系统启动时，将 SBR1 和 SBR2 的沉淀时间设置为 5min，为系统中的好氧造粒提供选择压，并将水解酸化池的沉降时间设置为 2h，以确保水解酸化池中的污泥不会泄漏到后续单元中。因此在运行的初期，SBR1 和 SBR2 都发生了 MLSS 下降的现象，而且由于 SBR2 接收了 SBR1 选择的污泥，SBR2 内 MLSS 下降幅度相对较小。随着系统的持续运行，SBR1 和 SBR2 进入了稳定的上升期，在第 70

图 8.13　铁碳滤池与中间池现场照片

图 8.14　4 个生化池与操作机房现场照片

天分别达到 5416mg/L 和 3778mg/L，SVI 分别下降到 44.3mL/g 和 39.7mL/g。从第 76 天到第 265 天，这是一个稳定的系统运行周期，此阶段出水水质稳定达标。从第 266 天到第 280 天，SBR1 和 SBR2 的 MLSS 分别稳定在（6000±150）mg/L 和（5500±170）mg/L，SVI 分别稳定在（35.3±1.1）mL/g 和（37.5±0.6）mL/g。水解酸化池除最初由高毒性和高有机负荷导致 MLSS 急剧下降外，运行期间均运行稳定。而 MBR 内污泥浓度将作为依据来指导剩余污泥的排出。

（二）污泥形态的变化

　　污泥的形态变化见图 8.15。由于使用了脱水污泥进行接种，污泥聚集体在系统启动期间（0～5 天）已经出现。此阶段 SBR1 和 SBR2 中的粒径分布（particle size distribution，PSD）主要在 0～0.5mm，平均粒径分别为 0.26mm 和 0.27mm。随着系统的持续运行，水解酸化池中的污泥形态变化不大，始终保持絮凝状态。SBR1 中的脱水污泥被曝气分散后继续生长，较轻的污泥被洗出至 SBR2，重污泥则被保留在 SBR1 中。在 SBR2 中，分散的污泥与 SBR1 中的洗出污泥一起生长，较轻的污泥继续被洗至 MBR，重污泥保留在 SBR2 中。MBR 从 SBR2 接收到冲洗掉的污泥，最终积聚了大量的微小污泥聚集体。在第 50 天，SBR1、SBR2 中颗粒的平均粒径分别显著增加至 0.56mm 和 0.44mm。在 SBR1 中，PSD<0.2mm 的降低到 25.2%，而 0.2～0.5mm 和 0.5～1.0mm 的 PSD 分别增加到 36.6%、22.8%；在 SBR2 中，PSD<0.2mm 的降低到 27.3%，而 0.2～0.5mm 和 0.5～1.0mm 的 PSD 分别增加到 35.6%、25.8%。此后，在第 70 天，SBR1 和 SBR2 中污泥的粒径分别达到 0.72mm、0.61mm。在 SBR1 中，PSD <0.2mm 和 0.2～0.5mm 的分别降低

到 17.8%、21.3%,而 0.5～1.0mm 和 1.0～1.5mm 的 PSD 分别增加到 27.6%、24.3%;在 SBR2 中,PSD<0.2mm 和 0.2～0.5mm 的下降到 20.3%、31.3%,而 0.5～1.0mm 和 1.0～1.5mm 的 PSD 分别上升到 27.1%、14.3%。显然,SBR2 中污泥的粒径和数量要小于 SBR1 中的污泥,这很可能是因为 SBR1 积累了更多的铁,而 SBR2 则从 SBR1 中接收了轻质污泥。

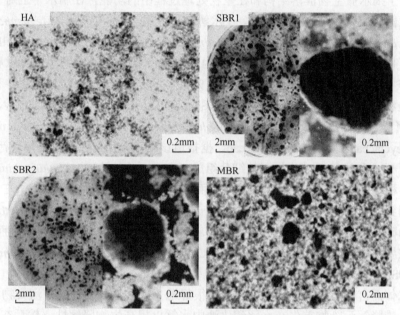

图 8.15　4 个生物反应器中的污泥在成熟时的形态
HA. 水解酸化池

(三)处理效果分析

在整个运行期间,系统能够实现废水的有效处理,同时展现了良好的抗冲击负荷能力,平均去除效率能够达到 4210g COD/(m³·d)和 84g TN/(m³·d),其中两个好氧颗粒污泥反应器(SBR1 和 SBR2)的总去除效率为 2588g COD/(m³·d)和 62g TN/(m³·d)。SBR1 与 SBR2 的总能够实现如此高效的 COD 降解与工艺的前后段处理密不可分,废水中的难降解有机物在铁碳滤池和随后的水解酸化池中进行水解以提高 BOD_5/COD,其中铁碳将 BOD_5/COD 从 0.22 提高至 0.30,水解酸化将 BOD_5/COD 从 0.30 提高到 0.39,而 MBR 依靠强大的泥水分离能力,保证了出水的质量。SBR1 和 SBR2 中良好的脱氮效果不但归功于进水缺氧阶段发生的反硝化作用,而且基于好氧颗粒污泥的同步硝化反硝化作用也有一定贡献。尽管铁碳出水中的铁浓度达到 120.9mg/L,但在 MBR 出水中并未检测到铁,通过对各级出水中铁浓度的检测,证实了四级生化处理过程有效地截留了铁碳出水中的含铁类副产物。

三、工艺运行过程中微生物的演化

（一）4 个生物反应器内的微生物演化

为了揭示微生物群落结构和在生物处理过程中的功能，在属水平上对 4 个生物反应器内的微生物进行了比较。在水解酸化池中，*Peectinatus*、*Megasphaera* 和 *Novophingobium* 占主导地位。其中 *Peectinatus* 和 *Megasphaera* 属于 Veilonellaceae，它们可以耐受高浓度的有机酸，被认为是生物产氢反应器的助手，可以稳定混合培养中的过程（Pachiega et al.，2019）。*Novophingobium* 以其降解各种难处理污染物中碳氢化合物的能力而闻名（Segura et al.，2017）。在 SBR1 中检测到的主要属是 norank_Rhodocyclaceae、*Sphingobium* 和 *Novophingobium*。norank_Rhodocyclaceae 属于 Rhodocyclaceae，据报道该科菌种由可去除难降解性污染物、能产生 EPS 和进行反硝化作用的细菌组成（Xia et al.，2018）。*Sphingobium* 以其降解各种难处理污染物中烃组分的能力而闻名（Saiphet et al.，2006）。在 SBR2 中检测到的主要属是 *Pseudochelatococcus* 和 *Sphingobium*。*Pseudochelatococcus* 是由与硝化有关的细菌组成的（Dasgupta et al.，2019；Ren et al.，2020）。而 MBR 中的主要属与水解酸化池、SBR1 和 SBR2 中的主要属不同，*norank_Cytophagales*、env.OPS 17 和 *Ferruginibacter* 成为优势属。

总体而言，微生物群落分析的结果很好地支持了不同处理单位污染物的降解趋势。难降解污染物首先在水解酸化池中水解以提高生物降解性，然后在 SBR1 中发生进一步降解，硝化主要发生在 SBR2 中，同时 SBR1 和 SBR2 均具有一定的反硝化能力，最后在 MBR 中进行泥水分离。

（二）SBR1 和 SBR2 内好氧颗粒污泥的微生物演化

在属水平上分析了 SBR1 和 SBR2 单元颗粒化过程中的微生物群落结构及功能。*Azotobacter* 和 norank_Rhodocyclaceae 在颗粒化过程和好氧颗粒污泥富集（包括 SBR1 和 SBR2）中显示出增加的趋势。据报道，norank_Rhodocyclaceae 所在的 Rhodocyclaceae 是由反硝化细菌和产 EPS 细菌组成的，特别是 *Azotobacter* 可以产生的胞外多糖藻酸盐和藻酸盐样 EPS 均是好氧颗粒中主要的胞外多糖之一（Lin et al.，2010；Sutherland et al.，1990）。*Thauera* 和 *Zoogloea* 在造粒过程中表现出了不同的趋势：前 30 天在 SBR1 和 SBR2 中显著上升，然后在完全颗粒化后明显下降，这与以前的报道是一致的（Liu et al.，2018）。*Thauera* 由兼性厌氧反硝化细菌组成，可产生过量的细胞外多糖和蛋白质，从而帮助维持颗粒状结构（Lv et al.，2014）。*Zoogloea* 由絮凝形成的细菌组成，这些细菌可以促进 EPS 的分泌，而 EPS 可以将细胞结合在一起（Wan et al.，2015）。因此，根据本研究和以前的研究结果，推测 Rhodobacteraceae 和 *Azotobacter* 在颗粒化过程中起着重要作用，Rhodobacteraceae 的富集大大提高了好氧颗粒污泥的脱氮能力。

此外，对 SBR1 和 SBR2 中好氧颗粒污泥的微生物群落组成进行了比较，与 SBR1 相比，SBR2 中 *Sphingobium* 和 *Novophingobium* 显著减少，这与各种难降解污染物的降解有关（Ren et al.，2020；Xia et al.，2018）；而 *Pseudochelatococcus* 明显增加，这与硝化作用有关。具体而言，Chitinophagaceae 的主要属在 SBR2 中富集，而其主要由氨氧化细菌组成（Gomez-Alvarez et al.，2013）。这些结果证实了 SBR1 和 SBR2 中好氧颗粒污泥的结构与功能是不同的。SBS1 中好氧颗粒污泥的主要作用是降解有机物，SBR2 中好氧颗粒污泥的主要作用是将 NH_4^+-N 和亚硝酸盐分别氧化为亚硝酸盐、硝酸盐，这与 SBR1 和 SBR2 的出水水质相对应。

四、系统的耦合协同模型

结合获得的结果，包括微生物的结构和功能、废水的特性、操作参数及以前研究的相关数据（Yang et al，2017；Zhou et al，2018），为该中试系统建立了一个系统的耦合协同模型（图 8.16），可以促进对水质、运行参数及微生物结构和功能之间相互作用的理解。

反应器	功能	去除能力	机制	优势微生物
铁碳滤池 pH(5.14~6.16) BOD_5/COD (0.28~0.32)	提高可生化 缓冲生物毒性 减少对后续处理的冲击 絮凝一部分有机物 生成副产物(促进SBR中 的颗粒化)	594g COD/(m³·d) 13g TN/(m³·d) -g Fe/(m³·d)	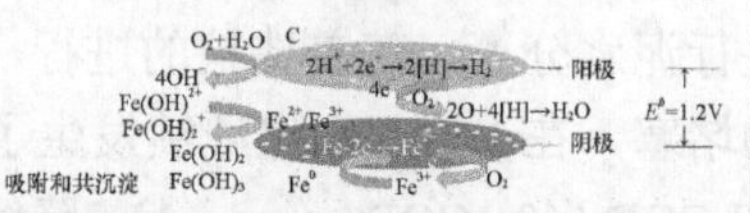	
水解酸化池 pH(4.93~5.91) SVI_{30}(33.0)	提高可生化 缓冲生物毒性 截留一部分副产物	832g COD/(m³·d) 4g TN/(m³·d) 53g Fe/(m³·d)	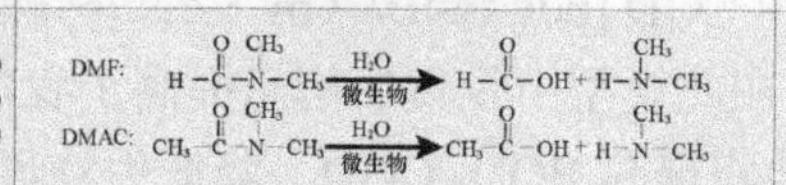	*Peectinatus* *Megasphaera* *Novophingobium*
SBR1 pH(6.80~8.50) SVI_{30}(44.3)	培育好氧颗粒污泥 消除副产物 降解大部分有机物 氨化 反硝化	2452g COD/(m³·d) 42g TN/(m³·d) 59g Fe/(m³·d)	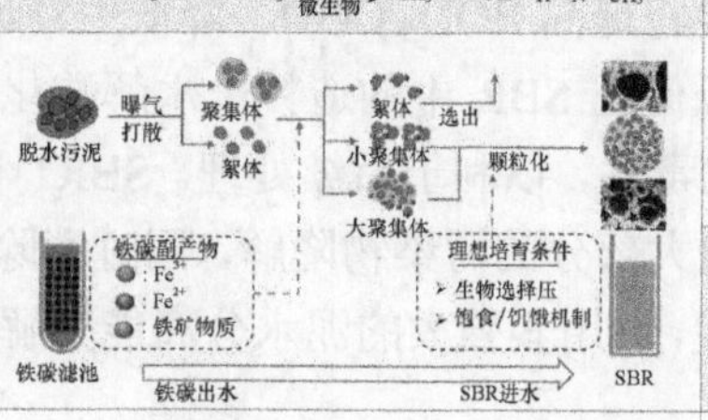	Rhodocyclaceae *Sphingobium* *Novophingobium*
SBR2 pH(6.06~8.22) SVI_{30}(39.7)	培育好氧颗粒污泥 消除副产物 降解有机物 硝化 反硝化	136g COD/(m³·d) 20g TN/(m³·d) 5g Fe/(m³·d)		*Pseudochelatococcus* *Sphingobium* Rhodocyclaceae
MBR pH(6.14~7.30) SVI_{30}(69.3)	接收所有选出污泥 泥水分离	60g COD/(m³·d) 5g TN/(m³·d) 4g Fe/(m³·d)	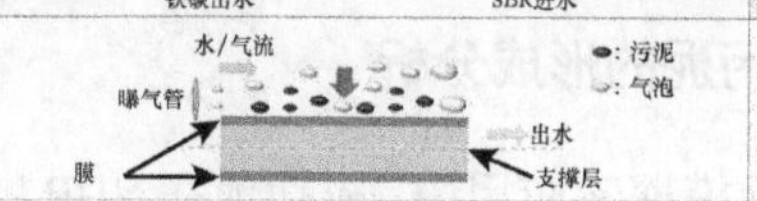	*Cytophagales* env.OPS17 *Ferruginibacter*

图 8.16　系统的耦合协同降解机制与模型

第一，降解发生在铁碳滤池中，铁碳滤池的主要功能是通过内部电解和零价铁工艺来提高 BOD_5/COD，降低生物毒性并使某些有机物凝结（Jiricek et al.，

2007），结果表明，铁碳可以有效地将 BOD_5/COD 提高到 $0.28\sim0.32$，并去除 594g COD/（$m^3 \cdot d$）。第二，水解酸化池的主要功能是进行水解酸化，达到 BOD_5/COD 的进一步提高和生物毒性的降低，水解条件有助于将大分子污染物水解为可生物降解的小分子物质。在水解酸化池中检测出的优势属 *Peectinatus*、*Megasphaera*、*Novophingobium* 和相关群体的属有着将难生物降解污染物分解成易于生物降解的物质的能力（Saiphet et al.，2006；Xia et al.，2018）。因此，水解酸化池中 BOD_5/COD 增加到 $0.36\sim0.41$，pH 显著下降。第三，SBR1 和 SBR2 被用来培育好氧颗粒污泥，用以高效地进行有机物的好氧生物转化和脱氮。在 SBR1 中富集了 *Sphingobium* 和 *Novophingobium*，以降解各种难降解性污染物中的碳氢化合物（Saiphet et al.，2006）。在 SBR2 中富集了 *Pseudochelatococcus* 和相关组以进行硝化。第四，在 SBR1、SBR2 中都检测到有助于反硝化和促进造粒的 Rhodocyclaceae（Zou et al.，2018）。好氧颗粒污泥的优良沉降性和抗冲击负荷能力有利于实现污染物的高效生物转化和维持系统稳定性（Lochmatter et al.，2014）；较长的污泥龄有利于硝化微生物的生长，可以促进硝化作用（Graham et al.，2007）；而紧凑的微生物结构在内部产生了一个氧浓度梯度，这为 SND 的产生提供了条件，增强了氮的去除（Coma et al.，2012）。结果表明，SVI_{30} 在 SBR1 和 SBR2 中分别达到 44.3mL/g、39.7mL/g，TN 去除能力分别为 42g TN/（$m^3 \cdot d$）和 20g TN/（$m^3 \cdot d$）。在 SBR1 中，COD 去除能力达到 2452g COD/（$m^3 \cdot d$），在 SBR2 中观察到 NH_4^+-N 的显著降解（从 55.8mg/L 至 33.1mg/L）。第五，MBR 有望接收所有洗出的污泥并进行泥水分离，随着造粒的进行，洗出的污泥也由颗粒污泥组成，这可以减少膜的堵塞，在 MBR 中也继续发生了少量的 NH_4^+-N（从 33.1mg/L 降至 20.4mg/L）和 COD [60g COD/（$m^3 \cdot d$）]降解，最终实现废水的有效处理。

　　总而言之，在此模型中收集的信息提高了我们对系统中耦合协同机制的理解。例如，铁碳滤池将提高 BOD_5/COD，降低生物毒性以减少对水解酸化池的影响，并产生副产物以促进 SBR 中的造粒；水解酸化池将会进一步改善 BOD_5/COD 的比例，减缓生物毒性，以利于后续处理。SBR1 和 SBR2 将作为培育好氧颗粒污泥的反应器，承担大部分的污染物降解，同时消除铁碳的副产物；MBR 将接收所有洗出的轻质污泥，利用其强大的泥水分离能力解决选出污泥沉降性能较差的问题。

五、好氧颗粒污泥的形成分析

　　在此次小规模探索应用中，成功地在 SBR1 和 SBR2 中培育了有着大粒径（分别为 720μm 和 610μm）和高沉降性能（SVI 分别为 44.3mL/g 和 39.7mL/g）的好氧颗粒污泥。与外部成核剂的添加（如微粉、自然干燥污泥）不同，系统利用铁碳微电解的副产物作为培育好氧颗粒污泥的成核剂，促进污泥在 SBR 中的快速成粒。好氧颗粒污泥的矿物分析（图 8.17）证实了铁碳滤池的副产物有助于好氧颗粒污泥的造粒，Fe^{2+}、Fe^{3+}和铁矿物质可以减少微生物表面的负电荷和充当微生物附着的核，将 EPS 和微生物结合到更稠密的微生物菌团中（Ren et al.，2018a；Zhang et al.，2016）。此外，在 HA、SBR1、SBR2 中检测到 *Dechloromonas* 和 Xanthomonadaceae 可以通过氧化 Fe（Ⅱ）来诱导无定形羟基氧化铁的形成（Kiskira et al.，2017；Straub et al.，1998），当有氧气存在时，羟基氧化铁可能会形成各种铁氧化物，如针铁矿、纤铁矿和磁铁矿（Wilfert et al.，2015）。铁形成的矿物沉淀物可以与 EPS 和细胞结合，类似于在地球微生物学领域广泛研究的细胞-EPS-矿物的相互关系（McCutcheon et al.，2018）。由于铁碳的副产物将会源源不断地进入两个 SBR 中，从而形成了一种长期机制不断促进好氧颗粒污泥的形成，进而确保好氧颗粒污泥系统的稳定性，同时矿物质的富集也有利于维持好氧颗粒污泥的稳定性（Franca et al.，2018）。

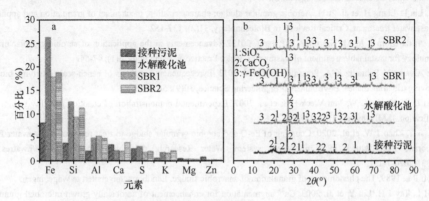

图 8.17 污泥中的矿物质与元素分析（a：XRF；b：XRD）

污泥尺寸与沉降速率还和 EPS 合成密切相关，这对于污泥的颗粒化和沉降能力非常重要（Corsino et al.，2016b；Zhang et al.，2016）。在培育过程中，与 EPS 产生相关的微生物在厌氧进料阶段暴露于高浓度进水负荷后，会合成大量 EPS（Gao et al.，2011），进而与其他微生物一起形成具有更好沉降能力的聚集体/颗粒。此外，SBR 的选择性压力促进了具有较高 EPS 生产微生物（*Thauera* 和 *Zoogloea*）的聚集体/颗粒在 SBR 中的保留，以及具有较低 EPS 生产微生物的絮凝物从 SBR 中的排出，更多的 EPS 合成有助于将细胞或细胞颗粒黏附到微生物聚集体中，其中的微粒（如化学沉淀、流入的颗粒物质）充当细胞附着的核（Sarma et al.，2017）。此外，以脱水污泥作为接种污泥在好氧颗粒污泥系统的快速启动中也起着重要作用，好氧颗粒污泥系统引入了许多富含 EPS 的微小聚集体，解决了启动阶段快速污泥造粒过程中随机聚集-分解的问题（Liu et al.，2020；Lv et al.，2014）。

因此，通过与铁碳微电解耦合（Fe^{2+}、Fe^{3+}和铁矿物质），使用 SBR 进行培育（产生生物选择压力、基质丰富-匮乏条件），并使用脱水污泥进行接种（加速聚集体的出现），可以快速、稳定地形成好氧颗粒污泥。

参 考 文 献

Adav S S, Lee D J, Tay J H. 2008. Extracellular polymeric substances and structural stability of aerobic granule. Water Research, 42(6): 1644-1650.

Agridiotis V, Forster C F, Carliell-Marquet C. 2007. Addition of Al and Fe salts during treatment of paper mill effluents to improve activated sludge settlement characteristics. Bioresource Technology, 98(15): 2926-2934.

Coma M, Verawaty M, Pijuan M, et al. 2012. Enhancing aerobic granulation for biological nutrient removal from domestic wastewater. Bioresource Technology, 103(1): 101-108.

Corsino S F, Capodici M, Torregrossa M, et al. 2016. Fate of aerobic granular sludge in the long-term: The role of EPSs on the clogging of granular sludge porosity. Journal of Environmental Management, 183: 541-550.

Dasgupta S, De Clippeleir H, Goel R. 2019. Short operational differences support granulation in a lab scale reactor in comparison to another conventional activated sludge reactor. Bioresource Technology, 271: 417-426.

Figueroa M, Mosquera-Corral A, Campos J L, et al. 2008. Treatment of saline wastewater in SBR aerobic granular reactors. Water Science & Technology, 58(2): 479.

Gao D, Liu L, Liang H, et al. 2011. Aerobic granular sludge: characterization, mechanism of granulation and application to wastewater treatment. Critical Reviews in Biotechnology, 31(2): 137-152.

Giesen A, de Brum L M M, Niermans R P, et al. 2013. Advancements in the application of aerobic granular biomass technology for sustainable treatment of wastewater. Water Practice & Technology, 8(1): 47-54.

Gomez-Alvarez V, Schrantz K A, Pressman J G, et al. 2013. Pyrosequencing analysis of bench-scale nitrifying biofilters removing trihalomethanes. Environmental Engineering Science, 30(9): 582-588.

Graham D W, Knapp C W, Van Vleck E S, et al. 2007. Experimental demonstration of chaotic instability in biological nitrification. ISME Journal, 1(5): 385-393.

Guo T, Ji Y, Zhao J W, et al. 2020. Coupling of Fe-C and aerobic granular sludge to treat refractory wastewater from a membrane manufacturer in a pilot-scale system. Water Research, doi: https://doi.org/10.1016/j.watres.2020. 116331[2020-7-15].

Hulshoff P L. 1989. The phenomenon of granulation of anaerobic sludge. Landbouwuniversiteit te Wageningen.

Jiang H L, Tay J H, Liu Y, et al. 2003. Ca^{2+} augmentation for enhancement of aerobically grown microbial granules in sludge blanket reactors. Biotechnology Letters, 25(2): 95-99.

Jiricek M, Sracek O, Janda V. 2007. Removal of chlorinated solvents from carbonate-buffered water by zero-valent iron. Open Chemistry, 5(1): 87-106.

Kiskira K, Papirio S, van Hullebusch E D, et al. 2017. Fe(II)-mediated autotrophic denitrification: A new bioprocess for iron bioprecipitation/biorecovery and simultaneous treatment of nitrate-containing wastewaters. International Biodeterioration & Biodegradation, 119: 631-648.

Li A, Li X, Yu H Q. 2011. Granular activated carbon for aerobic sludge granulation in a bioreactor with a low-strength wastewater influent. Separation and Purification Technology, 80(2): 276-283.

Li J, Ding L B, Cai A, et al. 2014. Aerobic sludge granulation in a full-scale sequencing batch reactor. BioMed Research International, 2014: 268789.

Li Z H, Kuba T, Kusuda T. 2006. The influence of starvation phase on the properties and the development of aerobic granules. Enzyme and Microbial Technology, 38(5): 670-674.

Liu J, Li J, Piché-Choquette S, et al. 2018. Roles of bacterial and epistylis populations in aerobic granular SBRs treating domestic and synthetic wastewaters. Chemical Engineering Journal, 351: 952-958.

Liu J, Li J, Xu D, et al. 2020. Improving aerobic sludge granulation in sequential batch reactor by natural drying: Effluent sludge recovery and feeding back into reactor. Chemosphere, 242: 125159.

Liu L, Gao D W, Zhang M, et al. 2010. Comparison of Ca^{2+} and Mg^{2+} enhancing aerobic granulation in SBR. Journal of Hazardous Materials, 181(1): 382-387.

Liu Y Q, Tay J H. 2007. Characteristics and stability of aerobic granules cultivated with different starvation time. Applied Microbiology and Biotechnology, 75(1): 205-210.

Lochmatter S, Holliger C. 2014. Optimization of operation conditions for the startup of aerobic granular sludge reactors biologically removing carbon, nitrogen, and phosphorous. Water Research, 59: 58-70.

Lv Y, Wan C, Lee D J, et al. 2014. Microbial communities of aerobic granules: granulation mechanisms. Bioresource Technology, 169: 344-351.

Othman I, Anuar A N, Ujang Z, et al. 2013. Livestock wastewater treatment using aerobic granular sludge. Bioresource Technology, 133: 630-634.

Pachiega R, Rodrigues M F, Rodrigues C V, et al. 2019. Hydrogen bioproduction with anaerobic bacteria consortium from brewery wastewater. International Journal of Hydrogen Energy, 44(1): 155-163.

Pronk M, Bassin J P, de Kreuk M K, et al. 2014. Evaluating the main and side effects of high salinity on aerobic granular sludge. Applied Microbiology and Biotechnology, 98(3): 1339.

Pronk M, de Kreuk M K, de Bruin B, et al. 2015. Full scale performance of the aerobic granular sludge process for sewage treatment. Water Research, 84: 207-217.

Ren X, Chen Y, Guo L, et al. 2018a. The influence of Fe^{2+}, Fe^{3+} and magnet powder (Fe_3O_4) on aerobic granulation and their mechanisms. Ecotoxicology ang Environmental Safety, 164: 1-11.

Ren X, Tang J, Liu X, et al. 2020. Effects of microplastics on greenhouse gas emissions and the microbial community in fertilized soil. Environmental Pollution, 256: 113347.

Saiphet A, Juntongjin K, Pattarakulwanich K, et al. 2006. Novel acenaphthene degrading bacterium *Sphingomonas* sp. strain SP2. Journal of Scientific Research Chulalongkorn University, 31: 83-94.

Sarma S J, Tay J H, Chu A. 2017. Finding knowledge gaps in aerobic granulation technology. Trends in Biotechnology, 35(1): 66-78.

Segura A, Hernandez-Sanchez V, Marques S, et al. 2017. Insights in the regulation of the degradation of PAHs in *Novosphingobium* sp. HR1a and utilization of this regulatory system as a tool for the detection of PAHs. Science of the Total Environment, 590-591: 381-393.

Seviour T, Pijuan M, Nicholson T, et al. 2009. Gel-forming exopolysaccharides explain basic differences between structures of aerobic sludge granules and floccular sludges. Water Research, 43(18): 4469-4478.

Sheng G P, Yu H Q, Yue Z B. 2005. Production of extracellular polymeric substances from *Rhodopseudomonas acidophila* in the presence of toxic substances. Applied Microbiology and Biotechnology, 69(2): 216-222.

Straub K L, Buchholz-Cleven B E E. 1998. Enumeration and detection of anaerobic ferrous iron-oxidizing, nitrate-reducing bacteria from diverse european sediments. Applied and Environmental Microbiology, 64(12): 4846-4856.

Sutherland I W. 1990. Biotechnology of Microbial Exopolysaccharides. Cambridge: Cambridge University Press.

Tay J H, Liu Q S, Liu Y. 2001. The role of cellular polysaccharides in the formation and stability of aerobic granules. Letters in Applied Microbiology, 33(3): 222-226.

Wan C, Chen S, Wen L, et al. 2015. Formation of bacterial aerobic granules: Role of propionate. Bioresource Technology, 197: 489-494.

Wilfert P, Kumar P S, Korving L, et al. 2015. The relevance of phosphorus and iron chemistry to the recovery of phosphorus from wastewater: A review. Environmental Science &Technology, 49(16): 9400-9414.

Xia J, Ye L, Ren H, et al. 2018. Microbial community structure and function in aerobic granular sludge. Applied Microbiology and Biotechnology, 102(9): 3967-3979.

Yang Z, Ma Y, Liu Y, et al. 2017. Degradation of organic pollutants in near-neutral pH solution by Fe-C micro-electrolysis system. Chemical Engineering Journal, 315: 403-414.

Yu H Q, Tay J H, Fang H H P. 1999. Effects of added powdered and granular activated carbons on start-up performance of UASB reactors. Environmental Technology, 20(10): 1095-1101.

Zhang Q G, Hu J J, Lee D J. 2016. Aerobic granular processes: Current research trends. Bioresource Technology, 210: 74-80.

Zhou X, Jin W, Sun C, et al. 2018. Microbial degradation of N, N-dimethylformamide by *Paracoccus* sp. strain DMF-3 from activated sludge. Chemical Engineering Journal, 343: 324-330.

Zou J T, Tao Y Q, Li J, et al. 2018. Cultivating aerobic granular sludge in a developed continuous-flow reactor with two-zone sedimentation tank treating real and low-strength wastewater. Bioresource Technology, 247: 776-783.